MAUERN

ALS GRENZEN

Astrid Nunn (Hrsg.)

VERLAG PHILIPP VON ZABERN · MAINZ

INHALT

VORWORT

1990 gab es 159 unabhängige Staaten, im August 2008 waren es 195, zwischen ihnen: etwa 250.000 km Grenze. Seit 1991 wurden weltweit 26.000 neue Grenz-Kilometer gezogen, wiederum 24.000 weitere in Verträgen festgelegt; 18.000 km kämen hinzu, wenn die zum jetzigen Zeitpunkt angekündigten Mauern, Zäune und Sperren gebaut würden. Noch nie wurde so viel verhandelt, festgelegt, patrouilliert und bewacht. Es gibt heute sogar Firmen, die auf elektronische Zäune spezialisiert sind.

Aber Mauern, die meist Menschen, manchmal auch Tiere, davon abhalten sollen, in ein fremdes Territorium einzudringen, sind keine moderne Einrichtung. Die ältesten noch heute durch Archäologie und schriftliche Quellen bekannten Mauern lagen im alten Vorderen Orient. Ende des 3. Jahrtausends v. Chr. baute der sumerische König Sulgi einen Riegel zwischen Euphrat und Tigris, und zur selben Zeit entstand eine 220 km lange Abwehrmauer im heutigen Syrien. Jüngere Mauern, etwa der römische Limes, der Hadrianswall oder die »Große Mauer« in China sollten den Durchlass von unerwünschten Menschen oder Feinden verhindern.

Die im Laufe der Geschichte entstandenen Mauern und Grenzzäune – um Stadtmauern geht es in diesem Buch nicht – erfüllten jeweils eine Zeit lang ihren Zweck. Heute sind sie Ruinen, restauriert oder touristische Attraktionen. Aber auch in jüngster Zeit fielen einige Grenzen: 1976 in Vietnam, 1990 in Jemen und nicht zuletzt 1989 in Deutschland. Dieses Ereignis jährt sich zum 20. Mal – Grund genug, nach dem strategischen und geopolitischen Sinn von Grenzmauern in der Geschichte zu fragen. Wie sich all diese Mauern und Hindernisse, die zugleich trennten und schützten, ähneln oder unterscheiden, was sie bewirkten, wie viel mit ihnen vermieden oder auch erreicht wurde, soll der Leser im Laufe der folgenden Kapitel aus einer einheitlichen Sichtweise entdecken. Natürlich können nicht alle historischen Mauern und Abtrennungen in diesem Buch eingehend besprochen werden. Die hier vorgestellten wurden unter dem Aspekt historischer Wichtigkeit und Einzigartigkeit ausgewählt. Viele der antiken Mauern werden im Lichte jüngster und noch unveröffentlichter Forschungsergebnisse dargelegt.

Die mitwirkenden Autoren ließen sich ausnahmslos sofort für dieses Projekt gewinnen. Ihnen sei herzlich für die spontane, meist schon während des ersten Telefongespräches erfolgte Zusage gedankt. Dank gebührt ebenfalls Dr. Annette Nünnerich-Asmus und ihren Kollegen vom Verlag Philipp von Zabern, die sich schnell von meinem Enthusiasmus anstecken ließen. Schließlich schenkte mir Dr. Rudolf Nunn durch seine vielfältige Unterstützung als Lektor und Übersetzer Zeit.

Astrid Nunn
München, im September 2008

EINLEITUNG

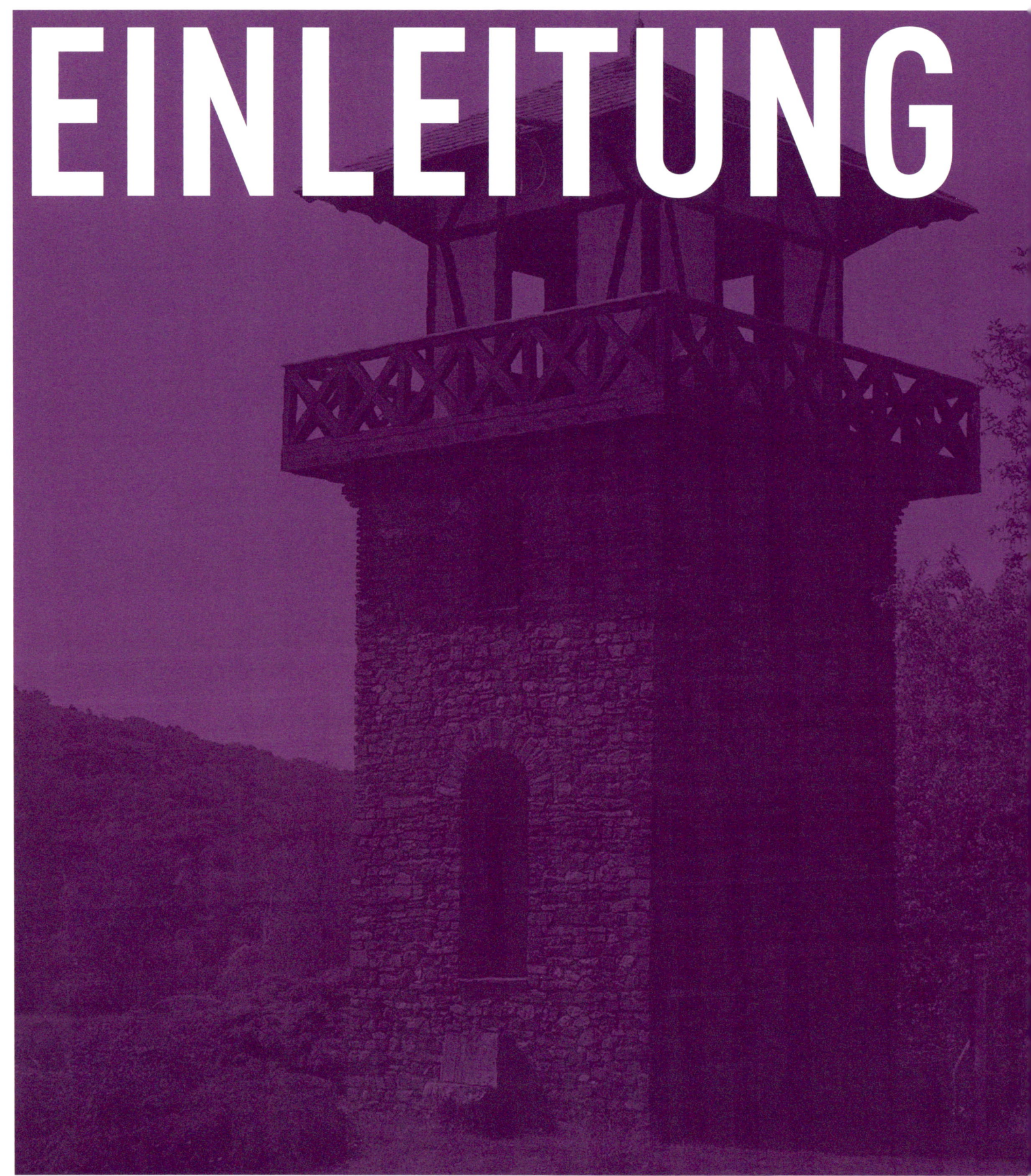

ZU MAUERN – ZUMAUERN

Astrid Nunn

EINE SCHWIERIGE BEGEGNUNG

Die Begegnung mit dem Anderen, mit anderen Menschen war zu allen Zeiten und überall auf der Welt nach Emmanuel Lévinas' Wendung »ein fundamentales Ereignis«. Seit jeher ist dieses Zusammentreffen zwiespältig: Menschen brauchen sich untereinander, aber sie stören sich auch und konkurrieren miteinander. Mit welcher Einstellung sollen wir Fremden gegenübertreten? Mittlerweile gibt es Schulen der Philosophie und der Ethnologie, die sich mit dem friedlichen oder dem gewalttätigen kulturellen Prozess der Begegnung auseinandersetzen. Grundsätzlich können Menschengruppen Krieg beginnen, in einen Dialog eintreten oder sich hinter einer Mauer verschanzen.

Die Entscheidungsträger, denen wir in diesem Buch begegnen, entschlossen sich für eine Trennung. Solche Entschlüsse wurden schon in der Antike getroffen. Warum werden seit mindestens fünf Jahrtausenden Mauern oder unpassierbare Grenzzäune gebaut? Gerade in Deutschland haben wir allen Grund, Mauern mit politischen und wirtschaftlichen Grenzen gleichzusetzen.

GRENZEN UNABHÄNGIGER STAATEN

Heute beruhen Grenzen auf dem Prinzip des Selbstbestimmungsrechts eines jeden Staates, das nach dem 28. Präsidenten der Vereinigten Staaten, Woodrow Wilson (1913–1921), »Wilsonsches Prinzip« genannt wird. Wilson betonte nach dem Ende des Ersten Weltkrieges immer wieder den völkerrechtlichen Anspruch eines Staates auf eigene Grenzen. Diesem Anspruch unterliegt das Konzept der »state nation«, das vom 16. Jh. an entwickelt wurde. Demnach besteht ein Staat aus einem relativ präzise festgelegten Territorium.

Die Territorialisierung der Staaten erlebte einen entscheidenden Antrieb mit der Kolonialisierung während des 19. Jhs. Über 70 % aller heutigen Staatsgrenzen wurden zwischen 1885 und 1910 festgelegt. Bei dieser Festlegung spielten die damaligen Kolonialmächte Großbritannien und Frankreich die Hauptrolle.

Diese Grenzziehungen waren in der Hauptsache machtpolitischer und geostrategischer Natur. Auf dem Papier entworfen, offenbaren sie häufig mehr Macht*anspruch* als wirkliche Macht. In den Kolonien verliefen Tausende von Kilometern Grenze durch die Wüsten, die von Nomaden jedoch unbeachtet blieben.

NATÜRLICHE UND GESELLSCHAFTLICHE GRENZEN

In früheren Zeiten erfolgte das Kontrollieren von Grenzen nur ungenau und auch die Vorstellung von Staatsgrenzen war nicht klar umrissen. Zunächst

Abb. 1: Die Mauer, die Jerusalem in Ost und West teilt. Davor die römisch-katholische Dormitio-Abtei (ganz links im Bild) und ein griechisch-orthodoxes Kloster; im Hintergrund: das Moab-Gebirge. Aufnahme 2008.

gehörte das Territorium eines Dorfes einem Gott, später mit der Hierarchisierung der Gesellschaft einem Stamm oder einer Familie. Die erste Abgrenzung fand zwischen den Familien statt, dann zwischen den Dörfern, den Städten, den Regionen und schließlich den Staaten.

Die Menschen der Antike oder auch die Nomaden von heute stellen sich entfernte Grenzen jedoch nicht linear vor. Meist waren sie (und sind es häufig noch) natürliche Barrieren wie Flüsse und Gebirge, Wälder, Oasen oder Wüsten, in der Antike auch Wolken und Sterne, die bisweilen konkrete Anhaltspunkte in einem größeren Gebiet boten. Grenzen bestanden auch als Sprachgebiete, die mit einer Ethnie oder einem Stamm übereinstimmen konnten.

In der Folge wurde ein Staat nicht als Territorialstaat empfunden, sondern als Macht- und Einflussgebiet. Konkret waren Grenzen eher die Gebiete, in denen ein Machtbereich aufhörte und ein anderer begann. Zusätzlich lagen mythische Grenzen unbewohnt, unantastbar und, von historischen Gegebenheiten unbeeinflusst, am Ende der (bekannten) Welt. Sie untermauerten die königliche Macht, stützten aber auch ein kollektives Kulturverständnis.

Das Erscheinen größerer, von einem Herrscher regierten Einheiten, in denen es eine Verwaltung, eine Steuererhebung oder Soldaten gab, ließ zwangsläufig die Idee der Grenze aufkommen[1]. In Mesopotamien kämpften schon im 3., wahrscheinlich sogar schon im 4. Jt. v. Chr. sumerische Herrscher um die Erweiterung ihres Stadtstaates. Die Grenzen legten die Kontrahenten in Verträgen fest. An Ort und Stelle wurden manchmal Stelen oder Steine errichtet, die vor allem einen symbolischen Charakter hatten. In Griechenland hießen solche Steine »Horoi«: Grenzsteine für das Staatsgebiet, für Tempel, Grundstücke, öffentliche Plätze und privaten Grund.

In einem Brief, der aus dem Archiv der ostsyrischen Stadt Mari stammt und in das 18. Jh. v. Chr. datiert, wird die Reise eines Amtsträgers von Mari nach Qatna beschrieben, das zu einem anderen Königreich gehört. Sieben Träger begleiten ihn bis Qatna, seine Eskorte jedoch kehrte an der Grenze zwischen den Königreichen um und kehrt nach Mari zurück. In der ersten Hälfte des 2. Jts. v. Chr. mussten Boten und Diplomaten in Syrien eine Tafel mit sich führen, auf der ihre Namen standen, außerdem für wen sie reisten, der Ausgangspunkt ihrer Reise, die Zusammensetzung ihrer Eskorte und ihr Reiseziel. Die Tafel trug das Siegel des zuständigen Königs[2].

SCHUTZ VOR EINDRINGLINGEN

Im Altertum wurden Mauern zunächst gebaut, um Menschen und Tiere davon abzuhalten, in ein fremdes Territorium einzudringen oder um sesshafte Bauern von Nomaden zu trennen (s. S. 27 ff. und S. 39 ff.). Die ersten Mauern stehen im Zusammenhang mit Kampfhandlungen zwischen zwei Parteien mit entgegengesetzten Interessen. Diese berühren territorialen Besitz, wirtschaftliche Belange, die Nutzung bewirtschaftbarer und somit Reichtum bringender Gebiete, ethnische Integrität, aber weniger (sofern wir dies heute beurteilen können) Machtansprüche oder politische Konstellationen. Um die vollständige Abschottung zweier Gebiete oder um eine politische Grenzziehung allein ging es in der Antike nie.

Zu den abzuwehrenden Störenfrieden zählten semitische Nomaden in Mesopotamien und Nordsyrien am Ende des 3. Jts. v. Chr., germanische und keltische Barbaren, gegen die sich die Römer mit dem Limes in Deutschland (S. 93 ff.) und dem Hadrianswall in England (S. 109 ff.) schützten, oder die

Hunnen, die die Sasaniden mit Grenzwällen in Nord-iran (S. 127 ff.) und der chinesische Kaiser Qin Shi-huangdi mit einer möglicherweise 5000 km langen Mauer (S. 145 ff.) ab 214 v. Chr. abwehrten.

Sind Grenzen festgelegt oder Mauern gebaut, so stecken sie zwangsläufig auch ein Territorium ab. Sie materialisieren und verfestigen eine politische, kulturelle oder gar eine imaginäre Trennlinie, die ohne Mauer möglicherweise virtuell geblieben wäre. Ein geschlossenes Territorium fördert ein Zusammenge-hörigkeitsgefühl – oder schafft es womöglich über-haupt erst. So sind vielleicht die nordsyrische Mauer (S. 39 ff.) und die kappadokische Mauer (S. 47 ff.) sol-che Grenzen gewesen: Eigentlich sollten sie Ein-dringlinge abhalten, doch markierten sie zugleich auch eine politische Grenze, wonach sich ein be-stimmtes Territorium – ein syrisches Reich Ende des 3. Jts. und das Assyrische Reich im 8. Jh. v. Chr. – bis zu einer festgelegten Grenze erstreckte. Der römi-sche Limes umschloss Menschen, die dem römischen Lebensstil mehr oder weniger zustimmten und auf eine Romanisierung eingingen.

DER ALTE ORIENT

Die ältesten noch heute aus schriftlichen und archäologischen Quellen bekannten Mauern lagen im alten Vorderen Orient. Ende des 3. Jts. v. Chr. bauten die sumerischen Könige Sulgi und Schu-Suen einen etwa 280 km langen Riegel zwischen dem Diyala-Gebiet östlich des Tigris und der Ge-gend um Babylon westlich des Euphrat (S. 27 ff.). Zur selben Zeit entstand in Syrien eine mindestens 220 km lange Steinmauer, die vom Südosten Alep-pos bis zum Antilibanon an die syrisch-libanesische Grenze führte. Beide Mauern dienten wohl dazu, sesshafte Bauern vor nomadischem Zugriff zu schützen. Die geringe Breite der syrischen Mauer zeigt, dass sie nicht nur als Schutz vor Menschen, sondern auch vor den großen Tierherden der No-maden gedacht war. Zugleich sonderten beide Mau-ern möglicherweise das Territorium einer politi-schen Einheit ab, die nur solchermaßen begrenzt von den Nomaden respektiert wurde (S. 39 ff.).

Eine weitere altorientalische Mauer ist die soge-nannte kappadokische Mauer. Sie wurde vor einigen Jahren im Rahmen der Ausgrabung in der osttürki-schen hethitischen Ruine Kuşaklı entdeckt. Unweit der Ruine verläuft eine durchschnittlich 1,20 m breite Mauer, die sich bei Google Earth auf mindes-tens 100 km verfolgen lässt, ohne dass Anfang und Ende bereits bekannt wären. In rund 2000 m Höhe verfolgt sie stets die Scheitellinie des Gebirgszuges Kulmaç Dağları, die zugleich die Wasserscheide zwi-schen den Gewässern bildet, die auf der einen Seite zum Mittelmeer und zum Persischen Golf hin flie-ßen, auf der anderen Seite zum Schwarzen Meer. Diese Mauer ist als reine Befestigung nicht breit ge-nug, vielmehr muss sie auch als Markierung einer politischen Grenze gedeutet werden. Vielleicht sollte sie die assyrische Grenze im späten 8. Jh. v. Chr. ab-sichern (S. 47 ff.).

Ab S. 57 wird eine Mauer besprochen, die beim griechischen Historiker und Truppenführer Xeno-phon erwähnt wird und daher schon lange bekannt ist. Die »medische Mauer«, eigentlich zwei Mauern – Xenophon kannte nur die nördliche –, die der baby-lonische König Nebukadnezar II. (604–562 v. Chr.) wie seine sumerischen Vorgänger zwischen Euphrat und Tigris anlegen ließ. Erst in den letzten Jahren haben archäologische Untersuchungen präzisere Fak-ten zu ihrer Lage und Bauweise erbracht.

Abb. 2: Die älteste »Weltkarte«: In der oberen Mitte des Kreises liegt Babylon. Sie stammt wahrscheinlich aus Sippar, 80 km nordwestlich von Babylon. Die einzelnen geografischen Lagen sind akkadisch beschriftet (Keilschrift). 7.–6. Jh. v. Chr. Höhe: 12,2 cm. London, British Museum.

DIE RÖMISCHE WELT UND IHRE LIMES

Wenige Jahrhunderte nach dem Ende der altorientalischen Reiche und des darauf folgenden alexandrinischen Reiches erweiterte die römische Macht das von ihr kontrollierte Territorium in alle Himmelsrichtungen. Seine größte Ausdehnung erfuhr es im 3. Jh. n. Chr. Bereits mit der Machtübernahme des Augustus (27 v. Chr.) begann man jedoch an den Grenzen militärische Maßnahmen zu treffen. Bis

zum 4. Jh. entstanden die etwa 7000 km des von uns heute so genannten »Limes« oder »Limes Romanus«[3].

Das lateinische Wort *limes* heißt »Weg«, »Pfad zwischen zwei Feldern«, »Rand« oder »Grenze«. Vom 4. Jh. n. Chr. an ist ein Limes auch ein militärischer Verwaltungsbezirk, der nicht unbedingt an der Grenze liegen muss. Der Limes war auch gleichsam eine psychologische Grenze zwischen Römisch und Nicht-Römisch in einem Gebiet, wo der römische Einfluss endete. Innerhalb des Limes lebte eine Bevölkerung, von der erwartet wurde, dass sie imstande war, den römischen Lebensstil anzunehmen. Jedoch endete anders als die Verwaltung und der römische »way of life« die politische Macht des römischen Imperiums nicht an einer eindeutig festgelegten Linie. Eine Grenze im heutigen Sinne einer Staatsgrenze gab es nicht. Der Limes bedeutete für die Bevölkerung Schutz vor Übergriffen und Einfällen, denn Reichtum und Glanz übten auf die Barbaren eine nie nachlassende Anziehungskraft aus. Dies gilt ebenso für die Sasaniden oder die Chinesen, die sich vor den Hunnen und anderen Nomaden schützen mussten. Außerdem diente diese Grenze als wirtschaftliche Kontrolle.

Ab und zu wurde das Wort »Limes« schon in der Antike für eine befestigte Grenze gebraucht, aber der heutige Begriff entstand in der Geschichtsschreibung des 19. Jahrhunderts, die im Lateinischen nie vorhandene Ausdrücke wie *Limes Romanus, Limes Germanicus, Limes Britannicus* oder *Limes Moesiae* schuf. Auch die Bezeichnungen *Limes Saxoniae* oder *Limes Sorabicus*, die in den mittelalterlichen Quellen auftauchen, werden noch im Sinne von Grenze und nicht von Grenzbefestigung gebraucht.

»Unser« römischer Limes bestand je nach Gegend, Naturraum und Zeit aus Palisaden, Erdwällen, Mauern, Wachttürmen, Kastellen, Legionslagern und

Straßen. Grosso modo waren von seinen 7000 Kilometern etwa 1000 durchgehend miteinander verbunden und mit Mauern, Türmen oder Wällen befestigt. Die restlichen 6000 km Limes verliefen mit Unterbrechungen, davon waren 3000 km durch Legionslager und 3000 km durch Kastelle bewacht.

Zwischen etwa 100 und 260 n. Chr. entstand am Rhein-Donau-Abschnitt von Remagen nach Regensburg ein gebauter Limes, um die römischen Provinzen Obergermanien und Rätien vom freien Germanien zu trennen (S. 93 ff.). Der anfänglich nur überwachte Postenweg durch den Wald wurde Schritt für Schritt ausgebaut. Zunächst verwehrte eine Holzpalisade den Übertritt zwischen Rhein und Donau, später ein Wall-Graben-System und schließlich eine mit 900 Wachttürmen und über 60 Militärlagern gut gesicherte Steinmauer. Der römische Kaiser Hadrian (117–138 n. Chr.) bewirkte auch den Bau eines weiteren »Limes«, des sogenannten »Hadrianswalls« (»vallum Hadriani«) in Nordengland (S. 109 ff.). Sicherlich wollte er die Provinz schützen; mit dem Mauerbau konnte er jedoch gleichzeitig in symbolischer Weise einen Schlussstrich unter die Eroberungspolitik seines Vorgängers ziehen und damit der Oberschicht zeigen, dass das Reich nicht kontinuierlich ausgedehnt werden sollte. Der Hadrianswall zwischen dem Fluss Tyne im Osten und der Solway-Bucht im Westen ist viel kürzer als der deutsche Limes, dafür aber umso aufwendiger errichtet. Dennoch ließ der römische Kaiser Antoninus Pius (138–161 n. Chr.) von 142–144 n. Chr. 160 km nördlich einen zweiten »Limes«, den »vallum Antonini« bauen. Dieser trennte das heutige Schottland an der Stelle, wo beide Küsten nur 63 km auseinanderliegen. Die Mauer bestand aus einem Steinfundament und Grassoden. Den Römern gelang die vollständige Eroberung der Pikten nördlich des Hadrianswalls jedoch nicht. Da der Antoninuswall ständigen Angriffen ausgesetzt war, wurde er nach neuesten Erkenntnissen schon 158 n. Chr. endgültig aufgegeben.

Das versumpfte Donauufer wurde ab etwa 50 n. Chr. mit Wachttürmen, Kastellen und Legionslagern bewacht. Abschnittsweise entstand der »Donaulimes« in Norien, heute Österreich und Slowakei, in Pannonien, heute Ungarn und Serbien, in Moesien an der bulgarisch-rumänischen Grenze und in Dakien, heute Rumänien. Nach einer wechselvollen Geschichte verstärkte rund 300 Jahre später Valentinian I. (364–375 n. Chr.) diese Mauern, die bis etwa 450 die Einfälle unterschiedlicher »Barbaren« abwehrten.

An der östlichen Peripherie ihres Reiches mussten sich die Römer im 1. und 2. Jh. n. Chr. zunächst gegen Parther, dann ab dem 3. Jh. gegen die Sasaniden wehren. Am Schwarzen Meer, im heutigen türkischen Trabzon, begann der »pontische Limes«. Er führte geradewegs nach Süden zum Euphrat, dann den Euphrat entlang nach Samsat und ging in den »syrischen Limes« über. Ab Zeugma, nahe dem heutigen östlich von Gaziantep liegenden Ort Birecik, verläuft dieser Limes auf der Linie mit 200 mm Jahresniederschlag, was zur Folge hatte, dass viele Orte bis zur frühabbasidischen Zeit um 900 kontinuierlich besiedelt blieben.

Der in den heutigen arabischen Ländern verlaufende Limes ist sehr viel weniger erforscht als der europäische. 90 km des syrischen Abschnitts zwischen Suriya, westlich von Raqqa, und Palmyra wurden von 1990 bis 1996 untersucht[4]. Kastelle und Lager säumten den Euphrat bis kurz vor dem heutigen Raqqa und weiterhin landeinwärts über Resafa und Palmyra geradewegs bis ins heutige Jordanien. Vom südsyrischen Bosra aus verlief der »Limes Arabicus« – übrigens sowie »Limes Palestinae« oder »Limes Tri-

politanus« eine römische Bezeichnung – über Amman zum Roten Meer nach Aqaba. Der »Limes Palestinae« verlief von Ost nach West, etwa zwischen Petra in Jordanien nach Gaza.

Wenn wir das Mittelmeer weiter umrunden, gelangen wir nach Nordafrika. Auch hier organisierten die Römer ihr Wehrsystem im Rhythmus ihrer Eroberungen. Zahlreiche Kastelle und Legionslager kontrollierten östlich und westlich des Nils bis nach Nubien und zwischen Nil und Rotem Meer auch den Handel mit Metallen. Von der Kleinen Syrte in der westlybischen Tripolitana über Südtunesien ins heutige Algerien verlief der »Limes Tripolitanus«. Ein weiterer Abschnitt lag an der Atlantikküste in der Provinz Mauretania im nördlichen Marokko. Die Mauern waren stärker als der Aufruhr verschiedener Völker, sie konnten aber nur kurz den Attacken der Vandalen zwischen 429 und 443 n. Chr. im westlichen Teil Nordafrikas standhalten.

Der arabische und der nordafrikanische »Limes« verliefen anders als in Europa nicht an Flussläufen, sondern durch eine bisweilen gebirgige Wüste, wo die Überwachung wichtiger war als eine geschlossene Grenzlinie, die dazu zwang, über eine 20 bis 30 km breite Zone gestaffelt Mauern, Gräben, Türme und Kastelle aufzubauen.

Obgleich sich die Verteidigung des Oströmischen Reiches in vielerlei Hinsicht von der des römischen Imperiums unterschied, soll hier noch die »Thrakische Mauer« erwähnt werden, die der byzantinische Kaiser Anastasius I. (491–518) spätestens 469 etwa 65 km westlich von Konstantinopel bauen ließ. 56 km lang, mit Türmen, Gräben und Kastellen versehen, verband sie die Küste des Schwarzen Meeres mit dem Marmara-Meer. Im 7. Jh. wurde sie verlassen und verfiel.

DER KAUKASUS UND ZENTRALASIEN – ACHÄMENIDEN UND SASANIDEN

Die unterschiedlichen Limes in der westlichen römischen Welt sind in Europa schon lange bekannt und vermitteln den Eindruck, dass die Römer eine besondere Wehrarchitektur erfunden hätten, die die Sasaniden (224–651 n. Chr.) später kopierten. Die zahlreichen Mauerfunde in Kaukasien, Iran, Afghanistan und Zentralasien haben neue Überlegungen aufkeimen lassen, wonach – umgekehrt – die Römer ihrerseits das allgemeine Konzept von Grenzmauern aus dem Orient übernommen haben[5]. Obgleich die heute archäologisch bezeugten Mauern meist sasanidisch sind, also etwas jünger als die europäischen Limes-Mauern, gehen sie wohl häufig auf wesentlich ältere Mauern zurück.

Die sasanidischen Herrscher kämpften gegen Rom, jedoch bedeuteten für sie die Hunnen im Norden und Osten eine ungleich höhere Gefahr. Trotz der schier unpassierbaren Gebirgsriegel des Kaukasus westlich des Kaspischen Meeres, des Elburs-Gebirges in Nordiran und des Hindukuschs in Nordostafghanistan blieben doch einige natürliche Schwachpunkte bestehen. Einen von ihnen bildete das Südufer des Kaspischen Meeres. Die am westlichen Ufer liegende Lücke – heute Dagestan in Russland – schlossen die Sasaniden mit der Festung von Darband und einer 40 km langen Festungsmauer, die sich von der Zitadelle aus in westlicher Richtung über Berge und Täler hinzog[6]. Vom südöstlichen Ufer aus landeinwärts entstand zwischen 402 und 537 die sogenannte Tammishe-Mauer. Etwas nördlicher schloss die große, etwa 200 km lange Gorgan-Mauer die eurasische Steppe ab. Aufgrund einer unrichtigen Datierung wurde und wird diese Mauer fälschlicherweise auch »Alexanderwall« genannt. Ab S. 127 wird über die jüngsten noch laufenden Grabungen einer britisch-iranischen archäologischen Mannschaft berichtet. Weiter östlich, in der Provinz Balkh nahe Mazar-i Scharif, schützte eine in Kam Pirak am besten sichtbare und insgesamt 60 km lange Lehmmauer Nordafghanistan. Diese Mauer wird aufgrund dort gefundener Keramik in die Achämenidenzeit gesetzt (559–330 v. Chr.)[7]. Etwa 150 km weiter nördlich, in der südlichen und nordöstlichen Umgebung des usbekischen Ortes Derbent, bilden mindestens sieben Mauerabschnitte eine Linie von 50 km. Aus der Datierung mehrerer Mauerabschnitte in das 2. und 1. Jh. v. Chr. wird geschlossen, dass sie zunächst das Gräko-Baktrische Reich und später die Nordgrenze des Kuschan-Reiches schützten[8].

Die größten und reichsten Oasenstädte Balkh (Afghanistan), Merv (Turkmenistan) sowie Buchara und Samarkand (Usbekistan) waren von langen Mauern zum Schutz vor Nomaden umgeben. Strabo berichtet, in der Oase von Merv sei von dem seleukidischen König Antiochos I. Soter (281–261 v. Chr.) die Polis Antiocheia Margiana neu gegründet und mit einer 1500 Stadien (= ca. 277 km) langen Mauer umgeben worden. Eine zunächst für dieses Bauwerk gehaltene Lehmziegelmauer von etwa 40–50 km nördlich von Merv stammt nach heutigen Erkenntnissen aus der Sasanidenzeit und datiert in das 5.–6. Jh. n. Chr. Heute hält man die Überreste einer anderen Lehmziegelmauer für das hellenistische Bauwerk[9]. Die letzten Zerstörungen an dieser Mauer fanden 1989–1991 statt. Die Einwohner berichteten, sie sei so fest, dass sie sogar mit einem Bulldozer nur unter größtem Aufwand niederzureißen gewesen sei. Die noch sichtbare Oasenumfassung von Bukhara entstand um 830 n. Chr., geht aber sicher auf einen Vorbau zurück. Sie schließt ein Gebiet von 1300 km² ein.

Möglicherweise sasanidisch ist eine massive Mauer, die in el-Mutabbaq 27 km südlich von Samarra (Irak) gut erhalten blieb. Ihre Türme und Gräben konnten über eine Länge von 10 km verfolgt werden[10].

DIE GROSSEN MAUERN CHINAS

Wie viele sasanidische Mauern, so wurde auch die »Mauer der Superlative« großenteils gegen die Hunnen ausgebaut. Mit ihren je nach Zeit 5000–12.000 km ist die »Große Mauer« in China (Abb. 4) das größte Denkmal der Welt und wurde jüngst in einer Internet-Umfrage zu einem der Sieben modernen Weltwunder erkoren. Eigentlich handelt es sich dabei um zahlreiche Einzelmauern, die in einem Zeitraum von 2300 Jahren entstanden – von 700 v. Chr. bis etwa 1600 n. Chr. Während der Ming-Dynastie vom 14.–17. Jh. n. Chr. wurde sie von über einer Million Soldaten bewacht. Aber gerade diese Dynastie verlor die Kontrolle über die mongolischen und mandschurischen Nomaden. Etwa 1650 büßte die Mauer ihren Zweck ein (s. S. 145 ff.).

DIE GERMANISCHE WELT

In der germanischen Welt waren es die Slawen, deren Einwanderung man durch Wälle erschwerte. Eine kaum bekannte Vorphase zum sogenannten »Danewerk« entstand um 680 n. Chr., ähnliche Befestigungen soll es in Südjütland schon im 1.–3. Jh. n. Chr. gegeben haben. Nach neuesten Erkenntnissen, die man über Jahresringanalysen gewonnen hat, wurde das heute bekannte, etwa 30 km lange Danewerk schon vor 730 angelegt. Zu diesem Zeitpunkt befestigte es die Südgrenze des dänischen König-

Abb. 4: Abschnitt der Großen Mauer in China in Höhe des Passes von Mutianyu im Süden des Kreises Huarou (vgl. S. 155).

reichs gegen die Sachsen und die slawischen Abodriten. Es verlief vom damals dänischen Holligstedt nach Haithabu, unweit des heutigen Schleswig. Ursprünglich gab es einen Graben, der auf beiden Seiten von einem Wall gesäumt wurde. In einer zweiten Phase bekam der Wall eine Holzpalisade. Am Ende mehrerer weiterer Bauphasen, bis etwa 1170, wurde der Wall durch eine Feldsteinmauer befestigt. Von da an ließ der dänische König Waldemar I. eine 4–5 m hohe Ziegelsteinmauer errichten, mit einem dahinterliegenden Erdwall von 18 m Breite und 4 m Höhe. Das Danewerk verlor seine Bedeutung, als das Gebiet auf beiden Seiten im Jahre 1201 Reichsteil Dänemarks wurde. Eine Renaissance erlebte es im Schleswigschen Krieg 1864, als es von Dänen zur Verteidigungsanlage ausgebaut wurde[11].

In der chronologischen Reihenfolge der norddeutschen Grenzen folgt der »Limes Saxoniae«, den wahrscheinlich Karl der Große 810–811 zwischen Sachsen und Abodriten vereinbarte. Diese Grenze – mehr eine sich durch dichten Wald und Sümpfe dahinziehende Linie als ein befestigter Wall – verlief von Kiel über Lübeck in die Gegend östlich von Hamburg und endete an der Elbe. In den Jahren 1066 und 1072 zerstörten die Abodriten Hamburg, wurden aber 1138/1139 von den Sachsen besiegt. Danach verlor dieser »Limes« seine Bedeutung. Der letzte germanische Limes ist der »Limes Sorabicus« – benannt nach den Sorben, gegen die sich das Fränkische Reich schützen wollte. Er wurde um etwa 850 angelegt, verlor seine Bedeutung jedoch bereits Ende des 9. Jhs. wieder. Dieser Limes wird in mittelalterlichen Quellen erwähnt; da es aber keine Überreste gibt, sind sein Verlauf und sein Ausbau noch umstritten. Er verlief wahrscheinlich entlang der unteren Saale, vielleicht ab Naumburg oder Weißenfels, bis zu ihrer Mündung in die Elbe[12].

SÜDAMERIKA

Seit den 1930er Jahren rückten die vorspanischen Denkmäler ins Bewusstsein der Peruaner. Zu den rätselhaftesten gehört die »Große Mauer von Santa«, die sich über mehr als 50 km über Hügel, Ebenen und Berge am Nordufer des Rio Santa hinzieht. Auch sie wurde zunächst für eine Verteidigungsmauer gehalten. Untersuchungen ergaben jedoch, dass diese zwischen 600 und 900 n. Chr. zu datierende Mauer nicht am Rande, sondern mitten in einem dicht besiedelten Gebiet lag. Außerdem verliefen Straßen durch bis zu 2 km breite Lücken, so dass diese Mauer vermutlich als durchlässige Grenze zwischen verschiedenen Ethnien diente[13].

DAS FEHLEN VON MAUERN – IDEELLE MAUERN

Neben wirklich vorhandenen Mauern und Grenzen gibt es auch solche, die sich die Menschen ausdenken und die lediglich in der Fantasie existieren. Solche Grenzen bestanden beispielsweise am Ende der Welt, das sich bis zur Neuzeit niemand vorstellen konnte (vgl. Abb. 2). So entstanden schon sehr früh Karten, die »mental maps« genannt werden. Sie umfassten Territorien, die man real und imaginär besaß und waren mit Vorstellungen über Lebewesen oder Dinge verbunden, die sich jenseits der Grenzen befinden sollten. Diese Bilder waren oft negativ geprägt, halfen aber auf diese Weise, eine eigene positive Identität zu befestigen.

Den alten Griechen kam nur in Ausnahmefällen der Gedanke, sich durch Grenzmauern vor einer äußeren Bedrohung zu schützen. Ein Grund dafür ist, dass die Grenzen »den Anderen« gegenüber vor allem in ihren Köpfen bestanden. Denn ihrer Meinung nach galt: »Wo Männer sind, gibt es eine sichere Wehr« (s. S. 71 ff.). Moralische Stärke (sicherlich oft mit militärischer gepaart) reichte, um Menschen abzuschrecken. Das berühmteste Beispiel in Griechenland dafür ist Sparta, das ohne Mauern auskam, obwohl (oder weil?) es ständig Krieg führte.

Auch im alten Orient gab es »mentale« Grenzen und eine psychologische Landesverteidigung. Ein assyrischer Text aus dem Ende des 2. Jts. v. Chr. ist vom Standpunkt politischen Rechts und nicht dem militärischer Stärke geschrieben. Der Gegner sollte überzeugt werden, dass das Übertreten eines Grenzabkommens Strafen Assurs nach sich zöge. Neben dem Hauptgott spielte die unausgesprochene Stärke der assyrischen Männer sicher auch eine abschreckende Rolle. Im Übrigen gab es im alten Ägypten, etwa im Nil-Delta, nie eine Mauer gegen Eindringlinge. Binnengrenzen zwischen Tempeln oder Königsbesitz waren auf Papyri vermerkt und mit Steinen oder Stelen markiert. Außengrenzen wurden immer wieder verhandelt. Nach Norden reichten sie so weit, wie die Truppen oder die Entsandten des Pharaos gekommen waren.

Jerichos Mauer stürzte beim siebenten Blasen des Widderhorns in sich zusammen (Josua 6). Um diesen berühmten Ort des Alten Testaments hat es wirklich eine Stadtmauer gegeben. Als aber Jeremia zur »festen, ehernen Mauer für dieses Volk gemacht wird« (Jeremia 1,18 und 15,20, Ezechiel 13,5), verwandelt sich die Mauer in eine Schutz und Sicherheit symbolisierende Metapher. Falsches Handeln wird sie zum Einsturz bringen, und die Abtrünnigen werden in ihren Trümmern umkommen (Ezechiel 13,10–15). Ein modernes Beispiel zeigt, wie eine solche Metapher mit Leben erfüllt sein kann: Der Dankpsalm Davids »Mit meinem Gott kann ich eine Mauer überspringen« (Ps 18,30) durfte in der DDR nicht erscheinen, da

er zur Republikflucht auffordere. Nach diesen alten mentalen Mauern zieht sich zwischen Israel und Palästina erstmals in ihrer Geschichte eine echte, 700 km lange Trennlinie aus elektrischen Zäunen und einem Betonwall (vgl. Abb. 1).

MAUERN DES 20. UND 21. JAHRHUNDERTS

Auch in der modernen Welt wurden und werden viele Mauern und Abgrenzungen gebaut. Zu Beginn des 20. Jahrhunderts entstanden die rein militärischen Anlagen der Maginot-Linie und des »Westwalls«. Um nach dem Angriff des Deutschen Reiches auf Frankreich 1914 gegen einen möglichen weiteren Angriff gewappnet zu sein, unterstützte die französische Regierung den Bau einer Wehrlinie an Frankreichs Grenzen. Der Lothringer André Maginot (1877–1932), der von 1922 bis 1924 und von 1929 bis zu seinem Tod Kriegsminister war, erdachte sich ein System, das nach ihm den Namen Maginot-Linie bekam. Diese mit 5800 unterirdischen Forts versehene Wehranlage wurde zwischen 1928 und 1936 an den französischen Grenzen zu Belgien, Luxemburg, Deutschland und Italien auf 700 km Länge gebaut. Aus Kostengründen – und weil es ein Abkommen zwischen den belgischen und französischen Regierungen gab – war sie nach Belgien hin nicht durchgehend befestigt. Gerade dort marschierte 1939 die Wehrmacht nach Frankreich ein.

Der 630 km lange »Westwall« sollte Deutschlands Grenzen gegenüber den westlichen Nachbarn, den Niederlanden, Belgien, Luxemburg und Frankreich schützen. Er begann bei Kleve an der niederländischen Grenze und reichte bis Weil am Rhein nahe Basel. Zwischen 1936 und 1940 veranlasste Hitlers Regierung den Bau von 18.000 Bunkern, Stollen und

Panzersperren. Diese von den Alliierten sogenannte »Siegfried-Linie« fungierte von 1938 an unter dem Namen »Limes-Programm«. Die letzte und gewaltigste Befestigungsanlage des Zweiten Weltkrieges war jedoch der »Atlantik-Wall«, den die Deutschen von 1940 bis 1944 bauten. Er sollte mit einer Länge von über 2700 km und über 10.000 Bunkern für Personen, Panzer und U-Boote die Meeresfront der besetzten Gebiete vom Nordkap bis an die französisch-spanische Grenze vor einer Invasion schützen[14].

Obwohl keine dieser Sperren langfristig ihren Zweck erfüllte, blieb die Vorstellung solcher Abwehrgrenzen sehr präsent. Die deutsch-deutsche Mauer ist in gewisser Weise die Folge davon (S. 171 ff.). Aber während fast alle Mauern errichtet wurden, um Menschen nicht in ein Gebiet hineinzulassen, erscheint die deutsch-deutsche Mauer als Ausnahme, da sie auch Menschen daran hindern sollte, aus politischen und wirtschaftlichen Gründen das eigene Land zu verlassen. Auch bei den zeitgenössischen Mauern können wir diese Unterscheidung vornehmen. Die Demarkationslinie zwischen den zwei koreanischen Staaten soll die nordkoreanische Bevölkerung dazu zwingen, im eigenen Land zu bleiben.

Auch zur Zeit werden zahlreiche Trennmauern und Zäune gebaut (S. 193 ff.). Aktuell bilden die politisch motivierte Betonmauer zwischen Israel und Palästina sowie der wirtschaftlich motivierte Zaun zwischen den USA und Mexiko ein andauerndes Streitthema. Andere sind aber in ihrer Wirkung genauso radikal, etwa die durch Zypern verlaufende »Green Line« oder die im Bau befindliche, aus Stacheldraht bestehende und kameraüberwachte Trennung zwischen Saudi-Arabien und Irak.

FAKTEN IM VERGLEICH: BAUMATERIAL, LÄNGE, HÖHE

Obwohl alle diese Mauern viele Kilometer lang sind, unterscheiden sie sich beträchtlich voneinander. Die mit mehreren 1000 km längsten Mauern – der römische Limes und die chinesischen Mauern – bildeten kein durchgehendes Mauersystem. Trotzdem findet man bei diesen Mauern die längsten ununterbrochenen Abschnitte. Aus dieser historischen Perspektive betrachtet, sind die ältesten altorientalischen Mauern des dritten Jahrtausends (S. 27 ff. und S. 39 ff.), aber auch die Gorgan-Mauer (S. 127 ff.) spektakuläre Bauwerke. Die Mauerhöhe ist zwar nirgendwo erhalten; um effizient zu sein, müssen diese Mauer aber mehrere Meter hoch gewesen sein. Auch hier hebt sich die ming-zeitliche Mauer in China hervor – mit einer geschätzten Höhe von 16 Metern.

Die einfachsten Baumaterialien sind Erde und Rasensoden, die sich unbearbeitet zu Erdwällen häufen lassen. Diese fanden in »grünen« Gegenden wie Norddeutschland, England oder Thrakien Verwendung. Zu Lehmziegeln bearbeitete Erde war das Grundmaterial im alten Orient. So bestanden die Mauern der Könige Schu-Suen und Nebukadnezar II. sowie zahlreiche zentralasiatische Mauern aus Lehmziegeln, die kappadokische Mauer hingegen, Teile des römischen Limes und einige chinesische Mauern aus Stein. Lehm und Stein wurden in Syrien, Griechenland, China oder Peru kombiniert. Holz gehörte in bewaldeten Gegenden häufig zu den für die Wehrarchitektur gewählten Baumaterialien. Daraus wurden Palisaden oder Aufsätze über einem Sockel hergestellt. Die neuzeitlichen Mauern bestehen aus Beton und Metall und die aktuellsten »Zaun-Mauern« aus Metall und Hightech-Elektronik.

Abb. 5: Die »Pestmauer« in der Provence, bei Fontaine de Vaucluse.

Die berühmteste Abgrenzung im heutigen Vorderen Orient ist die Sperranlage zwischen Israel und Palästina. Sie kombiniert einen Metallzaun mit Stacheldraht, Graben, Sandstreifen und asphaltiertem Patrouillenweg. Kleine Teile bestehen aus einer bis zu 8 m hohen Betonmauer. Doch ist sie nicht die einzige Trennung in der Region. Seit November 2006 sieht ein 12 Milliarden Dollar schweres Projekt eine 900 km lange Trennung zwischen Saudi-Arabien und Irak vor. Diese Barriere aus doppelter Stacheldraht-reihe wird mittels Kameras und Bewegungsmeldern überwacht werden. Bagdad hat dem Bau zugestimmt, um den Waffen- und Menschenschmuggel sowie größere Menschenströme einzudämmen, sollte der Irak als politische Einheit zusammenbrechen. Auch zwischen Irak und Kuweit verläuft eine

Trennlinie. Der elektrische Zaun befindet sich in der 15 km breiten und 190 km langen demilitarisierten Zone zwischen beiden Ländern. Der Zaun selbst ist 217 km lang und kostete 28 Milliarden Dollar.

ZUM SCHLUSS: VOM NUTZEN DER MAUERN

Mauern gab es in der Antike und im Mittelalter und dann, in völlig anderer Technik, erst wieder in moderner Zeit. Nach jedem Mauerbau trat zunächst die beabsichtigte Wirkung tatsächlich ein. Die Kontrahenten wurden erfolgreich getrennt, realiter oder in ihren Köpfen. Aber wie lange? Liest man die Geschichte der einzelnen Mauern, so überwiegt der Eindruck der Kurzlebigkeit. Die Mauer Schu-Suens konnte das Amurriter-Problem nicht lösen. Drei Jahrzehnte nach dem Mauerbau riss der semitische General Ischbi-Erra von Mari die Macht in Isin an sich. Er hatte sich um gute Kontakte mit den Amurritern bemüht und brauchte ihnen gegenüber keine Trennung mehr. Auch einigen Limesabschnitten war nur eine kurze Dauer beschert: der Antoninuswall diente ganze 20 Jahre. In der 2300-jährigen Geschichte Chinas gerieten die Mauern in friedlichen Phasen florierender Wirtschaft in ihrer eigentlichen Funktion in Vergessenheit. Auch die Machthaber wussten, dass diplomatische Bemühungen, Tributzahlungen oder Strafexpeditionen gegenüber Reiternomaden wünschenswerter waren als ein Mauerbau und dass es andererseits, trotz Mauer, zwischen den Chinesen und ihren »barbarischen« Nachbarn Beziehungen aller Art gab.

Die Mauer, die wahrscheinlich am allerwenigsten nützte, war die sogenannte Pestmauer in der Provence[15]. Im Mai 1720 legte die *Grand Saint Antoine* mit einer Ladung wertvoller Stoffe in Marseille an. In diesen Stoffen wimmelte es von Flöhen, die die Pest einschleppten, die zu diesem Zeitpunkt in Syrien wütete. Obwohl die Besitzer der wertvollen Fracht die Krankheit bemerkt hatten, gelang es ihnen, die zuständigen Behörden zu bestechen und die Quarantäne zu umgehen. Als Folge verlor Marseille bis Oktober 1720 ein Drittel seiner 120.000 Einwohner. Als die Pest in Marseille zwar nachgelassen, sich aber dafür bereits auf die Provence ausgebreitet hatte, beschlossen der angrenzende Pontifikalstaat um Avignon mit dem Comtat Venaissin am 14. Februar 1721 auf Anfrage des über die restliche Provence regierenden französischen Königs, eine Mauer zu bauen. Sie sollte die aus dem Süden und Osten kommende Pest aufhalten und Avignon verschonen. In fünf Monaten entstand eine knapp 30 km lange Mauer. Sie verband Monieux im Plateau de Vaucluse, etwa 50 km nordöstlich von Avignon, mit dem etwa 25 km östlich von Avignon liegenden Ort Cabrières. Diese durch den provenzalischen Architekten Antoine d'Allemand in Trockenbau errichtete Mauer wurde 1,95 m hoch und 0,65 m breit. Sie war mit 40 Wachtposten, 50 Unterkünften für Soldaten und einigen umfriedeten Arealen versehen. Südlich von Cabrières – über die heutige Hauptstraße D22/N100 hinweg – bis zum Fluss Durance gab es dann einen 15 km langen sowie 1,95 m breiten und tiefen Graben mit einem Erdwall. Aber bereits im August 1721 wurde der erste Fall von Pest in Avignon gemeldet. Noch ein Jahr lang wurde die Mauer bewacht, 1723 schließlich völlig aufgegeben und als Steinbruch ausgebeutet. Seit 1986 wird sie abschnittsweise restauriert. Dies war die letzte Pest in Europa, jedoch nicht die letzte Mauer …

HEUTE

Heute erleben wir in Europa in gewisser Weise eine Rückkehr in die Antike. Starre Grenzvorstellungen schwinden im europäischen Raum. Sie gehören zwar noch zum kollektiven Gedächtnis des jeweiligen Landes, aber wir verstehen die europäischen Länder mehr und mehr als politische, geografische oder auch ethnische oder wirtschaftliche Einheit von Regionen. Inzwischen sind für den Einzelnen Barrieren sprachlicher oder kultureller, nicht aber politischer Art ein Hindernis. Mauern und Zäune sind in Europa dennoch nicht ganz verschwunden. Aber sie liegen, wie die Trennung in Zypern, nicht mehr im Zeichen der Zeit. Letztlich hatte Friedrich Rückert doch Recht, als er schrieb:
»Grenzpfähle steckest du, um ein Gebiet zu messen; Doch, daß du sie nur steckst, das sollst du nicht vergessen.«[16]

GRENZMAUERN DURCH DIE GESCHICHTE IM ÜBERBLICK

fettgedruckt: Mauern, die in diesem Band behandelt werden.

KULTUR, REGION DER EPOCHE	MAUER	ZEIT	LÄNGE (km) HÖHE (m)	BAUMATERIAL	ZWECK: SCHUTZ VOR …	ART DER KONTROLLE	WIE LANGE WIRKSAM?
Alter Orient	**Amurriter-Mauer**	ca. 2056–2032 v. Chr.	L. 280	Ziegel	Nomadischen Amurritern und ihren Tieren	Mauer	ca. 30 Jahre
	Syrien	Ende 3. Jt. v. Chr.	L. 220 / H.1–1,5	Stein, Ziegel (?)	Amurritern und ihren Tieren	Mauer	
	Kappadokische Mauer	8. Jh. v. Chr.	L. 100	Stein	Bewachung der assyr. Grenze (?)	Mauer	
	Medische Mauer	604–562 v. Chr. (Nebukadnezar II.)	L. 2 x ca. 80 / H. 6	Ziegel	Feinden	Zwei Mauern	
Römisches Reich	**Römischer Limes**	1. Jh. v. Chr.–4. Jh. n. Chr.	L. 7000	Erde, Stein	Feinden	Palisaden, Mauer, Türme, Kastelle, Lager	
	Limes am Main	100–260 n. Chr.	L. 500	1. Holz, 2. Stein	Germanen	1. Palisade / 2. Steinwall und Graben, 900 Wachtürme, 60 Militärlager	160 Jahre
	Hadrianswall	117–138 n. Chr.	L. 120 / H. 4+	Stein, Erde	Pikten	Erdwall, Kastelle, Türme Soldaten	
	Antoninuswall	142–144 n. Chr.	L. 60 / H. ca. 4	Stein, Rasensoden	Pikten	19 Forts, 9 kleine Forts	bis 158
	Anastasiuswall	spät. 469–512 n. Chr.	L. 56 / H. 5+	Stein, Rasensoden	Hunnen, Slawen, Bulgaren	Türme, Kastelle Graben	bis 7. Jh. / ca. 100 Jahre
Mittelasien	Darband/Dagestan	402–537 (?) n. Chr.	L. 40 / H. 3	Ziegel	Hunnen		
	Gorgan	5.–6. Jh. n. Chr.	L. 195+ / H. 4+	Ziegel	Hunnen	30+ Kastelle	100–200 Jahre
	Tammishe	402–537 n. Chr.		Ziegel	Hunnen	16–36.000 Soldaten	
	Kam Pirak	6.–4. Jh. v. Chr.	L. 60	Ziegel			
	Derbent/Uzbek.	2.–1. Jh. v. Chr.	L. 50 / H. bis 5,5	Ziegel		Festung	
	Merv/Turkmen.	3. Jh. v. Chr.	L. 30–35 / H. 6–7	Stein			bis 10. Jh.
	Im N. Mervs	5.–6. Jh. n. Chr.	L. 40–50 / H. 1,5–4	Stein			
	Mauern in China	7. Jh. v. Chr.		Stampferde Holz, Stein	Nachbarn Qi		
		Qi: 214–206 v. Chr.	L. 5000–6350	Stampferde, Geröll	Hunnen		
		Han: 206 v.–220 n. Chr.	L.10.000–12.000		Hunnen	Türme, Soldaten	
		11.–13. Jh.			Mongolen		
		Ming: 1368–1644	H. 7–16	Stein, Ziegel	Mongolen	Türme, 1 Mio. Soldaten	
Amerika	Große Mauer von Santa/Peru	600–900 n. Chr.	L. 50+	Feldsteine Lehmziegel	Grenze zw. Ethnien	nicht bewacht	etwa 300 Jahre
Deutschland	Danewerk	vor 730–1170 n. Chr.	L. 30 / H.1. 5 / H.2–7	1. Erdwall, 2. Stein-, 3. Ziegelmauer	Dänen gegen Sachsen und Slawen		etwa 470 Jahre
	Limes Saxoniae (»Slawenwall«)	810–1138/1139 n. Chr.	Kiel–Lübeck	Urwald Fluss	Sachsen gegen Slawen (Abodriten)	nicht befestigt	320 Jahre
	Limes Sorabicus	ca. 850–Ende 9. Jh. n. Chr.	unbekannt	vermutlich Erdwall	Franken gegen Sorben		ca. 50 Jahre
Neuzeit	Pestmauer in der Provence	1721	L. 36	Stein	Krankheit	Wachtposten	1 Jahr
	Maginot-Linie	1928–1936	L. 700	Beton	Angriff aus dem Westen	Bunker, Stollen, Panzersperren	
	Westwall	1938–1940	L. 630				
	Berliner Mauer/ innerdeutsche Grenze	1961–1989	L. 156,5 (Berlin) / L. 1378 / H. 3,60	1. Drahtzaun, 2. Betonmauer	eigenem wirtschaftlichen Untergang	bis zu 190 Wachtürme; 91 m breiter leerer Streifen (Berlin)	28 Jahre
	Israelische Sperranlagen (Westjordanland)	2003–heute	L. 700+ / H. bis 8	Betonmauer, Stacheldraht	Palästina	80 m militär. Sperrgebiet, Wachtürme	
	Grenzzaun USA/Mexiko	2006–heute	L. 545 (geplant: 1200)	Stahl, Plexiglas, Wellblech u. a.	illegaler Einwanderung	US Border Patrol	

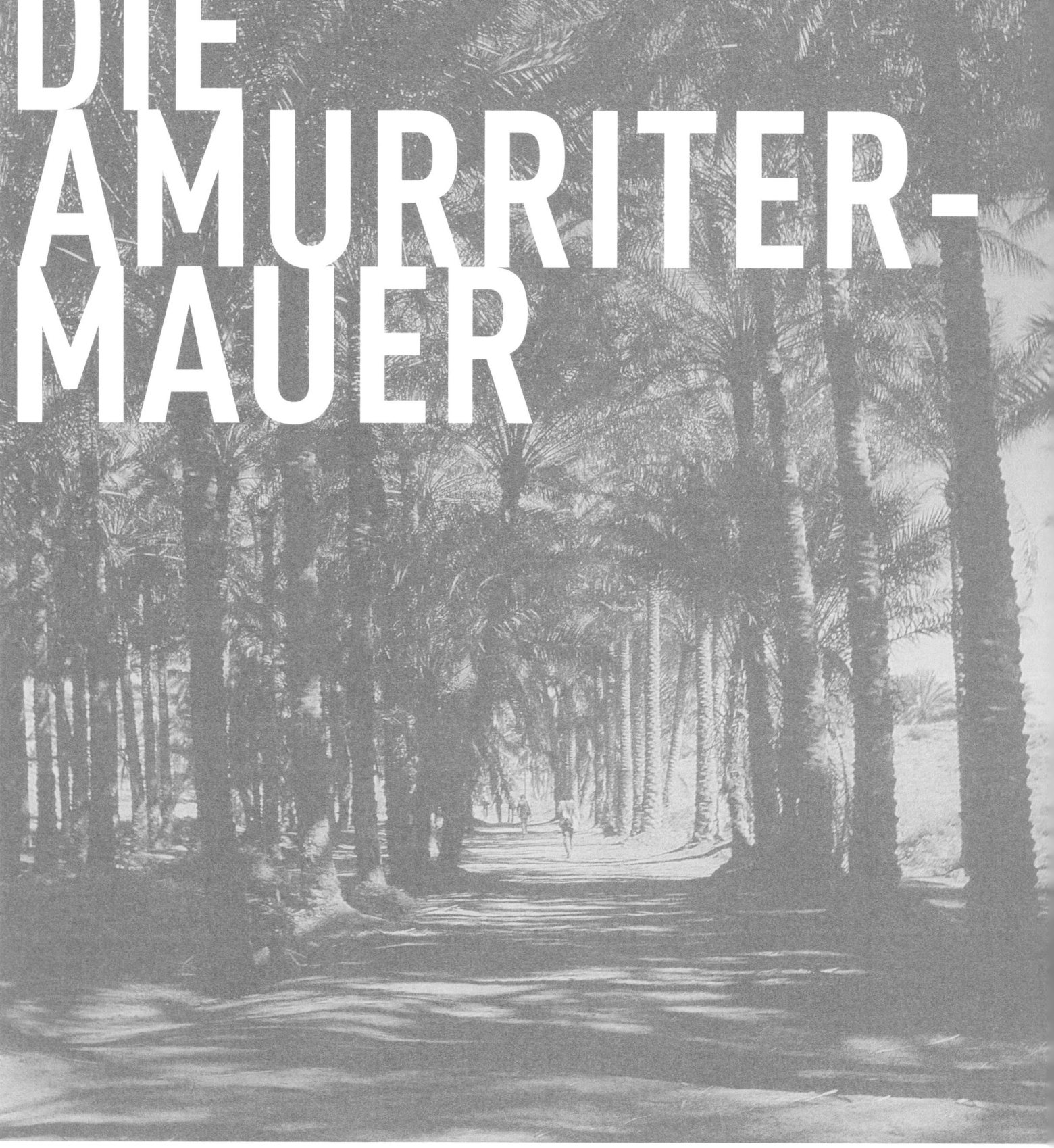

DIE AMURRITER-MAUER

DIE AMURRITER-MAUER IN MESOPOTAMIEN – DER ÄLTESTE HISTORISCHE GRENZWALL GEGEN NOMADEN

Walther Sallaberger

Die fruchtbare und reiche Ebene des Zweistromlandes weckte schon immer die Begehrlichkeiten ihrer Nachbarn, die der Bewohner der Bergketten im Osten ebenso wie die der Nomaden, die in der Steppe um das fruchtbare Ackerland ihre Schafherden weideten (Abb. 1). Diese Konflikte lassen sich anhand schriftlicher Quellen bis ins dritte Jahrtausend v. Chr. zurückverfolgen. In diesem Kontext erfolgte als eine königliche Großtat der erste Mauerbau der Geschichte, doch die Umwälzungen in Mesopotamien konnten damit nicht verhindert werden.

Im dritten Jahrtausend. v. Chr. blühte in Mesopotamien, dem Land an Euphrat und Tigris, eine hoch entwickelte Stadtkultur. Die großen Städte reihten sich in der weiten und flachen Ebene, die sich südlich des heutigen Bagdads bis zu den Sümpfen am Golf erstreckt, entlang der beiden Flüsse und deren Nebenarmen. Zwischen den Orten lagen weite Getreidefelder und Dattelhaine, die die Bewohner des Landes in gemeinschaftlicher Arbeit bewirtschafteten (Abb. 2). Die fruchtbare und steinlose lehmige Erde brachte hohe Erträge, wenn die Felder durch Ableitungen von den Flüssen bewässert wurden – man baute vor allem Gerste an, die unter der heißen Sonne prächtig gedieh.

Die Städte waren von Mauern umgeben, eng drängten sich innen die Häuser. Das geistige und örtliche Zentrum bildete das große Heiligtum des Hauptgottes der Stadt – weitere Tempel dominierten das Stadtbild. Die Bewohner waren den Tempeln zugeteilt, hier wurden ihre Arbeitsdienste verwaltet.

Die Felder waren zu bebauen, dabei mussten auch die Bedürfnisse des Stadtfürsten gedeckt werden, der im Palast mit seinem Hofstaat regierte und der als oberster Richter und Kriegsherr die politischen Geschicke seiner Stadt und ihres Umlandes steuerte.

Im späten vierten Jahrtausend v. Chr. war in Mesopotamien schon die Keilschrift erfunden worden. Die Zeichen wurden mit einem Rohrgriffel in die glatte Oberfläche von Tontafeln gedrückt. Die Entwicklung dieser Schrift ist den Sumerern zu verdanken, die den Süden des Tieflands an Euphrat und Tigris bewohnten. Im Norden der Tiefebene schloss sich das Siedlungsgebiet der semitischen Akkader an, am Ende des dritten Jahrtausends v. Chr. waren viele Orte zweisprachig.

Die kleinen Stadtstaaten, die sich immer als Teil einer gemeinsamen Kultur verstanden hatten, waren im 21. Jahrhundert v. Chr. in einem Reich aufgegangen, das eine Dynastie aus der südlichen, am Golf gelegenen Stadt Ur geschaffen hatte. Wenngleich die Stadtstaaten nach föderalistischem Prinzip ihre innere Ordnung selbst gestalten konnten, so war die Außenpolitik doch königliche Domäne. Alle Orte stellten Kontingente für das Heer, das Feldzüge, insbesondere in den im Osten gelegenen Gebirgsländern, dem Zagrosgebirge, führte. Hier war reiche Beute an Tieren (Abb. 3), Gefangenen und Schätzen zu erwarten. Doch der Eindruck von erfolgreichen Beutezügen, den uns die schriftlichen Quellen vermitteln wollen, bedeutet wohl nur die halbe Wahrheit; denn

Abb. 1: Karte des südlichen Mesopotamien.

umgekehrt waren sehr wohl auch Einfälle aus den Bergländern im fruchtbaren Tiefland zu befürchten.

DIE DIE DITNUM FERNHÄLT – EINE MAUER ENTSTEHT

In diesem Rahmen der frühen Hochkulturen an Euphrat und Tigris ist der Bau der ersten historischen Mauer zu sehen. Dafür bieten zwei Jahresdaten der Könige von Ur ein unbestechliches Zeugnis: Im frühen Mesopotamien zählte man die Jahre nicht einfach nach Dynastien oder Herrschern, sondern man gab jedem Jahr einen Namen nach einem herausragenden Ereignis, etwa der Thronbesteigung des Königs, dem Bau eines Tempels oder kriegerischen Erfolgen. Da die Abfolge der Daten und der Herrscher aus Listen bekannt ist, lassen sich die Ereignisse relativ genau über einen langen Zeitraum zeitlich einordnen; dennoch könnten die hier genannten absoluten Daten durchaus auch zwei oder drei Jahrzehnte später anzusetzen sein.

Abb. 2: Die antike Stadt Kisch liegt etwa 15 km östlich von Babylon und besteht aus mehreren Hügeln. Auf dem Bild sieht man inmitten von Feldern und Palmenhainen den Hügel Inghara. Früher lag Kisch an einem Arm des Euphrat, heute gibt es nur künstliche Bewässerung. Im Hintergrund sieht man ebenfalls Palmenhaine. So kann man sich die Landschaft in etwa vorstellen, in der die sesshaften Bauern im 3. Jt. v. Chr. lebten.

Sulgi, der zweite König der Dynastie aus Ur (2092–2045 v. Chr.), die wir nach der Abfolge der Sumerischen Königsliste die »Dritte Dynastie« von Ur nennen, benannte sein 37. Jahr, 2056 v. Chr., nach folgendem Ereignis:

> »Jahr: König Sulgi hat die Mauer des Landes gebaut.« oder kurz: »Jahr: die Mauer des Landes wurde gebaut.«

Dieses Datum erhielten all die zahllosen Dokumente von Recht und Verwaltung, die in diesem Jahr im ganzen Reich geschrieben wurden: auch das 38. Jahr wurde noch als »Folgejahr« nach diesem Ereignis benannt. In dieser knappen Form gelang es den Herrschern Mesopotamiens, ihre hervorragenden Taten im ganzen Land bekannt zu machen. Der Bau einer »Mauer des Landes« galt damit als herausragende königliche Tat, die allen anderen Ereignissen des Jahres vorgezogen wurde.

Nach den beiden Mauerbau-Jahren folgte die Errichtung eines königlichen Verwaltungszentrums nahe der religiösen Hauptstadt Nippur. Hatte der

Abb. 3: Schafe, Widder und eine Kuh auf der sog. Mosaikstandarte von Ur. Frühsumerisch, 2500–2350 v.Chr. Seite A, Lapislazuli, Kalkstein und Muscheln auf Holz. London, The British Museum.

König erst die Grenzen gesichert, bevor er es wagte, die Güter außerhalb der politischen Hauptstadt zu stationieren? Denn die königliche Verwaltung betraf vor allem die direkt der Krone unterstehenden riesigen Herden an Rindern und Schafen, die zumeist aus Kriegsbeute, Tributen und Abgaben ergänzt wurden.

Auf Sulgi und dessen Sohn Amar-Suena (2044–2036 v. Chr.) folgte des letzteren Sohn Schu-Suen (2035–2027 v. Chr.) auf den Thron von Ur. Schu-Suens viertes Jahr, 2032 v. Chr., wurde wieder nach einem Mauerbau benannt, der Name galt dann auch für das Folgejahr:

»Jahr: Schu-Suen, der König von Ur, hat die Amurriter-Mauer (namens) ›Die die Ditnum fernhält‹ erbaut.«

Durch die zusätzlichen Angaben ist hier manches klarer, als es ein Vierteljahrhundert zuvor bei Sulgi ge-

wesen war. Denn die Mauer hatte einen sprechenden akkadischen Namen erhalten – so wie in Mesopotamien auch Tempel, Tore und Stadtmauern Namen trugen. Die Ditnum waren ein Stamm von Amurritern, die im dritten Jahrtausend besonders häufig mit den Bewohnern des Tieflands in Kontakt kamen.

Unsere Bezeichnung »Amurriter« ist abgeleitet vom akkadischen *Amurru* – auf sumerisch nannte man sie *Mardu*. Sie wurden im späten dritten Jahrtausend zu einem prägenden Faktor der mesopotamischen Geschichte. Was zu dieser Zeit genau unter »Amurritern« zu verstehen ist, hat in der Forschung zu erheblichen Diskussionen geführt und ist entscheidend für das Verständnis der Mauer. Alle Zeugnisse verweisen auf den Westen als ihr ursprüngliches Kerngebiet, doch waren sie nun, im 21. Jahrhundert v. Chr., im gesamten Vorderen Orient – von Syrien westlich des Euphrats bis nach Mesopotamien – präsent. Im 23.–22. Jahrhundert v. Chr. erfolgte ein dramatischer Einbruch der Stadtkultur in Obermesopotamien, dem Gebiet des »Fruchtbaren Halbmonds« im Norden der heutigen Arabischen Republik Syrien und im Südosten der Türkei. Offensichtlich waren die Einwohner gezwungen, die Lebensweise der Kleinviehnomaden zu übernehmen, die mit ihren Schafen zu den jeweils günstigsten Weideplätzen zogen. Dabei eigneten sie sich wohl auch die Sprache der im Westen lebenden Amurriter an, welche sich deutlich vom ebenfalls semitischen Akkadisch der Bewohner Mesopotamiens unterschied.

Im Tiefland Mesopotamien konnte man sich mit den dort umherziehenden Nomaden arrangieren, da die Steppengebiete neben den Ackerflächen der Viehzucht dienten, so dass sich die Lebensweisen ergänzten und ein fruchtbarer Güteraustausch zwischen Nomaden und Ackerbauern entstehen konnte. Die friedliche Nachbarschaft bewahrte der König zudem mit Geschenken an die Amurriter, vor allem deren Scheichs, anlässlich großer Feste, Hochzeiten oder Trauerfällen. Umgekehrt traten Amurriter in die Dienste der Könige von Ur und im Heer bot sich ihnen die Möglichkeit für einen gesellschaftlichen Aufstieg in den Strukturen der Stadtkultur.

Doch während sich im Inneren Arrangements für ein Zusammenleben fanden, bestand auf das Tiefland gleichzeitig ein Druck von außen. Gerade ein Jahr vor seinem Mauerbau, 2033 v. Chr., war König Schu-Suen mit seinem Heer nach Norden den Tigris hinaufgezogen, denn im dortigen Königtum Schimanum hatte man den verbündeten Herrscher mit seiner Gemahlin, einer Prinzessin aus Ur, vertrieben. Dem König von Ur stellten sich auf seinem später erfolgreichen Rachefeldzug Amurriter entgegen, darunter der im Mauernamen verewigte Stamm der Ditnum.

In den Urkunden der königlichen Verwaltung finden sich weitere Hinweise auf Razzien im »Amurriter-Land«, denn das dabei erbeutete Vieh wurde genau erfasst. Die acht bekannten Kampagnen gegen Amurriter zwischen 2053 und 2040 v. Chr. zeichnen sich unter allen Feldzügen dadurch aus, dass hier Fettschwanzschafe erbeutet wurden. Fettschwanzschafe waren charakteristische Tiere für die Nomadenkultur, denn der namengebende Fettschwanz erfüllt dieselbe Funktion wie die oder der Höcker von Trampeltier oder Dromedar, nämlich Fett und Wasser für die Wanderungen durch die Trockengebiete zu speichern.

Die Kriegszüge im »Amurriter-Land«, das in einem weiten Bogen die mesopotamische Tiefebene vom Nordwesten bis in den Nordosten, bis in das Hamrin-Gebirge und das Diyala-Gebiet umgab, sind zeitgenössische Hinweise auf stetige Konflikte. Diese müssen eine solche Bedrohung dargestellt haben, dass sich die Könige Sulgi und Schu-Suen von Ur auf das einmalige Experiment einer »Mauer des Landes«, der »Amurriter-Mauer«, eingelassen haben. In der langen Reihe von Jahresnamen aus dem frühen Mesopotamien, die praktisch ununterbrochen von etwa 2100 bis 1595 v. Chr. reicht und zu der noch eine Reihe früherer Jahre sowie Jahresnamen von parallel regierenden Dynastien kommen, findet sich kein einziger Hinweis auf einen vergleichbaren Mauerbau. Es war also unbestreitbar eine außergewöhnliche Tat der beiden Könige. Ob diese die im Anschluss beschriebene Mauer in Syrien kannten, die Bernard Geyer 1998 entdeckte? Das ist durchaus wahrscheinlich, bedenkt man die diplomatischen Beziehungen dieser Zeit, welche sich mithilfe der Urkunden über die Bewirtungen ausländischer Gesandter am Hof der Könige von Ur rekonstruieren lassen. Demnach war Ebla in Syrien neben Mari am Euphrat damals das dominierende Reich im Westen und trotz der enormen Distanz von über tausend Kilometern herrschte über

Jahrzehnte ein regelmäßiger Kontakt. Die historische Situation in Syrien könnte also dafür sprechen, dass die im nächsten Abschnitt beschriebene syrische Mauer von Ebla aus errichtet worden war, auch wenn die Stadt Hama näher liegt. Welche Seite, das syrische Ebla oder das sumerische Ur, dann angeregt haben mag, eine Mauer als Grenzwall gegen die Nomaden zu bauen, das bleibt unbekannt.

Die archäologisch noch bezeugte syrische Mauer ist aus Steinblöcken errichtet. Für die Amurriter-Mauer in Mesopotamien, die wir nur aus schriftlichen Quellen kennen, ist dies aber nicht anzunehmen, denn in der babylonischen Schwemmebene hätte man Steine mühsam importieren müssen. Hingegen war es durchaus üblich, Felder und Gärten mit Lehmmauern zu umgrenzen. Solche Lehmmauern waren in ihren Ausmaßen relativ bescheiden, etwa 0,25–0,5 m breit und 1–1,5 m hoch, so dass ein Arbeiter pro Tag zwei bis drei Laufmeter errichten konnte. Aber schon bei den Feldern waren die Längen beachtlich: Eine Urkunde beschreibt etwa die Umzäunung eines Feldes mit 5670 m Lehmmauer und 5620 m Rohrzaun. Wie es bei allen Lehmbauten heute noch im Orient üblich ist, mussten auch die Feldmauern regelmäßig ausgebessert werden; dann konnten sie sogar den Winterregen Stand halten. Diese Fertigkeit im Bauen langer Mauern, die die Felder wohl vor durchziehenden Schafherden schützen sollten, konnten die Könige einsetzen, um eine Grenze gegen die Amurriter zu errichten. Die neu gefundene Mauer in Syrien zeigt aber, dass wir uns hier nicht unbedingt die Dimensionen einer Stadtmauer mit mehreren Metern Dicke und Höhe vorzustellen brauchen, die nur mit Sturmleitern zu erobern war, sondern dass durchaus bescheidenere Maße den Zweck erfüllen konnten, eine Grenze zu ziehen. Entscheidend dürfte dabei auch gewesen sein, dass der Wall nicht nur im Krieg seine Funktion erfüllte, sondern die Nomaden bei ihren jahreszeitlichen Wanderungen zu den besten Weidegründen fernhielt, konnten doch die Schafherden die Mauern nicht überwinden (s. »Die syrische Mauer«, S.39 ff.).

Das ungewöhnliche Projekt einer durch das Land laufenden Mauer wird in einer Gruppe von keilschriftlichen, auf Sumerisch geschriebenen Briefen aus der Korrespondenz der Könige von Ur überliefert. Allerdings sind uns nicht die Originale erhalten, sondern nur Fassungen, die etwa zwei- bis dreihundert Jahre später in den Schulen Babyloniens verwendet wurden. Dabei wurden die ursprünglichen Texte verändert – Zeilen vertauscht, Passagen in andere Texte eingefügt, Namen verwechselt oder neu erfunden. Damit sind diese königlichen Briefe zu einer schwer benutzbaren historischen Quelle geworden. Dennoch lassen sich mit größter Vorsicht einige Daten zur Mauer gewinnen; denn die Bauherren der Mauer, die Könige Sulgi und Schu-Suen, der Bau und der Zweck der Mauer sowie einige beteiligte Protagonisten sind aus zeitgenössischen Quellen sicher belegt, wie wir oben gesehen haben.

So schreibt ein Beamter an König Sulgi:

»Über die Mauer hat Mein Herr mir geschrieben, die Arbeit daran hat er erledigt. Der Feind hat seine (ehemaligen) Wege in unser Land abgeändert. Den erhabenen Namen Meines Herrn wird man von unten bis oben, von Sonnenaufgang bis Sonnenuntergang bis zu den Grenzen des Heimatlandes hinaustragen!« (RCU 6 Z. 5–8, s. weiterführende Literatur)

Der zerstörte Text nennt dann die Bosheit der Amurriter sowie den Namen der Mauer: »Front des Gebirges«, was auf ihre Lage vor den auslaufenden Hügelketten des Djebel Hamrin hinweist.

Abb. 4: Viehzucht und Ackerbau ergänzen sich in den kargen Landschaften Obermesopotaniens: hier eine Schafherde auf abgeernteten Getreidefeldern vor dem Ruinenhügel Tell Beydar in Nordsyrien.

Der verantwortliche General an dieser Mauer beklagt sich in einem Brief an König Sulgi, dass er die Truppen nicht gleichzeitig für den Krieg gegen die Amurriter wie zur Instandhaltung der Mauer aufbieten kann. Einleitend preist der General aber den König, dass der durch den Schutz der Mauer etwas für alle Menschen seines Reiches geschaffen habe:

»Hat Mein Herr Gold oder Lapislazuli für die Götter verarbeitet, war das dann nicht für sein Leben? Mein Herr hat für das Leben der Truppen und seines Heimatlandes die große Mauer ›Front des Ge-

birges‹ wegen der üblen Feinde für sein Volk und Heimatland errichtet. Er hat Truppen ausgehoben.« (RCU 11 Z. 4–9)

Er zählt detailliert die Schäden an manchen Mauerabschnitten auf:

»3000 m Länge wurden erhöht, sind in der Mitte zusammengebrochen« (Z. 16); »30 m Länge sind durchbrochen« (Z. 18), »auf 215 m Länge sind Front und Sockel abgetragen« (Z. 20), »auf 240 m Länge wurde oben kein runder Abschluss aufgesetzt.« (Z. 22)

Doch die nahe Gefahr droht:

»Der Feind hat für die Schlacht seine Truppenstärke erreicht. Seine Truppen liegen im Inneren des Gebirges.« (Z. 24 f.)

Deshalb bittet der General um weitere Mannschaften, um den Bau trotz der Kämpfe durchführen zu können. Die Arbeitskräfte für solche königlichen Aufgaben hatten im Reich von Ur die Stadtfürsten zu stellen, die dabei auf die Verwaltung der Tempel zurückgriffen.

König Sulgi fordert in seinem Schreiben vom General, mit den verfügbaren Truppen seine Aufgaben zu erfüllen, Tag und Nacht und auch in der Mittagshitze zu arbeiten; der Stadtfürst von Zimudar würde zudem helfen. In einer anderen Fassung dieses Sulgi-Briefes wird deutlicher formuliert, dass die »Mauer des Landes« namens »Front des Gebirges« gegen die Amurriter gerichtet ist:

»Seit ich die große Mauer ›Front des Gebirges‹ gebaut habe, kommen die Amurriter nicht in (unser) Heimatland herab, trinken nicht Wasser am Ufer vom Abgal-Fluss, Tigris und Euphrat.« (RCU 9 Z. 3–5)

Das wichtigste Zeugnis für die Amurriter-Mauer bildet das Schreiben des für den Mauerbau verantwortlichen Scharrum-bani an König Schu-Suen:

»Die große Mauer (namens) ›Die die Ditnum fernhält‹ zu errichten, das hast du mir geschrieben. Du brachtest bei mir vor: ›Die Amurriter sind in das Land eingefallen!‹ Du hast mich beauftragt, die Mauer zu bauen, ihren Weg abzuschneiden, denn sie sollen nicht bei der Engstelle von Tigris und Euphrat die Felder überschwemmen. Als ich mich aufmachte, *standen* gerade die Truppen dafür vom Ufer des Abgal-Flusses bis zum Land von Zimudar *bereit*.

Während ich diese Mauer von 26 ›Doppelstunden‹ (= 281 km) errichtete und die Senke zwischen den beiden Gebirgszügen erreichte, da richtete der Amurriter, der im Gebirge sich niedergelassen hatte, seine Aufmerksamkeit auf meine Unternehmung. Und Simurrum kam mit ihm als Verbündeter. Bei der Senke im Ebih-Gebirge kam er her, um sich mit Waffen zu schlagen.« (RCU 18 Z. 3–15)

Dieser Brief gibt die wichtigsten Hinweise zur Amurriter-Mauer: Die Mauer reichte über eine Länge von 281 km vom Abgal-Fluss bis in die Senke im Ebih-Gebirge, den heutigen Djebel Hamrin, wo eine Schlacht gegen die Amurriter erwartet wurde. Mit der Längenangabe von 281 km ist die Mauer ähnlich lang wie die Mauer gegen die Nomaden in Syrien, die Bernard Geyer auf 220 km Länge verfolgen konnte. Der im Brief genannte östliche Endpunkt der Mauer lässt sich identifizieren, es handelt sich um den Durchbruch des Diyala-Flusses durch den Djebel Hamrin östlich des heutigen Bagdads. Simurrum liegt weiter östlich in den südlichen Zagros-Ketten, wenig südlich von Sulaymaniyah am Sirwan, einem Zufluss zur Diyala. Dort, am Djebel Hamrin im Diyala-Gebiet, liegt auch Zimudar, die wichtige Provinz am Endpunkt der Mauer und Aufmarschbasis für Feldzüge in den Osten.

Der westliche Beginn der Mauer am Abgal-Fluss lässt sich allerdings noch nicht sicher bestimmen. Das Dilemma für den Forscher besteht darin, dass die Ströme Mesopotamiens und ihre Nebenarme im Laufe der Jahrhunderte und Jahrtausende mehrmals ihren Lauf in der Tiefebene verändert haben. Der Abgal war ein westlicher Nebenfluss des Euphrats (Abb. 5), der in Nordbabylonien abzweigte. Aber ob diese Abzweigung auf der Höhe von Sippar lag oder weiter südlich zu suchen ist, bleibt unbekannt. Man

möchte allerdings vermuten, dass die Mauer das gesamte Kernland des Reiches von Ur III, das im Norden Sippar noch einschloss, beschützte.

Der zuletzt zitierte Brief fordert schließlich eine Verstärkung der Truppen, da sowohl zu bauen wie zu kämpfen sei. König Schu-Suen hält sich wie sein Vorgänger Sulgi mit Zusagen zurück, doch um die Solidarität des Adressaten Scharrum-bani wie die seiner Amtskollegen zu gewinnen, wird die Vorgeschichte der Mauer angesprochen:

> »Als Vater Sulgi die Mauer ›Front des Gebirges‹ gebaut hatte, wart ihr da nicht da?« (RCU 18 Z. 28 f., Text Michalowski)

Dies kann als Hinweis gewertet werden, dass die »Mauer des Landes« von 2056 v. Chr. und die »Amurriter-Mauer« von 2032 v. Chr. dasselbe Bauwerk meinen, was man auch aus den parallel formulierten Jahresdaten von Sulgi und Schu-Suen erschlossen hat.

Der Bau der Mauer von 2032 v. Chr. konnte jedoch den schon wenige Jahre später, 2024 v. Chr., einsetzenden Zerfall des Reiches von Ur nicht aufhalten. Ischbi-Erra, ein General des Königs von Ur, hatte sich in der Stadt Isin für unabhängig erklärt, während die Königsstadt Ur wie der gesamte sumerische Süden unter einer katastrophalen Hungersnot zu leiden hatte. Das geschwächte Land wurde schließlich eine Beute des östlichen Nachbarn Elam. Mit dem Zusammenbruch der staatlichen Ordnung in Babylonien war die Mauer bedeutungslos geworden, weitere Amurriter konnten eindringen. Vielerorts übernahmen sie im frühen 2. Jahrtausend v. Chr. die politische Führung. Doch damit setzte auch ihre Anpassung an die Lebensweise und Kultur der Städte ein ...

Abb. 6: Der Euphrat im Gebiet des antiken Babylon.

DIE SYRISCHE MAUER

EINE 4000 JAHRE ALTE »GRENZE« IN DER SYRISCHEN STEPPE

Bernard Geyer

Im Südosten Aleppos zwischen dem Fruchtbaren Halbmond, früh von sesshaften Volksstämmen bevölkert, und der arabischen Wüste, Einflussgebiet von Nomaden, dehnt sich eine weite Steppenzone, wo sich seit etwa 10.000 Jahren wegen Klimaveränderungen oder historischer Wechselfälle eine ständige und zeitweilige Besiedlung, Sesshaftigkeit und Nomadentum, abgewechselt haben. In diesem anfälligen Umfeld, das die syrische Steppe kennzeichnet, wo die Niederschläge schwach (zwischen 100–400 mm/Jahr) und sehr unregelmäßig sind, zeugen zahlreiche archäologische Überreste von Zeitabschnitten mit ziemlich dichter Bevölkerung, wie beispielsweise am Ende der Frühen Bronzezeit (2400–2000 v. Chr.).

EINE SEHR LANGE MAUER

Genau hier, zwischen diesen beiden Welten, die man so oft gegenüberstellt, die sich aber grundsätzlich ergänzen, wurden von Archäologen und Geografen im Rahmen des Projektes »Marges arides de Syrie du Nord« (»Die trockenen Randgebiete Nordsyriens«) bei einer Geländebegehung die manchmal flüchtigen, aber dennoch sehr realen Spuren einer »sehr langen Mauer« wiedergefunden, die die Steppe durchquert und die völlig unbekannt war. Die erste Ortung, 1998 vorgenommen, erlaubte das Vorhandensein von

Mauerteilabschnitten auf etwa 12 km Länge festzustellen, die, wie sich herausstellte, ein und derselben Anlage einer außergewöhnlichen Länge angehörten. Am Ende der Geländebegehung im Frühjahr 2006 wurde dieser Mauer mehr als 220 km nachgegangen. Sie beschreibt einen unregelmäßigen, gegen Osten gerichteten Kreisbogen mit einem Radius vom etwa 80 km (Abb. 1). Gegen Nordwesten scheint sie bei einer Festung (Abb. 2) zu enden, die durch zwei massive konzentrische Umfassungsmauern verteidigt und über einem kleinen Lavastrom gebaut wurde, der inmitten eines Trockengebiets den Djebel 'Ubaysan verlängert. Das Vorhandensein dieser abgelegenen Festung, Ragm al-Sawan, die dank Keramik in die Frühe Bronzezeit-IV (2400–2000 v. Chr.) und in die Mittlere Bronzezeit (2000–1600 v. Chr.) datiert werden kann, lässt sich wohl nur wegen dieser Mauer rechtfertigen, die etwa 100 m von der Siedlungsmauer entfernt endet. Gegen Süden und Südwesten hingegen erstreckt sich die Mauer unabsehbar, schlängelt sich entlang den Glacis und Hügeln entlang, überschreitet die Wadis, bevor sie die letzten nördlichen Hügel der Palmyrakette, den Djebel al-Bal`as, und schließlich die Senke von al-Dau überquert. Nun gegen Westen gerichtet und das Dorf Hafer einschließend kreuzt sie die heutige Straße Homs-Damaskus und erklimmt die Hänge des Antilibanons. Hier endet sie auf dem Bergkamm dieses Gebirgszugs, der heute Syrien und Libanon trennt, an einem kleinen Pass (Abb. 3), einer bemerkens-

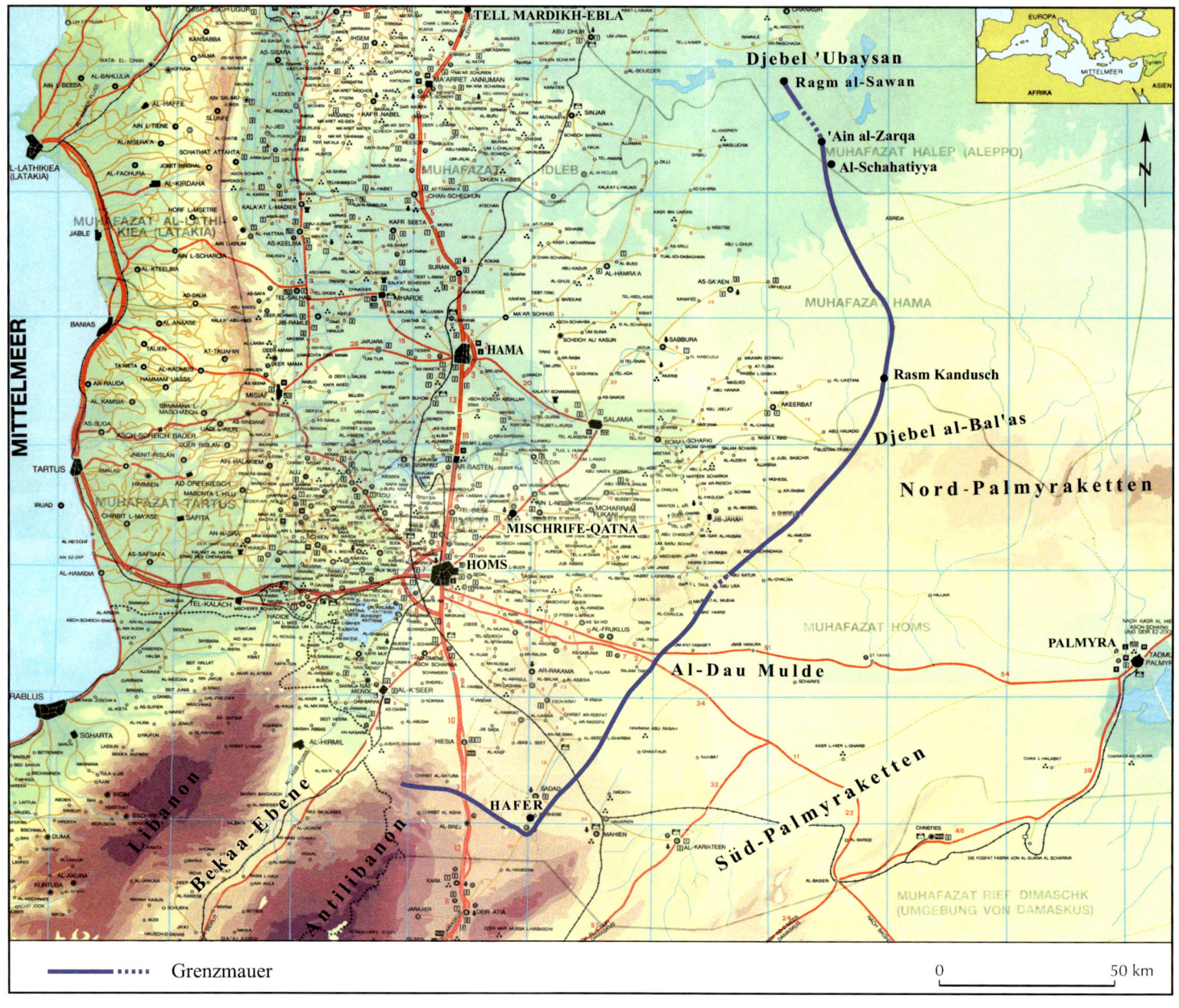

Abb. 1: Karte mit der Lokalisierung der Mauer.

werten Stelle, von der man den weiten Raum der Be-
kaa-Ebene und das Libanon-Gebirge entdeckt.

Nur 0,8–1,1 m (ausnahmsweise 1,3 m) breit, aus
Trockenmauerwerk mit lediglich Erde als Bindemit-

tel errichtet, besteht diese Mauer im Allgemeinen aus
einer inneren und äußeren Verkleidung unbehaue-
ner Steine, hochkant oder flach aufgestellt. Zusam-
mengestürzt, nur auf einer oder zwei Schichten er-

halten und kein besonderes Fundament aufweisend, ist sie mit Rohmaterial errichtet, das die Erbauer an Ort und Stelle als anstehendes Gestein gefunden haben – jedoch ohne sichtbaren Willen hier ein Bauwerk zu realisieren, das durch seine Bauqualität und seine Fertigung besonders bemerkenswert gewesen wäre. So besteht sie im Norden, in der Nähe des Basaltplateaus von Djebel 'Ubaysan, aus unbehauenen Basaltblöcken (Abb. 4). Etwas südlicher, da wo die Mauer die gipshaltige Fläche von 'Ain al-Zarqa und al-Schahatiyya überquert, benutzte man natürlich Gips. Dieses brüchige und verhältnismäßig lösliche Gestein hat den Witterungsunbilden und der Erosion schlecht widerstanden. Daher ist in diesem Abschnitt die Mauer am schlechtesten erhalten. Sobald sie die weiten und langen, von der Palmyrakette herabsteigenden Glacis erreicht, die von einer widerstandsfähigen und dicken Kalkschicht bedeckt sind, kommt ihr diese die Zeit überdauernde Materie zugute. Dort ist sie meist außen und innen mit schönen aufrechtstehenden Platten verkleidet (Abb. 5). Dies gilt auch beim Durchqueren der Palmyrakette, wo die Steinplatten durch ebenso widerstandsfähige Kalksteine ersetzt sind. Die Ortung der Mauer war trotz ihrer bescheidenen Maße und der Reliefunebenheit sehr einfach.

VERTEIDIGUNGSANLAGE ODER GRENZFESTLEGUNG?

Freilich haben die Nomaden oder Halbnomaden, die die Steppe durchquerten, nach Aufgabe der Mauer hier einen idealen »Steinbruch« mit Blöcken für ihre verschiedenen Bedürfnisse gefunden: Steinkreise als Zeugen uralter Zuchtpraktiken, Zeltmäuerchen, Nomadengräber, Gehöfteinzäunungen und Pferche. Das

erklärt, warum die Mauer oft schlecht erhalten ist. Trotzdem, und trotz ihrer eingeschränkten Breite, der fehlenden Strebemauern und der ziemlich geringen Zahl an ihrem Fuß herabgefallener Steine, sogar in den Abschnitten, wo sie nicht geplündert wurde, sollte man ihr kaum eine Höhe von mehr als 1 m bis höchstens 1,5 m zubilligen. Selbst wenn der obere Teil aus Lehm bestanden hätte, wie das – heutzutage wie in der Vergangenheit – in der Architektur der Gegend häufig der Fall ist, wäre die Höhe zwangsläufig durch die geringe Breite des Unterbaus beschränkt.

Unter diesen Umständen kann die Mauer trotz ihrer außergewöhnlichen Länge keine Verteidigungsanlage im üblichen Wortsinn darstellen. Übrigens haben wir beim augenblicklichen Stand unserer Forschung keine besondere Einrichtung wie Turm oder Tor in ihrem Verlauf feststellen können. Es war also nicht ihre Aufgabe, von Osten anrückende feindliche Armeen aufzuhalten: Sie war kein Limes. Dagegen kann es sich um eine Grenzfestlegung handeln und um die Trennlinie eines Territoriums, das von einer genügend mächtigen politischen Einheit abhing, um sich mit dieser Linie zu begnügen. Denn sie ist zwar im Gelände markiert, aber wird durch kein Militärobjekt verteidigt. Die Rolle von Ragm al-Sawan, dem einzig befestigten Platz, bleibt zu ergründen.

Übergänge dürften eingerichtet worden sein, um einen Austausch von West nach Ost zwischen Sesshaften zu erlauben, deren landwirtschaftlicher Aufschwung durch die Mauer geschützt war, und Nomadenstämmen, deren Wandergebiete sich wohl jenseits dieser erstreckt haben dürften.

Die Mauer wurde häufig durch spätere Umbauten zerstört. Dank dieser Zerstörungen verfügen wir über einige Datierungselemente. Oft haben Nomaden während der Ajjubiden-Zeit mit den Mauersteinen Kreise angelegt, um Tiere einzupferchen. Nahe beim römisch-byzantinischen Rasm Kandusch wurde die Mauer durch einen spätrömischen Friedhof zerstört und liefert auf diese Weise einen Terminus ante quem: Die Mauer ist zwangsläufig vor dieser Epoche errichtet worden. Diese Tatsachen legen die Annahme nahe, dass das Bauwerk auf sehr alte Zeiten zurückgeht. Ferner haben wir außer der Festung von Ragm al-Sawan zwei Kreise ermittelt, die in die Bronzezeit gehören und die auf der Mauer, sie unterbrechend, angebracht sind. Obwohl der Zeitzusammenhang zwischen Mauer und Kreisen nicht besonders einfach zu bestimmen ist, kann eine frühbronzezeitliche Datierung vorgeschlagen werden. Schließlich weiß man aus den schriftlichen Überlieferungen (s. S. 27 ff.), dass der sumerische König Schu-Suen am Ende des 3. Jts. v. Chr. eine Mauer zwischen Euphrat und Tigris im heutigen Irak errichten ließ. Nach bisheriger Meinung war diese Mauer dazu bestimmt, die amurritischen, wahrscheinlich ursprünglich aus der Gegend des Djebel Bischri kommenden Stämme aufzuhalten. In Kenntnis der »syrischen Mauer« und der hier aufgestellten Hypothesen schlägt W. Sallaberger für die »irakische Mauer« eine andere Funktion vor, nahe der hier vorgeschlagenen. Weitere während der Geländebegehung entdeckte Elemente sprechen für die Annahme einer sehr alten Mauer, die jedenfalls der spätrömischen Epoche vorherging. So konnten wir die Tatsache klarstellen, dass, von der byzantinischen Epoche abgesehen, diese Gegend in der Frühen Bronzezeit-IV am dichtesten besiedelt war (Abb. 6). Gerade zu diesem Zeitpunkt blühten die Städte Ebla (das heutige Tell Mardikh) und Hama. Die Gegend erlebte eine nie dagewesene Entwicklung ihrer Erschließung und Bevölkerung. Die zahlreichen, oft bedeutenden und befestigten Siedlungen nahmen den Großteil der anbaufähigen, vor allem jedoch der weidfähigen Fläche ein und gingen damit weit über die Grenzen der modernen Wiederbesiedlung hinaus. Seit dieser Epoche ist das Potenzial der landwirtschaftlichen Erschließung richtungsweisend für die Wahl von Ortsgründungen und in ihrer Folge für den Willen zur Beherrschung dieses trotz seiner Randlage reichen Gebietes. Die Tatsache, dass die natürliche Umwelt sowohl den Regenfeldbau, in erster Linie von Gerste, als auch die Tierzucht besonders von Schafen und Ziegen begünstigt, und dass beide stark verzahnt sind und im durch die Mauer begrenzten Areal bestehen, stützt die ausschlaggebende Wichtigkeit des Agropastoralismus in der regionalen Wirtschaft seit dieser frühen Epoche. Man kann außerdem unterstreichen, dass die Lage in der Mittleren Bronzezeit wesentlich verschieden war. Die Siedlungszahl ging unbestreitbar zurück – besonders im Osten der Region, wo die attraktiven Gebiete beinahe aufgegeben wurden und so der Mauer jegliche Existenzberechtigung entzogen wurde. In der Späten Bronzezeit waren die Siedlungen noch seltener. Zwar gab es in der Eisenzeit und in der hellenistischen Zeit eine gewisse Neubesiedlung, aber nur in den reichen Gebieten im Westen, während sie im Osten zeitlich begrenzt blieb. Die regionale Landwirtschaft spielte also gerade in der Frühen Bronzezeit-IV erstmals eine

Abb. 3 (oben): Das Ende der Mauer im Antilibanon. Abb. 4 (unten): Die Mauer aus unbehauenen Basaltblöcken nahe des DjebelʿUbaysan.
Abb. 5 (rechts): Die Mauer aus unbehauenen Kalksteinplatten auf den Glacis der Palmyraketten.

bedeutende wirtschaftliche Rolle. Für diesen Zeitabschnitt und für diese indes trockene Steppenregion kann man von einer ersten »vollen Welt« sprechen. Vor allem diese wirtschaftliche Rolle, die Bedeutung der Besiedlung und die daraus folgende Landerschließung hatten wahrscheinlich zur Folge, dass es notwendig wurde, diese neuen Siedlungen durch die Errichtung einer »sehr langen Mauer« zu beschirmen. Diese ist die älteste erhaltene, die uns bis zum heutigen Tag bekannt ist. Erinnern wir uns daran, dass das goldene Zeitalter der Stadt- und Palastkultur der Bronzezeit entspricht, dem Erbe der dörflichen Gesellschaften am Ende des Neolithikums und des Chalkolithikums. So entwickelte sich damals eine vielschichtig hierarchisierte, in Königreiche, wenn nicht in Reiche gegliederte Gesellschaft, die der königlichen Herrschaft unterstand. Das Machtzentrum lag in den Palästen. Die Nutzung des

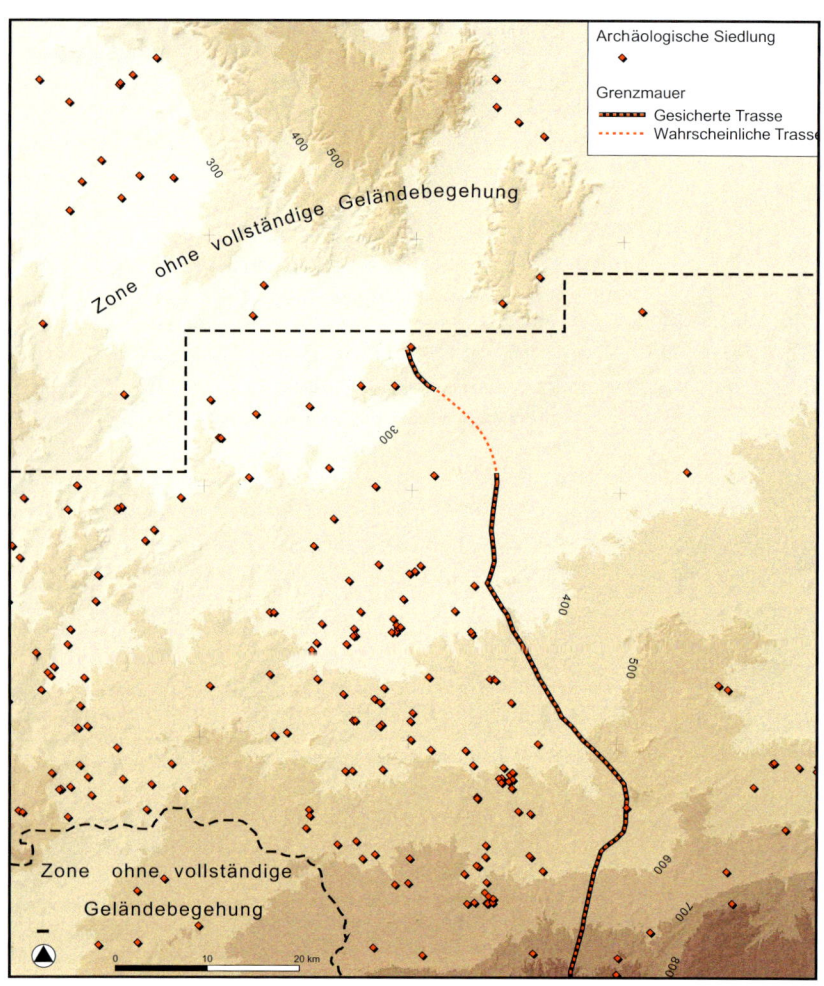

Abb. 6: Siedlungen der Frühen Bronzezeit-IV um das Nordende der Mauer in den »Trockenen Randgebieten Nordsyriens«.

Im Kartenbild:

Archäologische Siedlung

Grenzmauer
Gesicherte Trasse
Wahrscheinliche Trasse

Zone ohne vollständige Geländebegehung

Zone ohne vollständige Geländebegehung

WAS WAR DIE ROLLE DIESER MAUER UND VON WELCHER REGIONALEN MACHT HING SIE AB?

Zunächst muss daran erinnert werden, dass die Mauer von Nord nach Süd wie ein unregelmäßiger weiter Kreisbogen die halbtrockenen und trockenen Gebiete umfasst, wo zahlreiche dauerhaft bewohnte Orte aus der Frühen Bronzezeit-IV festgestellt werden konnten. Die Mauer umschließt für eine durchgehende oder lokale Valorisierung geeignete Gebiete, besonders für einen extensiven Gersteanbau. Jenseits von ihr finden sich, einige Oasen ausgenommen, nur für die Weide geeignete Gebiete. Die dieser Zeit zugeschriebenen Orte waren alle nur zeitweilig bewohnt und daher mit einer halbnomadischen oder nomadischen Besiedlung verbunden. Die »Grenze« trennte also wahrscheinlich zwei Welten: die der Ackerbauern von der der nicht sesshaften Viehzüchter. Von daher ist die einleuchtendste Hypothese die einer Mauer, die das Gebiet einer Stadt oder eines Königreiches absteckte und so eine ständige oder jahreszeitlich bedingte Grenze kennzeichnete, welche die Nomadenstämme während ihrer Wanderzüge mit ihren Herden einhalten mussten. Derartige Praktiken sind noch im 20. Jh. n. Chr. bezeugt, da die Mandatsmacht – Syrien stand von 1920 bis 1944 unter französischem Mandat – eine Demarkationslinie zwischen der bebauten Zone – der Ma'âmura – und der Wanderzone der Beduinen – der Bâdiya – zog. Auf diese Weise sicherte sie den Schutz des den Sesshaften gehörenden Besitzes und ihrer Anbauflächen. Dieselbe Mandatsmacht – die Gebietsanteile der einen und der anderen einmal festgelegt – bestimmte den Zeitpunkt und die Passierrichtlinien zwischen der Bâdiya und der Ma'âmura und verhinderte dadurch beispielsweise

vom Königreich abhängigen Gebiets wurde genau in diesen mythischen Orten mit ihrer monumentalen Architektur vorangetrieben. Indessen weiß man wenig über die wahrscheinlich unbeständigen Grenzen dieser Gebiete – trotz der Texte, die in den Hauptstädten entdeckt wurden und die uns daran erinnern, dass Geschichte im Vorderen Orient Ende des 4. Jts. v. Chr. beginnt.

das Eindringen der Herden in die bebaute Zone vor den Ernten. Gewiss benötigte die Mandatsmacht keine Mauer zur Einhaltung dieser Vorschriften. Sie verfügte über ein besseres Kontrollmittel: das Flugzeug. Man versteht jedoch leicht, dass in der Bronzezeit eine Festlegung dieser Grenze als notwendig erachtet werden konnte. Es handelt sich hier um nicht weniger als ein Unterfangen allergrößten Ausmaßes sowohl was die Arbeit, die es erforderte, als auch was die Größe des auf diese Weise geschützten Gebietes betrifft, das sich von Nord nach Süd auf 160 km erstreckte. Nur eine starke, zentralisierte und wirtschaftlich robuste Macht konnte sich in ein solches Unterfangen stürzen und dieser Regelung Gehör verschaffen.

Indes ist es beim augenblicklichen Forschungsstand schwierig und heikel, eine genaue Verbindung zwischen dieser Mauer und der einen oder anderen Stadt in Betracht zu ziehen, die während der frühen Bronzezeit die Gegend beherrscht haben. Als »Kandidaten« kommen Hama, Homs, Mischrife-Qatna und Tell Mardikh/Ebla in Frage. Berücksichtigt man die Topografie, so ist Hama am wahrscheinlichsten (vgl. Abb. 1). Dort befindet sich einer der größten Tells in Zentralsyrien und liegt ungefähr in der Mitte des von der Mauer vorgezeichneten Kreisbogens. Homs und Mischrife-Qatna, auch sie zwei sehr bedeutende Städte, sind nach Süden verlagert. Was Ebla betrifft, so liegt es außerhalb des von der Mauer umgrenzten Gebiets und dürfte daher nicht in Betracht zu ziehen sein.

DIE KAPPADOKISCHE MAUER

DIE KAPPADOKISCHE MAUER –
NORDGRENZE DES ASSYRISCHEN REICHES?

Andreas Müller-Karpe

Zum Abschluss verschiedener Eroberungszüge in das anatolische Hochland ließ Sargon II., mächtiger König Assyriens, in seinem 10. Regierungsjahr (713 v. Chr.) eine Reihe von Festungen anlegen, um die Grenzen der neu gewonnenen Territorien abzusichern. Seine Taten schildert er eindrucksvoll in ausführlichen Annalen, die auf den reliefgeschmückten Wänden seines neuen Palastes in Khorsabad (Nordirak) eingemeißelt sind. Dem Keilschrifttext ist zu entnehmen, dass die Befestigungen so effektiv gewesen seien, dass man aus den feindlichen Ländern des Nordens »nicht mehr (nach Assyrien) herauskommen kann«. Dies bedeutet, dass unter Sargon eine völlige Abriegelung gegenüber den Ländern Musku (den Phrygern im westlichen Zentralanatolien), Urartu (in Ostanatolien) und in der Mitte gegenüber dem Land Kasku (Kappadokien und Pontus) angestrebt wurde (Abb. 1). War das assyrische Reich bis dahin auf eine stete Expansion in alle Richtungen hin ausgerichtet, so manifestierte dieser Befehl, nun eine dauerhafte Grenzbefestigung anzulegen, allem Anschein nach den Entschluss, nicht mehr weiter nach Norden vordringen zu wollen.

Die reichen Eisenerzvorkommen, hauptsächlich aber auch die Kupfer- und Silberminen des Taurus, waren unter assyrische Kontrolle gebracht und die verschiedenen späthethitischen Fürstentümer zerschlagen worden. Die nördlich anschließenden weiten Steppen des anatolischen Plateaus dürften aus assyrischer Sicht wohl nicht mehr so interessant gewesen sein – an Rohstoffen boten sie nichts, was man nicht schon hatte.

Doch wo lagen die Festungen, die Sargon zum Teil namentlich erwähnt? Wie war der Grenzverlauf im Gelände? Wenn diese Grenze so dicht gemacht werden konnte, dass »nichts mehr herauskommen kann«, so ist eine durchgängige Anlage, etwa ein Wall und Graben oder eine Mauer, zu erwarten. Bislang ist es noch nicht gelungen, die einzelnen Festungen zu lokalisieren. Erst seit einigen Jahren ist aber der Rest einer sich über viele Kilometer erstreckenden Grenzmauer bekannt, bei dem es sich um einen Abschnitt der gesuchten Anlage handeln könnte.

Insbesondere auf dem Bergrücken der »Kulmaç Dağları«, nur 2,5 km südlich der hethitischen Stadtruine Kuşaklı-Sarissa, ist der Mauerrest noch gut im Gelände zu verfolgen (Abb. 2, 3, 4 und 5). Erhalten ist meist nur noch die unterste Steinlage einer durchschnittlich 1,2 m starken Mauer. Sie besteht aus zwei Schalen auffälligerweise senkrecht gestellter Steinplatten und einer Füllung ohne Mörtel verlegter Lesesteine. Möglicherweise war der Oberbau ursprünglich aus luftgetrockneten Lehmziegeln und Holz gebaut. Die Mauer war somit sicher keine unüberwindliche Wehranlage, sondern ist mehr als Demarkationslinie zu verstehen. Da sie jedoch zum Teil im Bereich steil abfallender Bergrücken oder oberhalb von Felsabbrüchen errichtet wurde, stellte sie durchaus ein Hindernis dar. Hauptsächlich sollte sie aber wohl von Ferne als Grenze wahrgenommen wer-

Abb. 1: Karte des Nordteils des Assyrischen Reiches mit Musku, Kasku, Urartu und dem Verlauf der kappadokischen Mauer.

den. Die Anlage ist damit in ihrer Funktion und Wirkung etwa mit der »Rätischen Mauer«, einem Teil des römischen Limes in Bayern, zu vergleichen, die sogar recht genau dieselbe Mauerstärke aufweist. Wie beim Limes, der in Bergregionen in der Regel entlang der Wasserscheide verlief, dabei allerdings stets etwas unterhalb des höchsten Punktes auf dem feindseitigen Hang, so folgt auch die kappadokische Mauer demselben Prinzip: Die Verteidiger konnten entsprechend immer bergab laufen. Die Mauerreste sind durchweg auf den dem Norden zugewandten Hängen etwas unterhalb der maximalen Höhe des Bergrückens anzutreffen. Damit ist der Norden eindeutig als Feindseite bestimmt. Der Mauerverlauf erstreckt sich generell Ost/West (bzw. Nordost/Südwest) analog der Längserstreckung der Gebirgszüge.

Oberhalb Sarissas verläuft die kappadokische Mauer in rund 2000 m Höhe, in den östlich anschließenden Tecer Dağları auch in Bereichen über 2500 m, wie Satellitenbildern zu entnehmen ist. Im Gelände verifiziert ist dieses Bauwerk bislang auf rund 20 km Länge. Satellitenbilder geben jedoch Hinweise darauf, dass Reste dieser Mauer auf einer Strecke von über 100 km nachzuweisen sind, wenn auch mit großen Lücken. Zu finden sind solche Reste nur in den wenig erschlossenen Gebirgsregionen, in landwirtschaftlich genutzten Bereichen wurden hingegen die Steine abgetragen oder völlig verschliffen. Möglicherweise spiegeln dort aber noch einige Flurgrenzen oder Feldwege den ursprünglichen Verlauf wider. Entsprechende Untersuchungen stehen jedoch noch aus.

Es stellt sich die Frage, warum für den Mauerbau gerade die Anhöhen der Tecer Dağları und Kulmaç Dağları gewählt wurden. Gibt es doch im östlichen Kappadokien zahlreiche gleichfalls Ost-West-streichende Gebirgszüge und Hügelketten, die nicht weniger für eine solche Anlage geeignet gewesen wären. Betrachtet man jedoch das Gewässernetz des Gebietes, so wird sehr schnell klar, dass eine der überregional bedeutendsten Wasserscheiden auf diesen Bergrücken verläuft: Sämtliche an den jeweiligen Nordhängen entspringenden Bäche fließen in den längsten anatolischen Fluss, den Halys/Kızılırmak, der in das Schwarze Meer mündet. Die südlich entspringenden Gewässer fließen hingegen in den Euphrat und damit den persisch-arabischen Golf bzw. gelangen über den Ceyhan in das Mittelmeer. An der Südseite der höchsten Erhebung der Kulmaç Dağları, dem Karatonos Dağ (in hethitischer Zeit möglicherweise der Berg Sarissa gut 20 km südwestlich der gleichnamigen Stadt), verlief hierbei die Grenze zwischen dem Flusssystem des Euphrats und den Richtung Mittelmeer fließenden Gewässern. Die Quellen der Nordseite entwässern wie erwähnt zum Schwarzen Meer. Somit wurde eine entscheidende geografische Grenzlinie für die politisch-militärische Grenzziehung genutzt. Dies dürfte kaum zufällig sein, vielmehr ist damit zu rechnen, dass nach dieser Wasserscheide gezielt gesucht und mit Bedacht gerade an ihr entlang die Mauer gebaut wurde.

Somit dürften nicht nur militärisch-fortifikatorische Gründe für die Wahl der Trasse verantwortlich gewesen sein, denn es hätte wenige Kilometer nördlich oder südlich mitunter durchaus steilere Bergrücken oder Felsgrate gegeben. Wahrscheinlicher ist, dass die Idee ausschlaggebend war, in diesem Gebiet bis zu den Quellen all der Flüsse und Bäche vorzudringen, die den Euphrat als einer der beiden Lebensadern des assyrischen Reiches speisten.

Gestützt wird diese These durch die Belege für Expeditionen verschiedener assyrischer Könige zu dem sogenannten Tigristunnel bei Bırkleyn, der in jener Zeit für die Quelle dieses Flusses gehalten wurde. Dort seitens dieser Könige hinterlassene Felsreliefs und Inschriften zeigen, wie wichtig den Assyrern die konkrete Stelle war, wo das Wasser sichtbar aus dem Felsen floss.

Explizit heißt es beispielsweise in einem der Keilschrifttexte, die bereits Salmanassar III. (858–824 v. Chr.) dort hatte anbringen lassen: »… das Gebiet von der Quelle des Tigris bis hin zur Quelle des Euphrats, vom Meer des Inneren Mazamma bis hin zum Meer des Landes Kaldu (Persisch-Arabischer Golf) zwang ich vor meine Füße nieder …« Auch wenn Salmanassar in seinem pathetischen Siegesbericht sicher stark übertrieben haben dürfte, so wird doch der Anspruch deutlich, das gesamte Gebiet von der Quelle der beiden großen Flüsse bis zu deren Mündung beherrschen zu wollen.

Abb. 2: Auf dem Bergrücken am Horizont verläuft die kappadokische Mauer in rund 2000 m Höhe oberhalb der hethitischen Stadt Kuşaklı-Sarissa (50 km südlich der Provinzhauptstadt Sivas)

Abb. 3: In der noch weitgehend uner-
forschten Gebirgsregion Ost-Kappado-
kiens konnten Reste der ehemals wohl
über mehrere hundert Kilometer
verlaufenden Grenzanlage entdeckt
werden. Das Luftbild zeigt im Abend-
licht den Wall auf dem Berggrat
oberhalb Sarissa. Im Hintergrund die
Gipfel der »Tecer Dağları«. Dort ist der
Grenzverlauf noch ungeklärt.

Abb. 5: Als heller Streifen zeichnet sich die zerfallene kappadokische Mauer im Gelände über einer Felskante ab.

Vor diesem Hintergrund dürfte auch die Grenzsicherung im Nordwesten des Reiches entlang dieser bedeutenden Wasserscheide verständlich werden. Doch erst durch eine noch ausstehende systematische Erfassung der Reste dieser Grenzbefestigung im Gelände und künftige Ausgrabungen werden sich nähere Anhaltspunkte zur Datierung und Bedeutung dieses wohl längsten Geländedenkmals Anatoliens gewinnen lassen.

Abb. 4: Die Ruine der kappadokischen Mauer ist als Steinwall auf der Wasserscheide zwischen Persisch-Arabischem Golf und Schwarzem Meer in einigen Abschnitten noch gut erhalten. Die Hubschrauber-Aufnahme zeigt den Verlauf der ehemaligen Grenzmauer auf dem Bergrücken der Kulmaç-Dağları in der Provinz Sivas.

DIE
»MEDISCHE
MAUER«

DIE »MEDISCHE MAUER«

Hermann Gasche

Zum Ausgang des 5. Jhs. v. Chr., nach allgemeiner Übereinstimmung im September 401, machte die Schlacht von Kunaxa zwei Brüder königlichen Geblüts zu Widersachern: Artaxerxes Memnon – seit drei Jahren König der Perser – und Kyros den Jüngeren, rivalisierender Prinz und Thronanwärter. Der militärische Ausgang der Auseinandersetzung ist nicht klar[1], aber Kyros verlor dabei sein Leben. Was die Rückkehr der spartanischen Truppen und weiterer griechischer Söldner, die auf Seiten des »Besiegten« verpflichtet waren, angeht, so wird sie von Xenophon geschildert, Truppenführer und Geschichtsschreiber dieses ruhmlosen Rückzugs, besser bekannt als »Zug der Zehntausend«.

DIE SCHLACHT VON KUNAXA UND DIE »MEDISCHE MAUER«

Eine Rekonstruktion der Auseinandersetzung ist schwierig, weil die Aussagen von zahlreichen Widersprüchen begleitet werden[2]. Der genaue Ort der Schlacht ist ebenfalls nicht bekannt. Plutarch (*Artax.* 8, 2) – oder seine Quellen – verlegen ihn 500 Stadien von Babylon, Xenophon 360, aber die fragliche Stelle (*Anab. 2, 2, 6*) könnte Sophainetos entnommen worden sein.

1986 bearbeitete Otto Lendle sämtliche modernen Lokalisierungsvorschläge des Ortes[3], aber es ist der britische Offizier J. B. Bewsher gewesen, der als erster eine Verbindung zwischen Kunaxa und Kuneeseh (oder Kunaseh) vorschlug, Name eines Tells am linken Euphratufer, etwa 17 km im Südosten der modernen Stadt Falluja[4]. Kuneeseh könnte eine arabische Anpassung von Kenista sein, einer Synagoge, die im Norden der alten Stadt Nehardea gebaut wurde, dem zu Beginn unserer Zeitrechnung wichtigsten politischen Zentrum der babylonischen Diaspora. 1985 konnten wir diesen Ort, der seinen Namen beibehalten hat, besichtigen: Er umfasst ein Dutzend Gipfel, die sich über beinahe 2000 m an den Resten einer Reihe eindrucksvoller stillgelegter Bewässerungskanäle entlangziehen[5]. Die an der Oberfläche gefundene Keramik stammt hauptsächlich aus der sasanidischen Zeit, aber die Hügel sind hoch und verbergen ohne Zweifel ältere Einrichtungen. Darüber hinaus nimmt ein Imamzadeh – ein bescheidenes Symbol der Fortdauer der Kultorte – den nördlichsten Gipfel dieser Hügel ein. Überträgt man diese Angaben auf die von Lendle veröffentlichte Karte, so befindet sich der Tell Kuneeseh an der Stelle des *stathmos* 6, und nicht 7, wie in den Unterlagen des Autors angegeben.

Die Beschreibung der Ereignisse, die der Schlacht von Kunaxa gefolgt sind, ist nicht gerade eine einfache Lektüre, aber eine Stelle von Xenophon ist für unseren Zweck aufschlussreich. In seiner *Anabasis* (2, 4, 12) lehrt uns der Athener, dass »nach drei Tagesmärschen sie (die Zehntausend) zur sogenannten

»medische Mauer« (μηδίας καλούμενον τεῖχος) kamen und an der Innenseite entlangliefen. Sie war aus gebrannten, in Asphalt eingebetteten Ziegeln errichtet, zwanzig Fuß breit, hundert hoch. Ihre Länge, hieß es, sei zwanzig Parasangen«[6]. Gewisse Einzelheiten dieser Beschreibung zeigen, dass das Bauwerk schon am Ende des 5. Jhs. v. Chr. verfallen war. In der Tat liefen die Truppen »an der Innenseite der Mauer« – sie konnten sie also durchqueren. Die Höhe von hundert Fuß – beinahe 30 Meter – ist jedoch einfach unmöglich.

Xenophons Mauer weckte die Neugier einiger Reisender und Forscher. Am Ende des 18. Jhs. zeigten einige Karten die Mauer zwischen Euphrat, im Süden von Falluja, und Tigris, ein wenig nördlich von Bagdad. Andere verlegten sie in die Gegend von Samarra, aber niemals werden überzeugende Argumente zugunsten der einen oder anderen dieser Ortsfestlegungen geliefert. Erst die topografischen Arbeiten von Bewsher weisen darauf hin, dass es im Norden von Sippar eine Mauer aus gebrannten Ziegeln gab, deren Reste noch bis zu einer Höhe von beinahe zwei Metern sichtbar waren[7]. In seinem Bericht und auf einer im British Museum aufbewahrten Karte schlägt der britische Offizier vor, dieses Bauwerk mit der Median Wall of Xenophon zu identifizieren.

GELÄNDEBEGEHUNGEN UND ARCHÄOLOGISCHE GRABUNGEN

Trotz der sehr relativen Genauigkeit der Karten des 19. Jhs. haben Robert G. Killick und F. de Zwart diejenige von Bewsher benutzen können, um die Reste der Mauer an Ort und Stelle wiederzufinden. Allerdings fanden sie zu Beginn der 1980er Jahre nur ein schwaches Relief (Abb. 1), übersät von Ziegelbruchstücken, darunter einige mit Inschriftenfragmenten von Nebukadnezar II., zwischen 604 und 562 v. Chr. König von Babylon. Dennoch haben diese spärlichen Überreste einen Namen bewahrt: Habl as-Sahr oder wörtlich übersetzt: »Steingürtel«, wahrscheinlich wegen der Ziegelstücke. Wenig später, zwischen 1983 und 1985, wurde der Fundort von einer belgisch-britischen Mannschaft begangen und erforscht[8] und 1986 legte schließlich eine schweizerische Expedition etwa 100 m des Bauwerks frei[9].

Die Mauer von Bewsher läuft etwas weniger als 15 km[10] einen erhöhten Streifen Land entlang[11], der die gesamte Ebene zwischen Euphrat und Tigris durchquert (vgl. Abb. 5a.b). An der höchsten Stelle dieses Reliefs liegen unter anderem die alten Städte Sippar und Sippar-Anunitu sowie der Nar-Scharri oder »Kanal des Königs«, der ein Wiederausbau eines älteren und bedeutenderen Euphratflussbettes ist[12]. Der Parallelismus dieses Reliefs mit der Mauer ist bemerkenswert, beweist er doch, dass die Ingenieure der Zeit mit Verstand die Topografie der Ebene zu nutzen wussten. Durch das Errichten des Baus am Rande des nördlich gelegenen Beckens (vgl. Abb. 5b) wurde seine Verteidigung deutlich verbessert, denn die Frühjahrsüberschwemmungen konnten diese Becken in schwer zu überwindende Sümpfe verwandeln. Wollte man diese Wasserflächen beibehalten, genügte es, Flüsse und Kanäle, die in der Nähe lagen und, wie man gesehen hat, auf etwas höherem Gelände, umzuleiten. Die Gegend ähnelte also dem, was man auf Abb. 6 sieht, wo die gleichen Becken von den Wassermassen des Tigris' während der großen Überschwemmungen im Mai 1954 überflutet wurden. Zu diesem Zeitpunkt war die Flussregulierung im Irak noch wenig beherrscht, kaum mehr als in der Antike.

In einer Ebene wie in Babylonien war die Umleitung von Wasserläufen wahrscheinlich nicht selten,

aber die Quellen wurden unter diesem Gesichtspunkt wenig geprüft. Man wird sich die Arbeiten Hammurabis in Erinnerung rufen, Sippar mit einem Sumpf zu umgeben, oder vergleichbare, die sein Sohn Samsu-iluna um Kisch ausführte. Über tausend Jahre später leitete Kyros der Große den Euphrat um, um das Eindringen seiner Truppen in Babylon zu erleichtern. Aber die Einzelheiten dieser Vorgänge wurden nie beschrieben, wahrscheinlich weil jedermann sie kannte ... oder ihre Auswirkungen erlitt. Ein sehr aktuelles Beispiel zeigt, dass die Methode im Gedächtnis der Strategen verankert geblieben ist: Während des Krieges gegen Iran in den 1980er Jahren leitete die irakische Armee die Wasser des Tigris in die riesige sumpfige Senke von Hawiza um, die genau auf der Grenzlinie zwischen den beiden Ländern liegt. Sie erschwerte den Vormarsch der feindlichen Truppen erheblich.

Abb. 3: Einzelheiten der Ziegel und Ziegelabdrücke der kleinen Pfeiler der »medischen Mauer«, die sich unter dem Straßenbelag befanden und wohl als Ausgleichsreihe dienten.

DIE GRABUNGEN

Gegenstand unserer Grabungen westlich des Tell HB 5 (Abb. 1) war eine Fläche von nahezu 850 m² (Abb. 4a) sowie ein Querschnitt von 40 m Länge und 4 m Tiefe (Abb. 4b).

Außer der Studie der Stratigrafie hatte der Querschnitt ein weiteres Ziel: Es galt herauszufinden, ob es ältere archäologische Zeugen als die von Bewsher entdeckte Mauer gibt. Zumindest theoretisch hätte es möglich sein können, dass die letztere entweder auf den Resten einer älteren Mauer ruht oder sich neben einer solchen befindet. Es handelt sich dabei um eine etwa 1500 Jahre davor, von den Königen von Ur erbaute Mauer, die in diesem Band von W. Sallaberger behandelt wird. Der Querschnitt wurde also bis zu einem Meter unter dem gewachsenen Boden angelegt, aber keine Spur einer älteren Mauer entdeckt. Dennoch war es nützlich, auf diese Frage eine Antwort zu finden.

Dagegen legte der Querschnitt einen bedeutenden Fundamentgraben frei (Abb. 4b). Er wurde in der Ebene auf eine mittlere Tiefe von einem Meter ausgehoben, während seine Breite 15 m übersteigt. Eine mikromorphologische Untersuchung hat gezeigt, dass die Aufschüttungen 1 und 2 eine homogene Masse darstellten[13], die einen hervorragenden Unterbau für die zukünftigen Bauten bot. Um solche Arbeiten ins Auge zu fassen, mussten die Erbauer den Untergrund der Ebene sehr gut kennen, denn die Verschiedenartigkeit der natürlichen Materialien bildete keine Qualitätsstütze: Sie konnte unterschiedliches Zusammensacken, Risse und Absenkungen, sogar den Einsturz eines zu ebener Erde errichteten Baus zur Folge haben.

Diese riesige Erdmasse, zugleich Fundament und ein in der Ebene fest verankerter Damm, hatte andere Aufgaben: Das zukünftige Bauwerk und die Straße waren von den oben beschriebenen Sümpfen

Abb. 2: Die »medische Mauer«: Sicht gegen Westen am Ende der Grabungen 1986. Rechts der Graben, den Ziegelplünderer ausgehoben haben, um die Mauer ihres Kerns zu entleeren; in der Mitte die Überreste der Straße (vgl. Abb. 3). Diese Aufnahme zeigt, in welchem Maße das Bauwerk seit den 1860er Jahren geplündert wurde, als es in einigen Abschnitten beinahe zwei Meter Höhe erreichte.

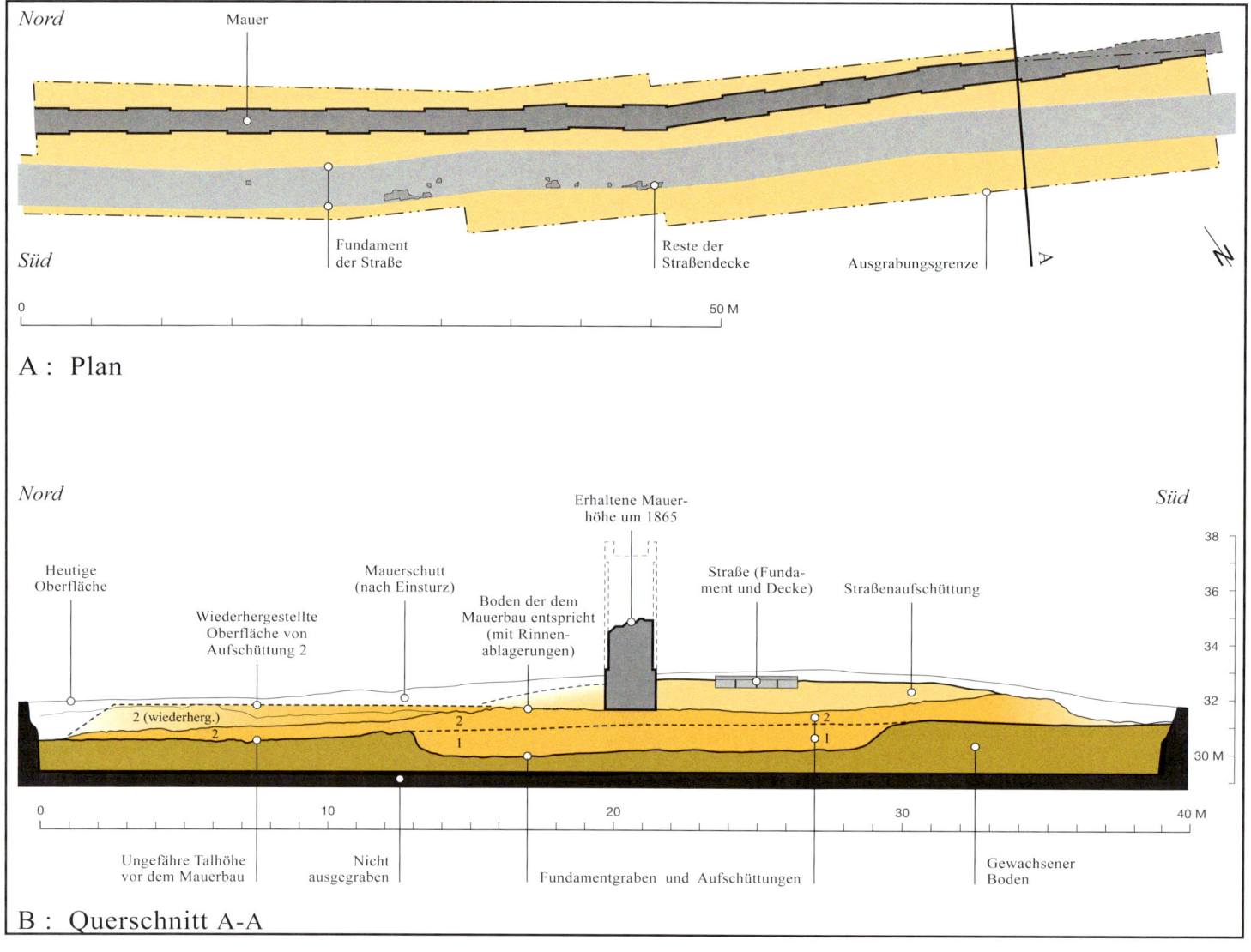

Nord

Mauer

Süd

Fundament
der Straße

Reste der
Straßendecke

Ausgrabungsgrenze

A

N

0   50 M

A : Plan

Nord   Süd

Erhaltene Mauer-
höhe um 1865

Heutige
Oberfläche

Wiederhergestellte
Oberfläche von
Aufschüttung 2

Mauerschutt
(nach Einsturz)

Boden der dem
Mauerbau entspricht
(mit Rinnen-
ablagerungen)

Straße (Funda-
ment und Decke)

Straßenaufschüttung

38

36

34

32

30 M

2 (wiederherg.)
2
1

2
1

2
1

0   10   20   30   40 M

Ungefähre Talhöhe
vor dem Mauerbau

Nicht
ausgegraben

Fundamentgraben und Aufschüttungen

Gewachsener
Boden

B : Querschnitt A-A

Abb. 4: Schematischer Plan (a) und vereinfachter Schnitt (b) durch die Mauer, ihren Fundamentgraben und ihre Aufschüttungen sowie die im Süden gelegene Straße, d. h. innerhalb des geschützten Bereichs.

zu trennen, um sie vor einer Unterspülung zu schützen und die Folgen einer Erosion zu verringern. Dies erklärt auch die bedeutendere im Norden aufgeschüttete Erdmasse (Abb. 4b).

Die eigentliche Mauer wurde in der Achse dieses Fundaments errichtet. Man verwendete hauptsäch-

lich Ziegel mit einer Seitenlänge von 34 cm, einer Dicke von 8–10 cm und einem Durchschnittsgewicht von etwa 20 kg. Die erste Schicht liegt unmittelbar auf der Aufschüttung. Sie ist 1,75 m breit, aber nur 6% der Ziegel blieben in situ; von den anderen Ziegeln sind lediglich die Abdrücke erhalten geblieben. Wo sie von Plünderern verschont geblieben ist, wurde die zweite Schicht großzügig mit Bitumen errichtet. Ein Drittel der noch vorhandenen Ziegel trägt stets auf der nach oben gerichteten Seite einen Stempel mit Marduks Spaten. Dieses Symbol ist ebenfalls auf Babylons Ziegeln belegt, jedoch ist seine genaue Herkunft nicht bekannt. Nach dem Bau der Mauer wurde ihre Basis geschützt und zwischen der Straßenaufschüttung im Süden und einer wahrscheinlich geringeren im Norden aufgehäuften Erdmasse aufrecht erhalten (Abb. 4b). Die ans Licht geförderten Ziegel oder Abdrücke bilden keine Strukturierungen an den Mauerwänden. Außerhalb der Erde sollten sie durch Vorsprünge, für die man einen halben vorkragenden Ziegel vorschlagen könnte, die Wandfläche beleben (Abb. 4a). Die Breite der eigentlichen Mauer betrug also 4 Ziegel oder 1,40 m, was vernünftigerweise eine Höhe von 5,50 m anzunehmen erlaubt, ohne mögliche Zinnen zu berücksichtigen.

Der letzte Abschnitt war der Bau einer Straße auf einer 0,80 m hohen Aufschüttung von mittlerer Qualität. In der Tat enthielt sie viele Bitumenstücke und Ziegelteile, gelegentlich zu sehr gebrannt, aber auch ganze Ziegel, einige davon mit Marduks Emblem. Diese Einzelheit ist beachtenswert, ist doch dieses Wahrzeichen auf den Ziegeln der Mauer, niemals aber auf denen der Straße bezeugt. Da es sich um Bauschutt handelt, ist somit die Zeitgleichheit der beiden Teile des Baus hergestellt.

Die Straßenaufschüttung stützte seltsame und rätselhafte kleine Pfeiler, zwei Ziegel lang, einen breit und höchstens vier hoch, das Ganze mit Bitumen zusammengefügt. Im rechten Winkel zum Bau angeordnet bedeckten vier dieser Pfeiler die Breite der Straße, die je nach der unregelmäßigen Dicke der Erdfugen 2,80–2,90 m erreichte. Aber auch hier haben wir mehr Abdrücke im Boden als Pfeiler an Ort

und Stelle wiedergefunden (vgl. Abb. 2 und 3). Was den Zweck dieser Vorrichtungen angeht, haben J. Vicari und F. Gollinelli für den Straßenbelag eine Art Ausgleichsreihe vorgeschlagen.

Die Ziegel dieser Pfeiler sind kleiner und daher leichter: 32 cm Seitenlänge anstelle von 34 und nur 7–8 cm Dicke. Das Durchschnittsgewicht beträgt etwa 15 kg. Im Übrigen tragen fast alle den üblichen beschrifteten Stempel Nebukadnezars II., die beschriebene Seite stets nach unten gerichtet.

Oberhalb der Pfeiler ist die Straßendecke in einigen Abschnitten nur dort erhalten, wo man sich nicht zu nahe an der Oberfläche befindet (vgl. Abb. 4a). Sie besteht aus einem dicken Lehmmörtel und einer mit Bitumen gebundenen Ziegelschicht; auch hier ist die beschriftete Seite stets nach unten gerichtet. Fehlen die Pfeiler, so liegen Ziegel und Mörtel unmittelbar auf der Aufschüttung. Die Straße ist also eindeutig gekennzeichnet. Wir haben soeben gesehen, dass sie auch den Bau der Mauer zeitlich festlegt.

Fasst man das Vorangegangene zusammen, so erhält man folgendes Schema: 401 v. Chr. ging Xenophon dem entlang, was man offensichtlich zu seiner Zeit die »medische Mauer« nannte. Aber in der gesamten gräko-orientalischen Überlieferung ist der Athener der einzige, der diese Bezeichnung gebrauchte. Dennoch hat J. B. Bewsher das fragliche Bauwerk in Habl as-Sahr lokalisieren können, einer Ruine nördlich des alten Sippar. Die Grabungen werden einen Bau Nebukanezars II. zutage fördern, der über 150 Jahre vor Xenophons Durchreise in Babylon regierte. Warum also der Name »Medische Mauer«? Man könnte sich ausdenken, dass die Meder eine Bedrohung für Babylon waren, aber die ausgewerteten Unterlagen enthalten keine Informationen zugunsten einer sol-

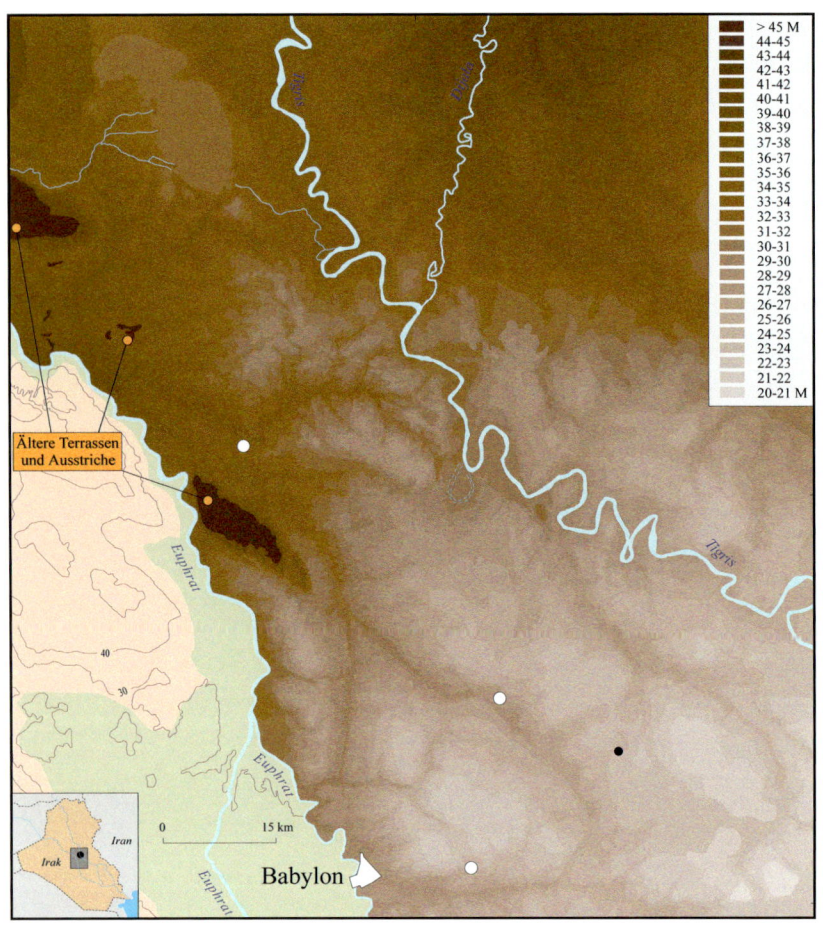

Abb. 5a: Karte der Ebene im Norden Babylons, die das gegenwärtige östlich des Euphrats gelegene Mikrorelief zeigt. Die dunkleren Streifen sind durchschnittlich 2–3 m höher als die benachbarte Ebene, aber dieser Unterschied vergrößert sich um mehrere Meter, wenn man ihn in Bezug auf die tiefstliegenden Abschnitte der Becken (hellere Zonen) misst. Im Übrigen bestätigen die geomorphologischen Beobachtungen der Reliefs, dass sie das Ergebnis einer Jahrtausende langen Anhäufung von Ablagerungen sind, die von ehemaligen Wasserläufen, besonders während der Überschwemmungen im April/Mai (Schneeschmelze im Zagros und im Taurus), stammen. Eine intensivere Bewässerung dieser weniger salzhaltigen Felder als die der Becken hat ebenfalls zur Anhebung beigetragen (wenn auch in geringerem Maße).

chen These[14]. Folgt man im Gegenteil F. Vallat, hätte die Mauer so genannt werden können, weil sie sich auf dem Weg befand, der nach Medien führte[15]. Diese Annahme scheint plausibel, hatte doch Nebukadnezar gleichzeitig eine weiter südlich gelegene Mauer gebaut, genau in entgegengesetzter Richtung, die zu den Medern führte.

INSCHRIFTEN UND ZWEIDEUTIGKEITEN

Die Grabungen in Habl as-Sahr haben über 3000 Ziegel und gestempelte Fragmente geliefert, aber die Inschriften lehren uns nur den Namen des Bauherrn:

»Nebukadnezar, König von Babylon, Wohltäter der Tempel von Esagil und Ezida, Nabupolassars wichtigster Erbe, König von Babylon.«

Im Gegensatz dazu tragen zwei 1946 dem Nationalmuseum in Bagdad von zwei Wächtern von Tell ed-Der − dem antiken Sippar-Anunitu − übergebene Zylinder aus gebranntem Ton einen eindeutigeren Text:

»Um die Befestigung von Esagil zu verstärken, und damit der mörderische Feind Babylons Territorium nicht erreicht, baute ich über eine Strecke von $4^{2}/_{3}$ *beru* ein großes Bollwerk von Babylons Grenze sogar bis Kisch und weiter von Kisch bis zu Kar-Nergal, und umgab mit mächtigen Wasserfluten die Stadt.

Abb. 5b: Dieselbe Gegend wie in Abb. 5a, aber mit dem Flussnetz, wie es für die neu- und spätbabylonische Zeit rekonstruiert wurde, und den Mauern, die Nebukadnezar II. zum Schutz des Kernlandes seines Reiches errichten ließ (*schraffiert*). Außer den Mauern nördlich Sippars und östlich Babylons sowie den natürlichen Verteidigungslinien Euphrat und Tigris sieht man die Senken rund um die geschützte Zone. Diese waren im Frühjahr während der Schneeschmelze überschwemmt oder konnten bei Umleitung von Fluss und Kanal künstlich überschwemmt werden. Dieser zusätzliche Schutz machte das Heranrücken für feindliche Truppen und Stämme umso schwieriger, und er stimmt mit dem überein, was der König in zwei seiner die Mauern betreffenden Inschriften schreibt: »[Ich] umgab auf eine Strecke von 20 *beru* das Land mit mächtigen Wasserfluten, genau wie die Ausdehnung des Meeres« (s. Anm. 16).

Die Nummern der Orte zwischen Klammern beziehen sich auf die Geländebegehungen von Adams und Gibson (Anm. 23). Das Relief wurde von K. Verhoeven kartografiert.

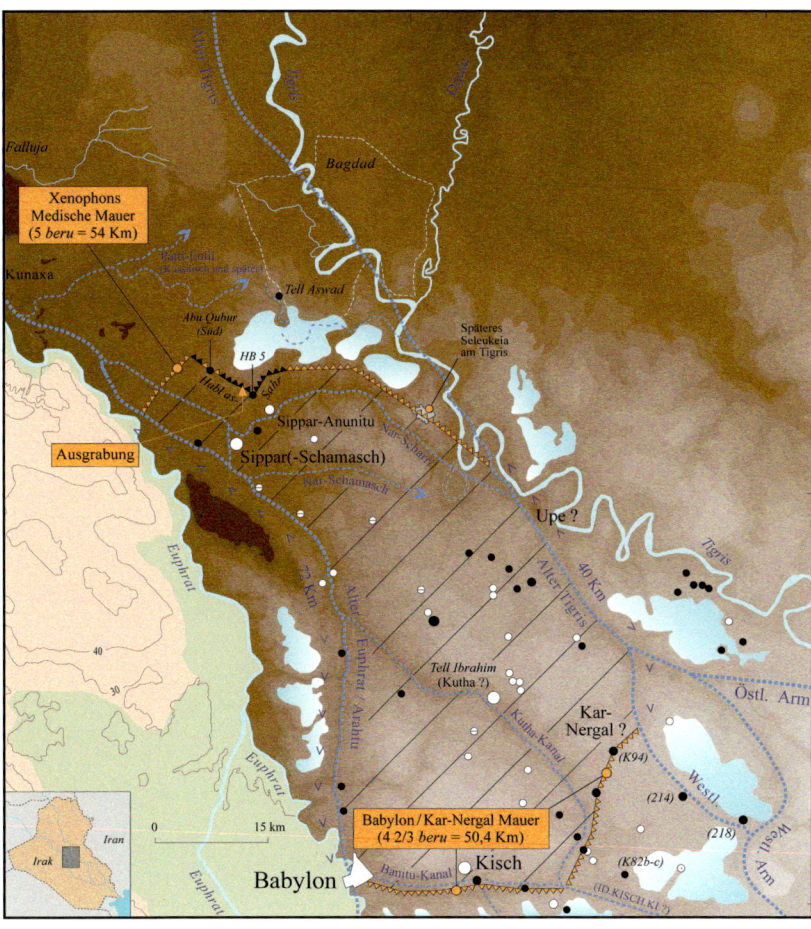

- ● Siedlung, die wahrscheinlich in der neu- und spätbabylonischenZeit gegründet wurde.
- ⊖ Nach einer längeren Unterbrechung in der neu- und spätbabylonischen Zeit erneut besiedelter Ort.
- ○ Vor und während der neu- und spätbabylonischen Zeit mehr oder minder durchgehend besiedelter Ort.
- ◆◆◆ Archäologisch bezeugte Mauer.
- ◆◆◆ Wiederhergestellte Mauer.
- ∙∙∙∙∙ Wiederhergestelltes Flussnetz der ersten Hälfte des 1. Jh. v. Chr. (nach Cole und Gasche 1998, Karte 9).
- ▭ Mindestausdehnung der sich außerhalb der geschützten Zone befindlichen und künstlich überfluteten Scuben.
- *Baghdad* Moderner Orts- oder Flussname.

Damit ihr Überströmen einen Durchbruch nicht herbeiführe, fügte ich ihr Ufer zu einem starken Kai mit Bitumen und gebrannten Ziegeln. Ich warf oberhalb Babylons über eine Strecke von 5 *beru* ein großes Bollwerk auf, Sippar-Schamasch gegenüber, vom Ufer des Tigris bis zum Ufer des Euphrat und umgab auf eine Strecke von 20 *beru* das Land mit mächtigen Wasserfluten, genau wie die Ausdehnung des Meeres. Damit dieses Bollwerk nicht von zerschlagenden ungestümen Wasserfluten weggetragen wird, fügte ich ihr Ufer zu einem starken Kai aus Bitumen und gebrannten Ziegeln. So verstärkte ich die Befestigung von Esagil und Babylon und ich machte aus Babylon für das Volk einen ›Berg des Lebens‹«[16].

Von einigen Textabweichungen abgesehen, findet sich der gleiche Text in den Gedenkinschriften des Wadi Brisa und des Nahr el-Kelb in Libanon, die in großer Länge auch andere Leistungen Nebukadnezars aufzählen.

Man kann sich kaum vorstellen, dass »das große Bollwerk, Sippar-Schamasch gegenüber« nicht dasjenige sei, das in Habl as-Sahr erkannt wurde. Es stimmt zwar, dass Mauer und Straße im Text ausgelassen wurden, aber es wäre überraschend, wenn Nebukadnezar zwei Bauten am gleichen Ort errichtet hätte. Das Auslassen rechtfertigt sich vielleicht durch den gewaltigen Erdeinsatz. Mit einer üblichen Länge von 10,8 km je *beru* stellen die 54 km der Aufschüt-

tungen 1 und 2 – der im Norden wieder errichtete Teil eingeschlossen (Abb. 4b) – etwa 3 Millionen m³ dar, was 150.000 Lastkraftwagen mit je 40 Tonnen gleichkommt. Der Umfang der Straßenaufschüttung ist bescheidener. Er liegt um 650.000 m³.

Im Übrigen konnte man sich bei einem Bauwerk, das dazu bestimmt war, die »Befestigung von Esagil« – Babylons glanzvollstem Heiligtum – zu verstärken, nicht mit einem einfachen Erdauftürmen begnügen. Daraus muss man schließen, dass es mit einer Mauer verbunden war, wie dies in Habl as-Sahr der Fall ist. Auch die Straße bleibt in den Inschriften unerwähnt; dennoch wurde sie sehr wohl von Nebukadnezar gebaut, denn fast alle Ziegel trugen seinen Stempel. Ihre Erbauungszeit kann aber innerhalb seiner langen Regierungszeit (604–562 v. Chr.) nicht festgelegt werden. Es ist hier nicht der Ort, darüber zu diskutieren, aber das 1912 von S. Langdon vorgeschlagene Jahr 586 v. Chr. überzeugt nicht[17]. Der allzu früh verstorbene J. A. Black nennt triftigere Gründe und schlägt dafür eine sehr vorsichtige Zeitspanne vor: zwischen 600 v. Chr. und dem Ende der Regierungszeit[18].

EIN SCHUTZ FÜR DAS KERNLAND DES REICHES

Die Zylinder von Tell ed-Der und die Felsinschriften in Libanon erwähnen ein zweites, ein wenig kürzeres und südlicher gelegenes Bauwerk. Es verband Babylon und Kisch mit dem im Übrigen wenig bekannten Ort Kar-Nergal, der sich nach einem in Nimrud gefundenen Brief in der Gegend von Kutha befunden haben muss. Die beiden Bauwerke versperrten also die Ebene ein wenig nördlich von Sippar und im Osten Babylons (Abb. 5a.b).

Alle Inschriften mit Bezug auf diese Bauwerke zeigen an, dass dasjenige gegenüber Sippar die Ufer des Tigris' und des Euphrats verband, wobei der Tigris aber nie in den Inschriften erscheint, die das südliche Bauwerk betreffen. Dagegen stellen alle klar, dass Nebukadnezar »das Land auf eine Strecke von 20 beru mit mächtigen Wasserfluten umgab«, also von 216 km, nach dem hier angenommenen beru-Wert. Diese Entfernung ist seltsam, erreichte doch die Länge der beiden Bauwerke kaum 10 beru. Was ist also mit den zehn anderen? Die einleuchtendste Erklärung ist wohl folgende: der Länge der beiden Mauern – $9^2/_3$ beru – muss man die Entfernungen hinzufügen, die ihre äußersten Enden im Osten, dem Tigris entlang, und im Westen, dem Euphrat entlang, von einander trennen. J. A. Black hatte diese Lösung schon ins Auge gefasst, aber sie stieß sich an einer einfachen arithmetischen Schwierigkeit, die ihr Verfasser auch nicht versäumte hervorzuheben[19]. Der alte Verlauf des Tigris' wurde weiter im Osten vermutet[20], was den Umfang (20 beru) des Landes deutlich erweiterte, das der König mit mächtigen Wasserfluten umgeben hatte.

Im Verlauf der letzten 20 Jahre haben sich die Forschungen im Bereich der früheren Umwelt dank einer engeren Zusammenarbeit zwischen Spezialisten

Abb. 6: Luftbildaufnahme der Gegend im Nordwesten von Seleukeia am Tigris nach den Maiüberschwemmungen 1954. Im Vordergrund ragen der Tigris und seine Ufer aus den in die jenseits des Beckens abgeleiteten Wasserfluten hervor. Im Hintergrund liegt ein ebenfalls erhöhter Streifen Land, etwa 7 oder 8 km von dem Flugzeug entfernt, von welchem aus die Aufnahme aufgenommen wurde. An seiner höchsten Stelle befindet sich heute der Yussuffia genannte Kanal, der in diesem Breitengrad die gesamte Gegend zwischen Euphrat und Tigris bewässert. Aber dieses Relief ist weit älter, wurde es doch durch die Ablagerungen eines alten Euphratarms (s. die Legende zu Abb. 5a) geformt, wieder angelegt und in Nar-Scharri (Kanal des Königs) umgetauft. Das Bild veranschaulicht den strategischen Vorteil dieser Becken, die die gesamte mesopotamische Alluvialebene kennzeichnen. Nebukadnezar II. war wohl nicht der erste, der aus diesen Reliefs Nutzen zog, aber man berührt hier ein noch wenig erforschtes Thema (s. Anm. 9, 31).

der Geowissenschaft, der Archäologie und der Text-analyse weiterentwickelt. Wir haben heute Hinweise, dass zur spätbabylonischen Zeit der westliche Tigrisarm der gleiche war, wie wir ihn für das 2. Jt. v. Chr. festlegen konnten[21]. Daraus folgt, dass das Bild der Flusslandschaft heute anders ist und nicht mehr in Widerspruch mit der in den Texten genannten Strecke von 20 *beru* steht.

Dennoch ist die Rekonstruktion des von Nebukadnezar angelegten Verteidigungssystems keinesfalls einfach. In den folgenden Zeilen wird man die Angaben finden, die sicher sind und diejenigen, die weniger, ja überhaupt nicht sicher sind. Bei den letzteren wird man zu berücksichtigen haben, dass das Flusssystem rekonstruiert wurde und seine Nachbildung damit Veränderungen unterliegen könnte. Aber sie beruht auf einer für das 2. Jt. v. Chr. ausgearbeiteten, weil besser dokumentierten Quellenlage. Die Linienführung des Bauwerks zwischen Kisch und Kar-Nergal, und ungefähr $^3/_4$ derjenigen im Norden von Sippar sind ebenfalls rekonstruiert. Ihre Längen sind auch in den entsprechenden Texten angegeben.

Die Lokalisierung von Babylon, Kisch und Sippar (-Schamasch) ist problemlos. Im Gegensatz dazu ist die Lage von Kar-Nergal nicht bekannt. Man vermutet jedoch, dass sich dieser kleine Ort in der Umgebung Kuthas befand, aber auch die genaue Stelle dieses Orts ist nicht verbürgt. Man nimmt indessen an, dass er mit dem Tell Ibrahim gleichzusetzen sein könnte.

Die Texte, die das Bauwerk im Osten Babylons erwähnen, erlauben den Schluss, dass Kar-Nergal ungefähr 35 km von Kisch entfernt lag[22]. Überträgt man diese Distanz auf eine Karte, sind drei spätbabylonische Orte Anwärter für diesen Ort: die Nummern 214 und 218 von Adams[23] und ein oder sogar zwei Hügel des Komplexes K94 von Gibson[24]. Wenn man sich für die Orte von Adams entscheidet, hätte die Mauer unter der Voraussetzung, dass sie durch den Hügel K82 von Gibson verläuft, eine Länge von 47,5 km und 52,2 km (s. Abb. 5b). Wählt man im Gegenteil, wie wir dies vorschlagen, den K94 – den modernen Tell Barghuthiat –, so müsste man die Mauer bis zum antiken Tigris verlängern, um eine Länge von $4^2/_3$ *beru* oder 50,4 km zu erreichen. Aber Kar-Nergal könnte dann nicht am Flussufer gebaut worden sein, da die Texte es nicht erwähnen. Dafür befindet es sich auf einer kleinen Erhöhung, die die Stelle einer alten Wasserstraße, wahrscheinlich eines Kanals, kennzeichnet, der den Tigris mit dem Kanal von Kutha verband. Ein letztes Argument zugunsten dieser Lösung besteht darin, dass der Umfang der so geschützten Fläche den in den Texten erwähnten 20 *beru* oder 216 km entspricht, während die zwei anderen Orte uns davon entfernen.

Über den Standort von Upe ist schon viel Tinte geflossen, aber alle Vorschläge sind bisher Hypothesen geblieben[25]. Im Rahmen dieses Bandes reicht eine ungefähre Lokalisierung aus: etwas südlich des Nar-Scharri, wohl auf dem linken Tigrisufer.

Bezüglich der Mauer nördlich von Sippar ist etwas weniger als ein Viertel ihrer Länge archäologisch nachgewiesen. Die fehlenden Abschnitte wurden also rekonstruiert, wobei man sich auf den vorhandenen Abschnitt bezog, sein Westende ausgenommen, das unserer Ansicht nach im rechten Winkel zum Lauf des Euphrats endete. Im Osten von Habl as-Sahr zog sich die Mauer sicher weiter den Nar-Sharri entlang. In Tigris-Nähe musste sie schließlich nahe dem zukünftigen Seleukeia verlaufen, wenn nicht sogar durch Seleukeia hindurch. Wenn dem so ist, wird man sich daran erinnern, dass diese zukünftige hellenistische Metropole ihr Wasser vom Euphrat über einen Kanal erhielt, der die Stadt von Nordwesten nach Südosten durchzog. Dieser Kanal – wie der, der den Mittelabschnitt von Habl as-Sahr im Nordosten von HB 5 benutzte (Abb. 5b) – hätte also auf den Resten der Mauer angelegt werden können. Diese Umstände könnten das Vorhandensein zahlreicher gestempelter Ziegel mit der üblichen Inschrift Nebukadnezars in den Ruinen von Seleukeia erklären.

Die zwei Mauern und, zwischen ihren Enden, die zwei breitesten Flüsse der Ebene bildeten bestimmt eine gute Voraussetzung, um die 2300 km² fruchtbaren, gut bewässerten, im Herzen des Reiches und in Hauptstadtnähe gelegenen Landes zu schützen. Fügt man die im Frühjahr von den Überschwemmungen heimgesuchten oder ganzjährig durch die Umleitung der Wasserläufe gehaltenen Sümpfe zu, erhält man ein neuartiges und viel wirksameres System. Man musste nur daran denken!

Es bleibt allerdings ein Fragezeichen, zweifelsohne neben vielen anderen: Warum endete das geschützte Gebiet im Süden vor den Toren der Hauptstadt? Aber diese unvernünftige Frage wird wohl noch lange ohne Antwort bleiben.

DIE GRIE CHISCHEN MAUERN

»WO MÄNNER SIND, IST SICHERE WEHR« – DIE GRIECHEN UND IHRE MAUERN

Oliver Hülden

Im Jahr 480 v. Chr. stand der persische Großkönig Xerxes mit einem gewaltigen Heer im Herzen Griechenlands. Seine Truppen hatten Athen erreicht und verwüstet. Selbst die vorausgegangene Aufopferung von 300 Spartanern und 700 Thespiern unter König Leonidas am Engpass der Thermopylen (Abb. 1) hatte nur eine geringe Verzögerung des persischen Vormarsches bewirken können – genug immerhin, um Athen zu evakuieren. Vor diesem Hintergrund ist die folgende Situation in Aischylos' Tragödie »Die Perser« zu verstehen: Aus Griechenland ist ein Bote bei Atossa, der Mutter des Xerxes, eingetroffen. Er bringt Kunde von der vernichtenden Niederlage der persischen Flotte bei Salamis. Im Zuge des weiteren Dialogs möchte Atossa wissen, ob Athen noch unzerstört sei, worauf der Bote lapidar antwortet (Aischyl. Pers. 348–349): »Wo Männer sind, ist sichere Wehr.« Tatsächlich waren die Athener trotz des Verlustes ihrer Heimatstadt keineswegs besiegt. Vielmehr hatte einer ihrer führenden Männer, Themistokles, sie gegen vehemente Widerstände dazu bewegt, einem Spruch des Orakels von Delphi Folge zu leisten. Athen sollte aufgegeben werden, und die Bevölkerung sollte Schutz hinter der »hölzernen Mauer«, also ihren Schiffen suchen (Hdt. 7, 141–143) – ein Rat, der sich bekanntermaßen als der richtige erwiesen hat.

Die Verteidiger Griechenlands haben angesichts des übermächtig erscheinenden persischen Gegners allerdings auch versucht, von anderen, d. h. ganz gewöhnlichen Mauern Gebrauch zu machen. Darunter sind jedoch nicht jene Mauern zu verstehen, mit denen damals die meisten griechischen Städte umgeben waren. Vielmehr ist an spezielle Befestigungen zu denken, mit denen man den Vormarsch der Perser aufzuhalten hoffte. Eine solche Sperre stellten die eingangs erwähnten Thermopylen dar. Bei ihnen handelt es sich um eine natürliche Engstelle nahe dem Malischen Golf, deren Benennung als »heiße Tore« auf die Nähe zu entsprechend temperierten Quellen zurückgeht. Einst bildeten sie den einzigen für ein größeres Heer gangbaren Zugang nach Phokis, Boiotien und letztendlich nach Attika und die Peloponnes. Hier trat den Persern jenes zuvor erwähnte kleine Heer entgegen, nachdem man eine vorangegangene Blockade des weiter nördlich in Thessalien gelegenen, aber leicht zu umgehenden Tempe-Tals wieder aufgegeben hatte (Hdt. 7, 172–173).

Neben dem natürlichen Schutz, den die Engstelle den Verteidigern bot, existierte an den Thermopylen tatsächlich auch eine Befestigungsmauer, von der man heute jedoch nur spärliche Reste vorfindet. Sie war von den einheimischen Phokern gegen Einfälle der Thessaler angelegt worden und wurde von den Spartanern und ihren Verbündeten instand gesetzt (Hdt. 7, 176). Bei der Verteidigung gegen die Perser spielte sie jedoch eine allenfalls untergeordnete Rolle. Sämtliche Kämpfe spielten sich nämlich zunächst vor ihr ab (s. etwa Hdt. 7, 223), und am Ende der Schlacht, als eine persische Abteilung durch Verrat die Engstelle zu umgehen drohte, verschanzten

sich die noch lebenden Griechen nicht etwa hinter ihr (Hdt. 7, 225) – sondern bezogen auf einem hinter der Mauer gelegenen Hügel Stellung und fanden dort den Tod. Nicht das Bauwerk, sondern die durch die Schlachtreihen der schwer bewaffneten griechischen Hopliten (Abb. 2) gesperrte natürliche Engstelle der Thermopylen hat damals also den Persern jene Zeitspanne abgetrotzt, die zur erfolgreichen Evakuierung Athens notwendig war.

Nach Athens Zerstörung sind im Zusammenhang mit der Verteidigung Griechenlands erneut zwei Mauern zu erwähnen. So errichteten die Peleponnesier, um den schmalen Zugang zur peloponnesischen Halbinsel zu versperren, in aller Eile eine tatsächliche Befestigungsmauer am Isthmos von Korinth. Der Mauerbau war jedoch offensichtlich kaum das Ergebnis reiflicher Planungen, sondern stellte ein aus Not und Furcht geborenes Projekt dar (Hdt. 8, 71). So wurde der sogenannte Skironische Weg durch eine einfache Auftürmung von Schutt versperrt, und Zehntausende halfen hastig dabei, Steine, Lehmziegel, Sand und Holz für den eigentlichen Mauerbau am Isthmos herbeizubringen. Wie der solcherart errichtete Schutzwall am Ende aussah, lässt sich kaum sagen, denn bei der Suche nach entsprechenden Resten tut man sich heute am Ort des Geschehens schwer. Die erhaltene Sperrmauer, die den Namen Hexamilion (= sechs Meilen) trägt, ist jedenfalls erst in byzantinischer Zeit, d. h. im frühen 5. Jh. n. Chr. entstanden. Zwar finden sich an der Engstelle, insbesondere im Bereich des Berges Oneion, noch Reste von Mauern, doch sind diese entweder in ihrer Interpretation und Datierung umstritten, oder sie gehören frühestens in das 4. Jh. v. Chr. und damit nicht mehr in die Zeit der Perserkriege. Andere Mauerreste sind zwar vielleicht durch den Bau der byzantinischen Befestigungen zerstört oder überlagert worden, eine wirklich dauerhafte Absperrung des Isthmos scheint es jedoch bis in das 5. Jh. n. Chr. nicht gegeben zu haben. Eher sind wohl alle zuvor ergriffenen Baumaßnahmen als temporäre »Angstmauern« aus einer akuten Bedrohung heraus entstanden. Die »Angstmauer« gegen die Perser wurde im Übrigen nie auf die Probe gestellt, und es ist höchst fraglich, ob sie den Feind wirklich aufgehalten hätte. Schon Herodot bezweifelte nämlich ihren grundsätzlichen Sinn (Hdt. 7, 139), da die persische Flotte jederzeit fast ungehindert die Küstenstädte der Peloponnes hätte bedrohen können. Insofern erwies sich nicht eine gebaute Befestigungsmauer als das entscheidende Bollwerk gegen die Perser, sondern – wie schon bei den Thermopylen – eine Mauer der anderen Art. Diesmal war es allerdings keine Schildmauer der Hopliten, sondern jene »hölzerne Mauer« aus dem delphischen Orakelspruch, nämlich die athenische Flotte. Ihr Sieg bei Salamis stellte dann auch nicht nur eine weitere Verzögerung des persischen Vormarsches dar, sondern markierte den Wendepunkt des Krieges. Die Griechen gingen ihrerseits in die Offensive und besiegelten bei Plataiai und wenig später bei der Mykale das definitive Ende der persischen Expansionsbestrebungen im Westen.

EIN IDEOLOGISCH GEPRÄGTER OST-WEST-KONFLIKT?

Welche Rückschlüsse lassen sich aus diesen Ereignissen im frühen 5. Jh. v. Chr. vielleicht schon hinsichtlich der generellen Funktion und Bedeutung von Befestigungsmauern im antiken Griechenland ziehen – und das insbesondere vor dem Hintergrund des Rahmenthemas dieses Bandes? Zunächst einmal

Abb. 1: Heutiger Blick auf den Thermopylen-Pass. In der Antike befand sich die Küstenlinie zwischen den Bergen und der modernen Autostraße.

73

ist festzustellen, dass die Perserkriege in Anknüpfung an ihren Chronisten Herodot sehr häufig als eine Art vormoderner Ost-West-Konflikt interpretiert werden. In diesem Zusammenhang ist sogar gesagt worden, dass hier zwei antike Machtblöcke nicht nur in militärischer, sondern auch in ideologischer Hinsicht aufeinander geprallt sind. Standen doch auf der einen Seite das von einem Großkönig absolut und zentralistisch regierte persische Reich und auf der anderen die selbstverfassten und für ihre Freiheit kämpfenden griechischen Poleis.

Was vordergründig Übereinstimmungen aufzuweisen scheint, lässt sich tatsächlich aber kaum miteinander vergleichen. Mit Persern und Griechen standen sich nämlich keinesfalls zwei antike Großmächte gegenüber, die den modernen Supermächten UdSSR und USA in irgendeiner Weise geähnelt hätten. Denn während man das persische Großreich zwar durchaus als einigermaßen geschlossenen Machtblock charakterisieren kann, stellt sich die Situation in Griechenland völlig anders dar: Hier war das Bild von politischer Zerrissenheit und Uneinigkeit geprägt, wie sie sich im Grunde schon in der kleinteiligen griechischen Geografie widerspiegelt, wenn sie nicht gar durch diese begünstigt wurde. Wohl mehr als 800 politisch autonome, zumeist miteinander konkurrierende, häufig aber auch aufs Engste miteinander verknüpfte Staatswesen – die sogenannten Poleis – standen einander gegenüber. Daneben existierten insbesondere auf der Peloponnes sowie in Mittel- und Nordgriechenland zahlreiche Stammesverbände. In Anbetracht solcher Zustände entpuppt sich auch der griechische Widerstand gegen die Perser bei genauer Betrachtung als eine Unternehmung, die man allenfalls im Ansatz als gemeinschaftlich oder im heutigen Sprachgebrauch als »national« bezeichnen könnte. Zwar finden sich

bei Herodot mit gleichem Blut, gleicher Sprache, gleichen Heiligtümern und Opfern sowie gleichartigen Sitten jene Kriterien genannt, in denen man die verbindenden Klammern zwischen allen Griechen sah (Hdt. 8, 144). Wer dem nicht entsprach, gehörte zu den anderen, den Barbaren, wobei dieser Bezeichnung jedoch erst nach den Perserkriegen eine zunehmend negative Bedeutung zukam. All dies darf aber nicht darüber hinwegtäuschen, dass sich lediglich ein Bruchteil der Poleis den Persern entgegenstellte, während sich die Mehrzahl von ihnen ergab oder sogar auf der Gegenseite mitkämpfte. Nicht einmal angesichts der drohenden Unterjochung ganz Griechenlands durch die Perser gelang es demnach, den in Jahrhunderten gewachsenen politischen Partikularismus zu überwinden. Dass es vor diesem Hintergrund – und ganz zu schweigen von der geografischen Situation – von griechischer Seite aus überhaupt nicht dazu kommen konnte, sich hinter einer gemeinschaftlich errichteten Mauer vor den Persern zu verschanzen, dürfte auf der Hand liegen. Im auf Expansion ausgerichteten Perserreich hätte die Errichtung von Schutzmauern ohnehin keinen Sinn ergeben.

Die Konfrontation mit dem persischen Großreich stellt freilich nur einen bestimmten Abschnitt innerhalb der griechischen Geschichte dar, der jedoch von herausragender Bedeutung war und daher auch schon von den Zeitgenossen als besonders einschneidend empfunden wurde. In der obigen knappen Schilderung der Ereignisse haben wir gesehen, dass sich die Widerstand leistenden Griechen erst spät und in aller Hast dazu entschlossen haben, im Angesicht des akuten Angriffs zumindest an zwei Stellen dann doch tatsächliche Schutzmauern zu errichten. Im Falle der Thermopylen konnte man sogar auf eine bereits vorhandene Mauer zurückgreifen, die im Zusammenhang mit innergriechischen Auseinandersetzungen zu sehen ist. Fremd war den Griechen der Gedanke, sich durch Mauern von anderen abzugrenzen, demnach durchaus nicht – und darunter sind nicht nur gebaute, sondern auch ideelle Mauern zu verstehen. In der gesamten griechischen Geschichte gab es aber niemals »die eine Mauer« gegen »den einen Feind«, und so soll im Folgenden versucht werden, den Blick auf Szenarien unterschiedlicher Zeitstellung zu lenken, in denen die Griechen tatsächlich Grenz- oder territoriale Schutzmauern errichtet haben oder in denen der Bau solcher Mauern zumindest nach heutigem Verständnis sinnvoll gewesen wäre.

DAS AUFEINANDERTREFFEN MIT »DEN ANDEREN« DIE GRIECHISCHE KOLONISATION

Im 11. Jh. v. Chr. setzte eine erste Welle von griechischen Siedlungsgründungen ein, die vor allem den ägäischen Raum und die Westküste Kleinasiens betraf. Ihr folgte etwa zwischen 750 und 580 v. Chr. eine zweite Welle, die als »große Kolonisation« bekannt ist, beinahe den gesamten Mittelmeerraum erfasste und wohl in etwa zu einer Verdoppelung der Gesamtzahl griechischer Poleis führte. In Platons Dialog »Phaidon« beschreibt Sokrates das Ergebnis dieser Vorgänge treffend mit den Worten, die Griechen säßen nunmehr um das Mittelmeer wie die Frösche um einen Teich, und in der Tat fanden sich ihre Kolonien vom äußersten Winkel des Schwarzen Meeres bis nach Spanien.

Im Rahmen dieser Siedlungstätigkeit, die freilich entgegen der begrifflichen Übereinstimmung mit den modernen Kolonisationsbewegungen der letz-

ten Jahrhunderte nichts gemeinsam hat, kamen die Griechen an den Orten ihrer Städtegründungen mit der jeweils ansässigen Bevölkerung in Kontakt. Im Falle von Kleinasien waren das etwa die Lyder oder die Karer, im nördlichen Schwarzmeergebiet traf man auf die nomadischen Skythen und in Unteritalien und Sizilien beispielsweise auf die Kampaner oder Sikuler. Die Griechen traten zumeist nicht ganz unvorbereitet in Kontakt zu den Einheimischen, sondern die Koloniegründungen erfolgten gewöhnlich auf einem schon einigermaßen bekannten Terrain. Überdies hat es den Anschein, als hätten die Griechen dabei große Vorsicht walten lassen und nur im Ausnahmefall, d. h. im Fall der sicheren eigenen Überlegenheit, die Konfrontation gesucht.

Ein gutes Beispiel für diese Vorgehensweise bietet die Siedlungsgeschichte der kleinasiatischen Stadt Ephesos. Während man die ansässigen, nicht allzu starken Karer und Leleger offenbar vertrieben hat, musste man sich mit den ebenfalls dort wohnenden Lydern arrangieren, die bekanntermaßen eine anatolische Großmacht bildeten. Die Griechen fanden zudem ein bedeutendes lokales Heiligtum für eine Muttergottheit vor, das sie in einen Artemiskult überführten und zu einem überregional bedeutenden Heiligtum machten. Gerade wegen dieses fast schon »multikulturellen« Heiligtums, sicherlich aber auch aus anderen Gründen war Ephesos ein Ort ständiger Konflikte zwischen Einheimischen und Griechen. So errichteten die letztgenannten ihre befestigte Stadt wohl zunächst auch räumlich getrennt von den bestehenden einheimischen Siedlungen. Der lydische König Kroisos zwang sie jedoch nach Einnahme ihrer Stadt, mit den Einheimischen gemeinsam nahe dem Heiligtum zu siedeln. Die Folgezeit war durch ein friedvolles Miteinander, aber auch weiterhin durch Konflikte geprägt, die mitunter die griechische Bevölkerung spalteten. Dies änderte sich auch nicht, als Ephesos nach dem Untergang des Lyderreiches als griechische Polis dem persischen Großreich einverleibt wurde. Das Verhältnis zwischen Griechen und Einheimischen war demnach offenbar immer vielschichtig. Deshalb verwundert es kaum, dass sich die ephesischen Griechen 499 v. Chr. am Aufstand der ionischen Städte gegen die Perser beteiligten, was den Auftakt jener Auseinandersetzung bildete, deren Ausgang eingangs mit der Schlacht von Salamis geschildert worden ist.

Ähnlich wechselhaft ging es bei der griechischen Landnahme in Unteritalien und auf Sizilien zu. So machten etwa die dorischen Griechen bei der Gründung von Syrakus im Jahr 733 v. Chr. mit den Einheimischen kurzen Prozess: Sie zerstörten die existierende sikulische Siedlung und verdrängten ihre Bewohner ins Hinterland. Unweit entfernt und nur wenige Jahre später (728 v. Chr.) wies hingegen der sikulische König Hyblon megarischen Kolonisten sogar den Siedlungsplatz zu, weshalb diese ihrer Neugründung Megara den Beinamen Hyblaia gaben. In Metapont scheint das Aufeinandertreffen von Griechen und Einheimischen über Jahrhunderte hinweg ebenso friedlich abgelaufen zu sein. Dies spiegelt sich nicht zuletzt in der Art und Weise der Besiedlung des zur Stadt gehörenden und vor einiger Zeit intensiv untersuchten Hinterlandes, der sogenannten Chora, wider. Mit deren systematischer Erschließung wurde wohl schon im 6. Jh. v. Chr. begonnen. Insbesondere in der 1. Hälfte des 5. Jhs. v. Chr. erfolgte dann eine regelmäßige Einteilung in Parzellen, die von einer Vielzahl von Gehöften aus bewirtschaftet wurden. Dass man in der Chora von Metapont offensichtlich weitgehend sicher und friedlich leben konnte, bezeugen die offenen Strukturen dieser Gehöfte. Im Übrigen scheinen vor allem Kult-

stätten im Hinterland zur sakralen Grenzziehung und als konstituierendes Element der Koloniegründungen in Unteritalien und Sizilien gedient zu haben. Mitunter wurden aber auch Festungen zum Schutz vor Angriffen aus dem Hinterland errichtet. Dies ist beispielsweise bei den unteritalischen Küstenstädten Lokroi Epizephyrioi und Caulonia der Fall, und auf Sizilien gründete Syrakus regelrechte militärische Grenzsiedlungen wie Akrai oder Kasmenai.

Offenbar deutlich höher war hingegen das Schutzbedürfnis griechischer Kolonien im Schwarzmeergebiet, wo es die Griechen mit den kriegerischen Skythen, einem Volk von Reiternomaden, zu tun hatten. Betrachtet man etwa das Hinterland von Chersonesos, einer Kolonie an der nördlichen Schwarzmeerküste, so zeigt sich ein völlig anderes Bild als das zuvor für die Chora von Metapont gezeichnete. Die Gehöfte im dortigen Umland besaßen einen stark defensiven Charakter, der bisweilen durch Umbauten noch verstärkt wurde – insbesondere als die skythischen Überfälle im späten 4. Jh. v. Chr. erheblich zunahmen. Dennoch lebte man in den Poleis mit den Einheimischen zusammen, wobei es aber offenbar eine strikte Trennung nach Stadtvierteln gab. In der am Don gelegenen Polis Tanais soll sogar eine Mauer die griechischen und barbarischen Einwohner voneinander getrennt haben, doch sind die archäologischen Befunde in dieser Hinsicht nicht unbedingt eindeutig. Ebenso dürfte es sich mit den als »limesartig« beschriebenen »Verteidigungssystemen« verhalten, die im 3. Jh. v. Chr. nicht nur Tanais, sondern auch andere Poleis des im Bereich der östlichen Krim gelegenen sogenannten Bosporanischen Reiches vor plötzlichen Attacken berittener Steppennomaden geschützt haben sollen. Zu diesen »Systemen« gehörten anscheinend Forts, Mauern und Wälle – darunter

Abb. 2. Vasenbild mit einer Hoplitenschlachtreihe. Detail der protokorinthischen schwarzfigurigen sog. »Chigi-Kanne« (um 640 v. Chr., Villa Giulia Rom).

der sogenannte Uzunlar-Wall –, die neben der Chora von Tanais beispielsweise ebenso im Hinterland der Poleis Pantikapaion und Nymphaion angetroffen wurden. Da die einzelnen Befunde bislang kaum adäquat publiziert wurden und somit in ihrer Bestimmung, Datierung sowie in ihrem Verhältnis zueinander tatsächlich kaum nachvollziehbar sind, ist die Existenz dieses »griechischen Limes« jedoch sicherlich mit einiger Vorsicht zu betrachten.

Eine gewisse Zurückhaltung ist wohl auch gegenüber der Überlieferung des Livius für die griechische Kolonie Emporion an der spanischen Ostküste angebracht. Der römische Autor berichtet (Liv. 33, 9, 1–11), dass die Siedlung aus zwei Teilen bestanden habe, die durch eine Mauer voneinander getrennt gewesen seien. Den einen Teil bewohnten die als besonders wild geltenden Spanier und den anderen die Griechen, wobei die letztgenannten strikt darauf geachtet haben sollen, keine Spanier in ihren Teil der Stadt einzulassen und deshalb ihre Mauern ständig bewachten. Allzu rigoros kann es allerdings nicht zugegangen sein, denn Livius attestiert beiden Seiten ein großes Interesse am Handel und gegenseitigem Austausch, welcher auch tatsächlich stattgefunden hat.

Wie lässt sich das Aufeinandertreffen von Griechen und Barbaren anhand der gegebenen, geografisch wie zeitlich divergierenden Beispiele im Rahmen der griechischen Kolonisation nun insgesamt beurteilen und in einen weiteren Kontext stellen? Es dürfte deutlich geworden sein, dass das Verhalten der Griechen in der Fremde je nach den Bedingungen und der Haltung der jeweiligen einheimischen Bevölkerung recht unterschiedlich ausfallen konnte. Zweifellos war jedoch immer ein Schutzbedürfnis gegenüber den Fremden vorhanden. Die Art und Weise, wie man diesem nachkam, lässt sich jedoch kaum verallgemeinern und veränderte sich sicherlich im Laufe der Zeit. Dies kann man sich im Übrigen sehr schön anhand der allgemeinen Geisteshaltung der Griechen gegenüber allen Nicht-Griechen verdeutlichen. Wie zuvor erwähnt, betrachteten die Griechen jene »Anderen« allesamt als Barbaren, wobei dieser Begriff zunächst nur der sprachlichen Differenzierung diente. Unter dem Eindruck der Perserkriege und insbesondere im 4. Jh. v. Chr., d. h. im Vorfeld des Alexanderzuges, erlangte die Bezeichnung dann insbesondere im Hinblick auf Orientalen jedoch jene negative Bedeutung, die ihr bis heute eigen ist. Das grundsätzliche Verhältnis zwischen Griechen und Barbaren war dennoch zu allen Zeiten vielschichtig. So reicht die Palette an Verhaltensweisen über unterschiedliche Grade teils krasser Abwertung alles Barbarischen bis hin zum Pflegen persönlicher Gastfreundschaften etwa zwischen griechischen und persischen Aristokraten. Ebenso war es an der Tagesordnung, dass sich griechische Söldner im persischen Heer, aber auch in anderen Heeren verdingten, und zeitweilig dienten die Darstellungen üppigen orientalischen Lebensstils auf griechischen Vasen sogar als Bilder einer zumindest in der Vorstellung besseren, da glücklicheren Welt. Die in den Köpfen der Griechen zweifellos vorhandenen gedanklichen Mauern gegenüber den Barbaren waren demnach niemals stark genug, um zu einer totalen Abschottung zu führen. Im Verlauf des 4. Jhs. v. Chr. setzten sich allerdings insbesondere in Makedonien und Athen jene Tendenzen durch, die einer erneuten kriegerischen Auseinandersetzung mit den Persern das Wort redeten. Dies bereitete den Boden für jenen groß angelegten Feldzug unter Führung Alexander des Großen, der die Griechen im Osten in Gebiete vordringen ließ, die sie zuvor noch nie betreten hatten. Damit setzte eine Phase ein, in der die griechische Kultur bis in die entferntesten Winkel der damals bekannten Welt getragen wurde – aber auch fremde Einflüsse in den griechischen Raum zurückwirkten. Alexander schuf nach der Niederringung des persischen Vielvölkerstaates für kurze Zeit ein Großreich, für dessen Zusammenhalt er sich mit den Barbaren arrangieren musste. Dass seine häufig im fast schon modernen Sinne als »multikulturell« eingestufte Politik eines gewissen Ausgleichs gegenüber den Barbaren wohl eher auf Pragmatismus zurückzuführen ist, braucht hier nicht weiter zu interessieren. Seinem Reich war bekanntermaßen nur eine kurze Dauer beschieden, wobei dafür die Uneinigkeit seiner Nachfolger hauptverantwortlich war. Auf die Bildung der hellenistischen Königreiche im Anschluss an Alexander und ihre Maßnahmen zur Herrschaftssicherung und Abgrenzung voneinander wird jedoch erst später zurückzukommen sein.

GRIECHEN GEGEN GRIECHEN

Nach diesem Einblick in die vielschichtigen Beziehungen zwischen Griechen und Barbaren drängt sich die Frage auf, wie sich die innergriechischen Verhältnisse im Hinblick auf Grenzziehungen und etwaige damit verbundene Befestigungsanlagen beschreiben lassen. Thematisiert wurde schon die politische Zerrissenheit Griechenlands, der hierbei eine entscheidende Rolle zukam, insbesondere weil sie die Voraussetzung für die so zahlreichen, häufig mit äußerster Erbitterung geführten Auseinandersetzungen zwischen den einzelnen Poleis bildete. Greift man etwa die Epoche der griechischen Kolonisation heraus, so ist festzustellen, dass die neu gegründeten Poleis nicht nur Krieg gegen die einheimischen Völkerschaften führten, sondern gelegentlich auch wenig zimperlich im Umgang untereinan-

der waren. So machte etwa das unteritalische Kroton im Jahr 510 v. Chr. seine Nachbarpolis Sybaris dem Erdboden gleich, die offenbar gute Beziehungen zu den einheimischen Etruskern pflegte. Dieser brutale Akt wurde nicht zuletzt wegen seiner Auswirkungen auf die Handelsbeziehungen sowohl im etruskischen Caere als auch im ostgriechischen Milet mit großer Bestürzung aufgenommen.

Nicht nur vor dem Hintergrund gerade solcher innergriechischer Auseinandersetzungen ist es kaum verwunderlich, dass Befestigungsmauern zu einem wichtigen Verteidigungsinstrument wurden. Ob ihnen darüber hinaus die Bedeutung eines konstituierenden Elements der griechischen Polis zukam, ist hingegen umstritten. Durch sie wurde jedenfalls nicht nur der für Jedermann sichtbare Rahmen der zentralen Siedlung (Asty) festgelegt, sondern bei ihrem Bau handelte es sich um einen gemeinschaftlichen Akt, der den Schutz der Bürger garantierte. Dieser Schutz wurde in der Regel von diesen selbst wahrgenommen, da sie im Kriegsfall die Mauern verteidigten. Solchermaßen funktionierende Stadtmauern dürften die Autonomie der Polisgemeinschaft zum Ausdruck gebracht haben, was sich nicht zuletzt daran zeigt, dass sie nach der Eroberung einer Stadt häufig geschleift wurden.

Das außerhalb der Stadtmauern gelegene zugehörige Umland (Chora) bildete neben dem Asty den zweiten Bestandteil einer Polis und sicherte im Wesentlichen deren Versorgung mit landwirtschaftlichen Erzeugnissen. Daher lag es im Interesse der Polis, nicht nur das Asty, sondern gleichermaßen das gesamte Umland vor feindlichen Übergriffen zu schützen. Die Territorien der einzelnen Poleis grenzten gewöhnlich unmittelbar aneinander, wobei die genaue Festlegung der Grenzen oftmals mit großen Schwierigkeiten verbunden war und Anlass zu zahlreichen, häufig auch kriegerischen Streitigkeiten um den Grenzverlauf gab. Nur sehr selten existierten regelrechte Grenzmauern, die in den antiken Quellen als Diateichismata bezeichnet werden. Die Bezeichnung Diateichisma, die soviel wie Quer- oder Zwischenmauer bedeutet und erstmalig bei dem in der zweiten Hälfte des 5. Jhs. v. Chr. lebenden griechischen Historiker Thukidides auftaucht, ist freilich vielschichtig. So findet sie auch in anderen Kontexten Verwendung und kann beispielsweise eine Zwischenmauer innerhalb einer ummauerten Stadt meinen, wie es bei der weiter oben erwähnten, in Spanien gelegenen Kolonie Emporion der Fall war. In unserem jetzigen Zusammenhang lässt sich die eingangs erwähnte phokische Mauer an den Thermopylen wohl als Diateichisma bezeichnen, welche die Phoker vor den Übergriffen der Thessaler schützen sollte. Ein anderes Beispiel, bei dem der Begriff in einer entsprechenden Inschrift belegt ist, stammt aus dem nordwestgriechischen Raum. Um 230 v. Chr. wurde dort nach vorausgegangenen Grenzstreitigkeiten zwischen den akarnanischen Poleis Metropolis und Oiniadai ein Diateichisma errichtet. Die entsprechenden architektonischen Überreste sind allerdings im Grenzgebiet beider Poleis nur schwer zu identifizieren – nicht zuletzt deshalb, weil es sich nicht um eine Mauer im militärischen Sinne handelte, sondern wohl um eine größere Terrassen- oder Flurmauer. Im Großen und Ganzen scheinen solche Grenzmauern eher temporäre Einrichtungen gewesen zu sein, die aus konkreten Konfliktsituationen hervorgegangen sind. Dass eine Polis ihr Territorium vollkommen und dauerhaft mit einer Grenzmauer umgeben hätte, ist jedenfalls in der gesamten griechischen Antike nicht zu beobachten. Auf die Anlage von Grenzfestungen, die bisweilen ein regelrechtes System bilden konnten, wird weiter unten zurückzukommen sein.

Zunächst soll jedoch mit dem auf der Peloponnes gelegenen Sparta der Blick auf eine Polis gerichtet werden, die in vielerlei Hinsicht eine Ausnahme darstellt (Abb. 3). So konnte Sparta sich rühmen, bis in die hellenistische Zeit hinein stets unbefestigt gewesen zu sein. Es mag zweifellos andere Poleis gegeben haben, die ebenfalls zu bestimmten Zeiten ohne Mauern auskamen; bei Sparta handelt es sich aber wohl um den bemerkenswertesten Fall. Das im Kern aus fünf Dörfern bestehende Sparta ist deshalb ein so erstaunliches Phänomen, weil es über Jahrhunderte hinweg die Geschicke Griechenlands maßgeblich mitbestimmt und eigentlich ständig Krieg geführt hat. Ruft man sich zudem die zuvor erläuterte Bedeutung von Mauern für die Unabhängigkeit griechischer Poleis ins Gedächtnis, so drängt sich umso mehr die Frage nach den Gründen für dieses Phänomen auf. Wir erinnern uns: Es war hauptsächlich eine kleine spartanische Streitmacht, die durch ihre kompromisslose Opferbereitschaft die Perser an den Thermopylen zwar nicht bezwingen, aber dennoch in ihrem Vormarsch entscheidend aufhalten konnte. Wie an den Thermopylen waren es denn auch die Schlachtreihen der Hopliten, die Spartas Grenzen gegen jegliche Angriffe schützten bzw. sogar den Krieg in die Territorien der benachbarten Poleis hineintrugen. Um Sparta besser verstehen zu können, bedarf es eines Einblicks in die dortigen Sonderverhältnisse, was hier freilich nur sehr oberflächlich erfolgen kann.

SPARTA – UNTERORDNUNG DES EINZELNEN UNTER DAS KOLLEKTIV

Von seiner Verfassung her unterschied sich Sparta von den übrigen griechischen Poleis schon allein dadurch, dass zwei Könige an seiner Spitze standen. Das Bürgerrecht unterlag strengen Beschränkungen, und als Vollbürger galt lediglich die geringe Anzahl der sogenannten Spartiaten. In den Staatsverband integriert waren ferner die etwa 100 Siedlungen der Periöken, was übersetzt soviel wie »Umlandbewohner« bedeutet. Diese Periöken, die nur ein beschränktes Bürgerrecht besaßen, erfüllten allerdings eine wichtige Schutzfunktion für das spartanische Polis-Territorium, das im Übrigen das größte aller griechischen Poleis darstellte. Völlig rechtlos waren schließlich die Heloten, welche die große Gruppe von Angehörigen der von den Spartanern unterworfenen Völkerschaften auf der Peloponnes bildeten. Spartas Staat und Gesellschaft war demnach schon in sich ein komplexes Gebilde mit strikten Trennungslinien, dessen radikaler Umbau wohl in der 2. Hälfte des 7. Jhs. v. Chr. im Zusammenhang mit den sogenannten Messenischen Kriegen erfolgte. Das Ergebnis war eine Art kommunitäre Lebensform der Spartiaten, die fast ausschließlich den staatlichen Bedürfnissen angepasst war und von einer Unterordnung des Einzelnen unter das Kollektiv ausging. Knaben wurden beispielsweise vom Elternhaus getrennt und der staatlichen Erziehung zugeführt. Rigide war auch das Verhalten gegenüber den mehr oder weniger versklavten Heloten, deren große Zahl als ständige Bedrohung betrachtet wurde: Um jeglichen Aufstand schon im Keim zu ersticken, erklärten die Spartiaten ihnen einmal im Jahr der Krieg und dezimierten dabei ihre Zahl. Zudem erhielten die Heloten alljährlich rituelle Schläge, um ihnen ständig ihre untergeordnete soziale Stellung vor Augen zu führen.

Nicht nur im Inneren herrschten Zustände, die auf klaren Grenzziehungen beruhten und mitunter an das Gebaren totalitärer moderner Staaten erinnern. Auch gegen Fremde hatte Sparta ideelle Mau-

ern aufgebaut. Dies mögen zwei Anekdoten illustrieren, die bei Plutarch, einem aus Boiotien stammenden kaiserzeitlichen Schriftsteller und großen Bewunderer der Spartaner, überliefert sind. Ihm zufolge soll der spartanische Sänger Terpander bestraft worden sein, weil er eine zusätzliche Saite auf seine Leier aufzog (Plut. mor. 3, 238C). Dies wurde offenbar als zu innovativ und als äußere Beeinflussung aufgefasst, die der auf Härte ausgerichteten spartanischen Gesellschaft hätte schädlich sein können. Zum anderen erzählt Plutarch von einem fremden Wanderer, der einen Spartaner fragt, ob die Straße nach Sparta sicher sei. Dieser antwortet ihm in der sprichwörtlichen lakonischen Kürze lediglich, dass ein Löwe dort unbeirrt umherschreiten könne, ein Hase aber übers Land gejagt würde (Plut. mor. 3, 234D). Wie viele andere mögen diese beiden Anekdoten Plutarchs ein wenig überzogen sein; sie machen aber deutlich, welch ungewöhnliche Blüten die Abschottung nach außen in Sparta offenbar getrieben hat. Bereits in der Antike wurden – begünstigt durch eine gewisse »Geheimniskrämerei« der Spartaner – diese Verhältnisse zweifellos mystifiziert, und es ist bisweilen schwierig, aus diesen »Geschichten« auf die tatsächlichen Zustände in Sparta zu schließen. Hier mag der Hinweis darauf genügen, dass allein schon das »Nicht nach außen Dringen« der eigentlichen Verhältnisse sowie das nach außen transportierte Bild im Grunde die »Mauern« belegen, die Sparta um sich herum aufgebaut hat.

In militärischer Hinsicht galt dies gleichermaßen. So ist es kein Zufall, dass es ausgerechnet Spartaner waren, die für die Freiheit Griechenlands an den Thermopylen bereitwillig in den Tod gingen. Die Kampfkraft der spartanischen Hopliten war aufgrund des ständigen Trainings enorm, und trotz gelegentlicher Niederlagen galten sie lange Zeit als na-

hezu unbesiegbar. Angesichts dessen ist es kaum verwunderlich, dass Sparta zunehmend hegemoniale Tendenzen entwickelte und seinen Machtbereich ständig ausbaute, wozu insbesondere die Einrichtung des Peloponnesischen Bundes diente. Mit welcher Aggressivität Sparta seine Grenzen militärisch zu schützen oder vielmehr die Macht seiner Nachbarn niederzuhalten wusste, lässt sich wiederum anhand zweier bei Plutarch überlieferter Anekdoten illustrieren: Als einmal ein Mann aus dem benachbarten und verfeindeten Argos vor anderen Griechen damit prahlte, es gebe unzählige Gräber von gefallenen Spartanern in seiner Heimat, bemerkte ein zufällig anwesender Spartaner lediglich, dass dies sicherlich zutreffe, man in Sparta aber dagegen kein einziges argivisches Grab finde (Plut. mor. 3, 233C). Während sich Sparta damals noch rühmen konnte, seine Feinde jederzeit von seinen Grenzen fernhalten zu können, hatte sich die Situation indes kurz nach der Mitte des 4. Jhs. v. Chr. grundlegend geändert. Aus dieser Zeit, in der der makedonische König Philipp II. dabei war, ganz Griechenland zu erobern, stammt nämlich die zweite Anekdote, die Plutarch erzählt: Der Sohn Philipps, Alexander, den man später den Großen nennen sollte, schickte sich an, die Peloponnes zu besetzen und sandte Boten zu den Spartanern, die fragten, ob er als Freund oder als Feind zu ihnen kommen sollte. Obgleich Spartas glorreiche Tage längst der Vergangenheit angehörten, sollen sie geantwortet haben: Weder als das eine noch als das andere.

Sparta nimmt nun zweifellos eine Ausnahmestellung unter den griechischen Poleis ein, was insbesondere auch seine mitunter krasse, aber auf gebaute Mauern offensichtlich verzichtende Form der Abgrenzung betrifft. Schon angedeutet wurde aber die Rolle, die dieses Staatswesen innerhalb der innergriechischen Auseinandersetzungen spielte. Spätestens mit den Perserkriegen hatten Athen und Sparta ihren Führungsanspruch gegenüber den übrigen griechischen Poleis gefestigt. Athen hatte als Abwehrinstrument gegen einen etwaigen zukünftigen persischen Angriff den sogenannten delisch-attischen Seebund ins Leben gerufen.

Der delisch-attische Seebund und die »Langen Mauern«

Der Seebund war ein System zunächst zeitlich unbefristeter militärischer Beistandsverträge Athens mit zahlreichen Poleis an der kleinasiatischen Küste und auf den vorgelagerten Inseln. Man wollte zunächst vor allem die Perser von der Ägäis und den griechisch besiedelten Inseln fernhalten und die Seehandelswege schützen. Daraus erwuchs im Laufe der Zeit ein umfassendes Bündnissystem, das zunehmend von Athen im Sinne der Durchsetzung eigener hegemonialer Interessen dominiert wurde.

In diesem Zusammenhang sind auch die sog. Langen Mauern zu betrachten, die zwischen 461 und 456 v. Chr. errichtet wurden und Athen mit seinem 7 km entfernten Hafen Piräus verbanden. Die mit Türmen und Toren versehenen Mauern verfügten über einen massiven Steinsockel sowie einen darüberliegenden hohen Lehmziegelaufbau mit geschlossenem Wehrgang. Beidseitig fassten sie einen breiten Geländekorridor ein und sollten im Kriegsfall eine Unterbrechung des Zugangs der Seemacht Athen zu seinem Hafen verhindern, aber auch der Aufnahme der attischen Landbevölkerung zwischen ihnen dienen.

Die stetige Ausweitung des athenischen Machtbereichs blieb nicht ohne Gegenreaktion von Seiten Spartas, das mit dem Peloponnesischen Bund ein geeignetes Gegengewicht besaß. Verkürzt gesagt, waren es schließlich diverse Bündnispartner auf beiden Seiten, die durch eigene Machtbestrebungen Athen und

Abb. 4: Die Festung Aigosthenai, 19 km nordwestlich von Megara.

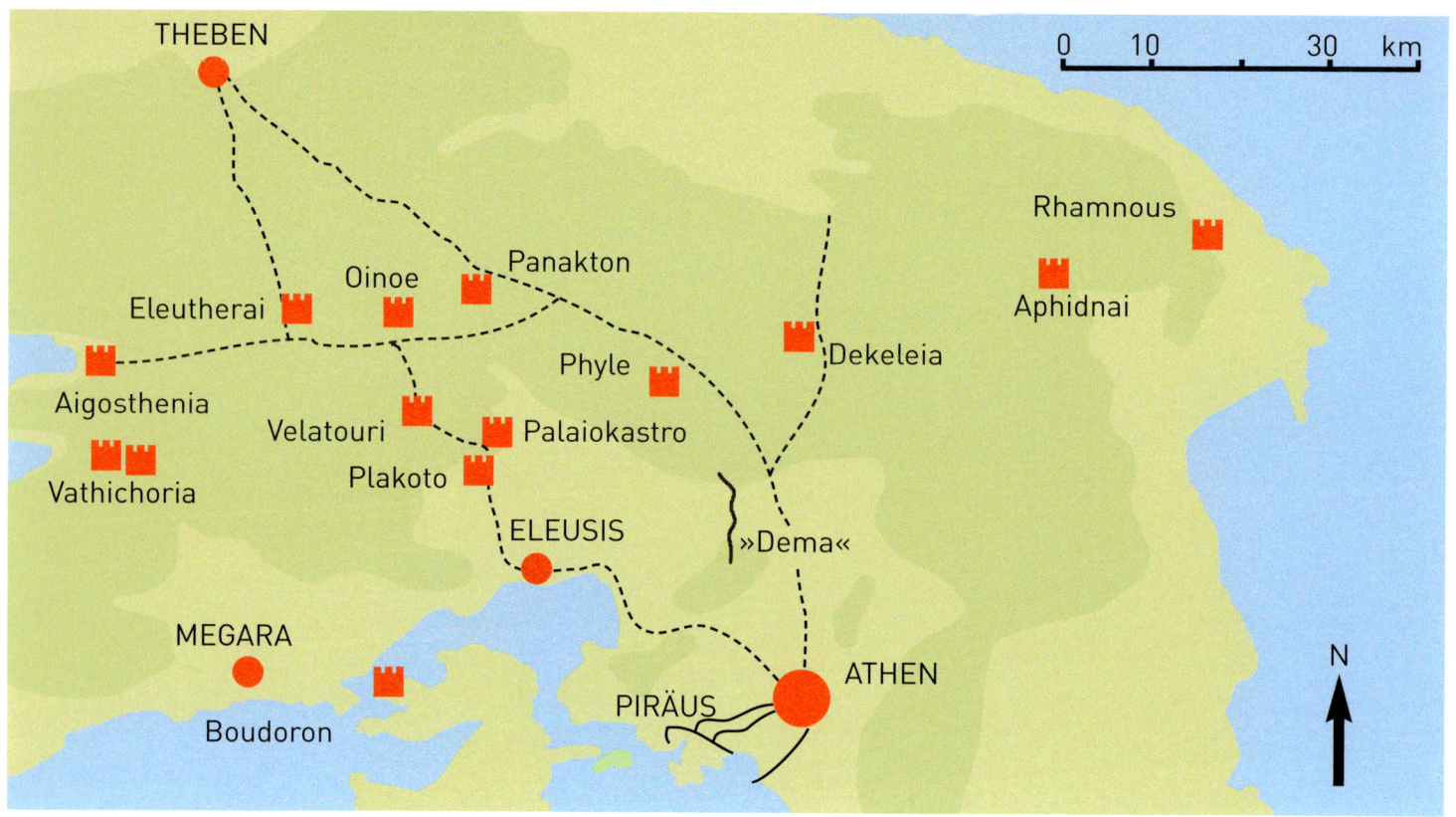

Abb. 5: Karte der attischen Grenzfestungen.

Sparta in die heftige und folgenreiche Auseinandersetzung von 431 bis 404 v. Chr. führten, die unter dem Namen Peloponnesischer Krieg Eingang in die Geschichtsbücher fand. Wesentlich ist in unserem Zusammenhang, dass dieser Krieg beinahe alle griechischen Poleis mit einbezog und an zahlreichen Schauplätzen ausgetragen wurde. In der dritten und letzten Phase des Krieges konzentrierten sich die Kampfhandlungen mehr und mehr auf das athenische Territorium. Sparta hatte sich der kleinen Stadt Dekeleia im Norden Attikas bemächtigt und diese zur Festung ausgebaut. Damit besaßen die Spartaner einen Brückenkopf in Sichtweite Athens, von dem aus sie permanent dessen Versorgung bedrohten. Diese prekäre Situation, der Abfall athenischer Bünd-

nispartner sowie ein geschicktes und von den Persern unterstütztes Operieren der Spartaner in der Ägäis führte schließlich zur Kapitulation Athens und zur Auflösung des Seebundes.

Die Folgen des Peloponnesischen Krieges waren für ganz Griechenland ebenso weitreichend wie schwerwiegend. Sparta hatte zwar über seinen Gegner Athen triumphiert, doch war es aufgrund der eigenen Schwächung nicht in der Lage, das entstandene Machtvakuum aufzufüllen und für Stabilität innerhalb der griechischen Staatenwelt zu sorgen. So folgten 60 Jahre, in denen Griechenland von immer neuen kriegerischen Auseinandersetzungen erschüttert wurde, bis sich schließlich die im Norden Griechenlands ansässigen Makedonen unter ihrem

König Philipp II. und später unter seinem Sohn Alexander der Herrschaft bemächtigten. Hier sollen jetzt lediglich noch einige Gegebenheiten herausgegriffen werden, bei denen abermals gebaute oder gedankliche Mauern oder Grenzen eine Rolle spielen.

Spartas Versuche, nach dem Peloponnesischen Krieg seinen hegemonialen Anspruch gegenüber den anderen Poleis durchzusetzen, waren zunehmend von Aggressivität und Brutalität gekennzeichnet, was zu einer Mobilisierung der Gegenkräfte führte. Athen ließ zu Beginn der 370er Jahre v. Chr. seinen Seebund wieder aufleben, wobei es nicht den Fehler beging, sein vormaliges despotisches Herrschaftsgebaren zu wiederholen. Außerdem suchte man das Bündnis mit der boiotischen Polis Theben, die sich als neuer Machtfaktor herauszukristallisieren begann. Zahlreiche kriegerische Auseinandersetzungen mit Sparta, die sich schließlich von Mittelgriechenland aus auf die Peloponnes verlagerten, waren die Folge. Athen scheint während all dieser Ereignisse eher eine defensive Rolle eingenommen und sich weitgehend auf den Schutz seines Territoriums beschränkt zu haben. So zumindest wird der Ausbau von Festungen und Wachttürmen im attischen Grenzgebiet erklärt, die offenbar eine erneute spartanische Invasion und Brückenkopfbildung wie während des Peloponnesischen Krieges in Dekeleia verhindern sollten. Zu diesen Kastellen, von denen einige schon früher bestanden, gehören unter anderem Phyle, Palaiokastro, Oinoe, Eleutherai und Aigosthenai, die an entsprechend wichtigen strategischen Positionen gelegen sind (Abb. 5). Besonders eindrucksvoll präsentieren sich die Ruinen von Aigosthenai am Fuß des Berges Kithairon, das bis heute die Bucht von Porto Germeno beherrscht. Seine aus sorgfältig versetzten Quadern errichteten Mauern sind teils hoch erhalten, und insbesondere der 14 m hohe Südostturm steht noch beinahe bis zum Dach aufrecht (Abb. 4). Ähnliches gilt für die einige Kilometer östlich gelegene Festung Eleutherai (heute Gyphtokastro), welche die Passstraße nach Theben kontrollierte. Ihre Dimensionen und die Hinweise auf eine permanente größere Besatzung zeugen zweifellos vom großen Sicherheitsbedürfnis der Athener, wobei der Festung aber wohl gleichermaßen ein abschreckender und repräsentativer Charakter zukam. Weiter südöstlich und schon beinahe in Sichtweite Athens wurde zudem noch eine ganz andere Anlage errichtet, die »Dema« genannt wird, wobei die Herkunft dieser modernen Bezeichnung unklar ist. Es handelt sich um eine mehr als 4 km lange, aus vielen einzelnen Mauerabschnitten bestehende Befestigungslinie, die die Senke zwischen den Bergen Parnis und Aigaleos sperrte. Die in unterschiedlicher Technik errichteten Mauern stehen teilweise versetzt zueinander und weisen zahlreiche Durchlässe auf. Auch die Mauerstärke variiert zwischen 1,0 und 2,80 m, und die antike Höhe betrug wohl kaum mehr als 2,0 m. Auf ungefähr halber Strecke wurde sie auf einer kleinen Anhöhe zudem durch ein kleines Fort und einen Turm gesichert. Diese Sperrbefestigung darf wohl als unmittelbare Reaktion auf ein entsprechendes Vordringen der Spartaner im Peloponnesischen Krieg verstanden werden. Zweifellos handelt es sich bei ihr jedoch nicht um eine verteidigungsfähige Grenzbefestigung im eigentlichen Sinne, als vielmehr um eine Anlage, die einem sich verteidigenden Heer bei einer Feldschlacht einen Vorteil verschaffen sollte. Wie im Hinblick auf die übrigen, zuvor nur teilweise genannten attischen Festungen sind viele Fragen bezüglich der genauen Datierung, Funktion und Einordnung noch immer offen. Die unlängst vorgetragene und umstrittene These eines systematisch geplanten und umfassenden Verteidigungssystems für Attika (»Fortress Attica«) dürfte jedenfalls die tatsächlich wesentlich komplexeren Verhältnisse stark vereinfachen und zudem die den Athenern attestierte defensive Mentalität schlichtweg überschätzen.

SYRAKUS UND DIE AUSBILDUNG GRIECHISCHER TERRITORIALSTAATEN

Auch an anderen von Griechen besiedelten Regionen des Mittelmeerraumes ist der Peloponnesische Krieg nicht spurlos vorübergegangen, wobei hier nur die sizilische Polis Syrakus noch kurz in den Blick genommen werden soll. Im Jahr 415 v. Chr. hatten die Athener den Versuch gestartet, sich dieser Stadt zu bemächtigen. Die Expedition endete jedoch zwei Jahre später für Athen in einer Katastrophe, obgleich das taktische Vorgehen bei der Belagerung eigentlich sehr geschickt war. Wie Thukydides in seinem 6.–8. Buch ausführlich beschreibt, haben die Athener die auf einer Halbinsel gelegene Stadt von der Landseite aus angegriffen und versucht, diese durch die Errichtung einer ringförmigen Verschanzung von ihrem Hinterland abzuschneiden. Obgleich dieses Vorhaben nicht erfolgreich war, hatte es zur unmittelbaren Folge, dass Dionysios I., der sich 405 v. Chr. als Tyrann der Herrschaft über Syrakus bemächtigte, nach dem Krieg umfangreiche Befestigungsmaß-

Aeneas Tacticus und der »Feind von Innen«

Mag das Modell einer geradezu hermetischen Abriegelung des athenischen Polis-Territoriums (s. S. 81) auch etwas überzogen sein, so finden sich vor allem bei einem Autor des 4. Jhs. v. Chr. Ansätze für eine extreme Abschottung nach innen wie außen, die bisweilen auf merkwürdige Art und Weise modern anmuten. Von Aeneas Tacticus, der als erster griechischer Kriegsschriftsteller zu bezeichnen ist, stammt die Schrift »Über die Maßnahmen, die in einer belagerten Stadt zu ergreifen sind«. Sie liest sich in erster Linie als mit konkreten Beispielen versehener militärischer Leitfaden. Neben Maßnahmen gegen den Feind von außen finden sich allerdings auch solche, die gegen innere Feinde gerichtet sind. Deshalb geht der Wert der Schrift über einen rein militärischen hinaus und wirft ein Schlaglicht auf die außen- und innenpolitischen, aber auch auf die sozialen Verhältnisse der Krisenzeit des 4. Jhs. v. Chr.

Bemerkenswert ist zudem, dass sie im Grunde sowohl für den Angreifer als auch für den Verteidiger von Nutzen ist. So werden einerseits strikte militärische Maßnahmen zur Sicherung der Grenzen empfohlen, andererseits wird aber auch erläutert, wie man diese überwindet. Besonders interessant erscheinen in unserem Zusammenhang die Vorschläge, die der Autor zur Aufrechterhaltung der inneren Ordnung macht. Da ist von Grenzkontrollen die Rede, von Ausweisung von Fremden und Verdächtigen, von Versammlungsverboten und von Zensur. Ferner werden nächtliche Ausgangssperren und Kontaktverbote genannt – ja selbst vom Einsatz regelrechter »Blockwarte« ist die Rede.

Das vorgeschlagene Instrumentarium des Aeneas Tacticus erinnert ohne Frage an dasjenige totalitärer Staaten; ob es tatsächlich in dieser umfassenden Form zur Anwendung gekommen ist, kann jedoch bezweifelt werden. Der Militärtheoretiker dürfte sich vielmehr in politischen und sozialen Fragen als äußerst naiv offenbaren, und seine Schrift ist insofern einmal ganz richtig als das beschrieben worden, was sie ist: der theoretische und reichlich »widersprüchliche Versuch einer Restauration älterer Sozialverhältnisse mittels totalitärer Maßnahmen« (A. Winterling).

nahmen veranlasste, von denen der im 1. Jh. v. Chr. lebende Historiker Diodor detailliert berichtet (Diod. 14, 18). Um zukünftigen Einkreisungsversuchen entgegenzuwirken, setzte Dionysios eine vollständige Ummauerung der oberhalb der Stadt gelegenen Hochebene Epipolai und damit eines Teils der Chora in Gang. Die aus Quadern gebaute und mit Türmen und Toren versehene Mauer erreichte eine Gesamtlänge von 34 km und lässt sich noch heute in weiten Teilen im Gelände verfolgen. Besonders starke Sicherungsmaßnahmen wurden an ihrem westlichen Kopfteil ergriffen, wo wohl kurz nach Dionysios I. mit der Errichtung des Forts Euryalos begonnen wurde. Dieses wurde in mehreren Phasen zu einem komplexen und einzigartigen Festungswerk mit Gräben, Ausfalltunneln, Bastionen und Katapultständen ausgebaut (Abb. 6). Alle diese gigantischen Schutzmaßnahmen blieben am Ende nutzlos, denn 212 v. Chr. eroberten die Römer Syrakus, wobei sie unter anderem die in der Festung Euryalos stationierten griechischen Söldner zur Aufgabe überredeten.

Mit der Betrachtung von Syrakus lässt sich abschließend eine Brücke zum weiteren Verlauf der griechischen Geschichte und der Bedeutung von Mauern und Grenzen in dieser Zeit schlagen. Dionysios I. gelang es aufgrund einer hochmodernen Militärmaschinerie, sich gegenüber Karthago, der anderen Großmacht im westlichen Mittelmeerraum, zu behaupten und einen straff organisierten Flächenstaat zu errichten. Dieser umfasste weite Teile Siziliens und reichte bis nach Unteritalien und in den Adriaraum hinein. Auch die Nachfolger Dionysios I. versuchten trotz der Wirren des 4. Jhs. v. Chr., die gleichermaßen die griechischen Poleis im Westen ergriffen, diese Herrschaft aufrechtzuerhalten. Damit nimmt Sizilien gewissermaßen eine Entwick-

lung vorweg, die wenig später auch in Griechenland und in Kleinasien einsetzen sollte. Den oben geschilderten spartanischen Hegemoniebestrebungen machten dort nämlich 371 v. Chr. die Thebaner in der Schlacht bei Leuktra ein Ende, und auf eine kurze Phase thebanischer Vorherrschaft folgte schließlich die Unterwerfung Griechenlands durch den Makedonen Philipp II. Dessen Sohn Alexander erweiterte durch seine Eroberungszüge den griechischen Einflussbereich bis tief nach Asien hinein und schuf ein Reich, dem wegen des frühen Ablebens des Königs nur eine kurze Dauer beschieden war. In unserem Zusammenhang von Interesse ist, dass nunmehr eine Vielzahl griechischer Territorialstaaten nebeneinander bestand, wobei es sich freilich nicht um Reiche im Sinne moderner Nationalstaaten handelte. Einmal mehr haben wir es mit komplexen Staatsgebilden zu tun, innerhalb derer beispielsweise die Integration der auf ihre Autonomie beharrenden griechischen Poleis nach wie vor eine große Rolle spielte. Im Übrigen war der Hellenismus abermals von zahllosen kriegerischen Ereignissen geprägt, und die Entwicklung militärischer Technologien nahm insbesondere im späten 4. und 3. Jh. v. Chr. einen rasanten Verlauf. Infolgedessen wurden in hellenistischer Zeit auch zahlreiche Befestigungen errichtet, die häufig die Funktion hatten, Grenzen zu schützen oder aber die Grenzen anderer zu bedrohen. Für die Errichtung starrer Grenzbefestigungen fehlten aber schlichtweg die Voraussetzungen – nicht zuletzt deshalb, weil die Macht der hellenistischen Könige im Wesentlichen auf ihrer militärischen Stärke beruhte. Das Staatsgebiet wurde als gewaltsam erworbener Besitz, als *doriktetos chora* (= speererworbenes Land), verstanden, und seine Grenzen waren insofern flexibel. Das Ende dieser hellenistischen Reiche im Westen wie im Osten des Mittelmeerrau-

Abb. 6: Luftaufnahme der gewaltigen Festung Euryalos, die die Schlüsselstellung der Landschaftsfestung auf der Hochfläche Epipolai oberhalb des Stadtgebiets von Syrakus (Sizilien) einnahm.

mes führten schließlich die Römer herbei, und mit ihnen betrat eine völlig anders strukturierte Großmacht die Bühne, die in der Kaiserzeit ihren klar umrissenen Herrschaftsbereich dann auch durch Mauern zu kennzeichnen und schützen wusste.

DIE GRIECHEN UND IHRE MAUERN

Anhand der geschilderten Beispiele dürfte deutlich geworden sein, dass sowohl gebaute als auch gedankliche Mauern eine nicht unerhebliche Rolle in der griechischen Antike spielten – und dies nicht nur als reine Schutzmaßnahmen, sondern ebenso im

Sinne des jeweiligen politischen Selbstverständnisses. Da den Ausgangspunkt dieses Beitrags nicht eine einzige, ganz konkrete Mauer bildete, sondern vielmehr ein epochen- und raumübergreifender Einblick gegeben wurde, waren die einzelnen Sachverhalte nur schlaglichtartig darzustellen.

Wesentlich erscheint am Ende – und um auf das Rahmenthema des vorliegenden Bandes zurückzukommen –, dass in der gesamten griechischen Geschichte zweifellos die politischen, gesellschaftlichen und militärischen Voraussetzungen fehlten, sich durch den Bau großräumiger Landschaftsmauern voneinander oder von den Barbaren abzugrenzen.

Auch der Gedanke einer sichtbaren ideologischen Abgrenzung und letztendlich des Einsperrens der eigenen Bevölkerung dürfte in der griechischen Antike weitgehend fremd gewesen sein. Wenn jedoch gebaute wie gedankliche Grenzmauern errichtet wurden, so standen sie in der Regel im unmittelbaren Zusammenhang mit einer kriegerischen Bedrohung. Bisweilen kamen dann aber offenbar gewisse Tendenzen der äußeren wie inneren Abgrenzung zum Vorschein, die sicherlich nicht in eine konkrete Beziehung mit dem Abschottungsverhalten des Ostblocks im 20. Jahrhundert zu setzen sind, aber zweifelsohne bestimmte Assoziationen hervorrufen.

DER
LIMES

DER LIMES – GRENZE DES IMPERIUM ROMANUM ZU DEN GERMANEN

Jörg Scheuerbrandt

Als Gaius Julius Caesar in Gallien Krieg führte und dadurch die römische Herrschaft nach Mitteleuropa ausdehnte, definierte er den Rhein als Völkerscheide zwischen den keltischen Galliern und den Germanen – und setzte damit den Fluss als Grenze seiner Interessensphäre fest. Sein Nachfolger Augustus versuchte, Germanien bis zur Elbe zu unterwerfen und scheiterte daran im Jahre 9 n. Chr.; nach der Schlacht im Teutoburger Wald zog sich die römische Armee aus Germanien zurück. Nach dem Tod des Augustus galten die großen europäischen Flüsse Rhein und Donau als natürliche Grenzen des Römischen Reiches, die Landbrücke zwischen den beiden Flussläufen liegt im heutigen Südwestdeutschland. Als sich im Laufe des 1. Jhs. n. Chr. abzeichnete, dass eine Eroberung Germaniens nicht in Frage kam, hat die römische Armee dieses Gebiet schrittweise durch Straßen erschlossen und Truppen in dieses Gebiet verlegt. Ziel war die Verkürzung der Verkehrsverbindung vom Rhein zur Donau: Man wollte sich den Umweg um das Rheinknie sparen. Ende des 1. Jhs. n. Chr. war dieses Ziel nach mehreren Besetzungsphasen erreicht (Abb. 1). Schließlich wurde das Land nach außen hin gesichert und eine künstliche Sperrlinie, die die beiden Flussläufe miteinander verband, eingerichtet. Der Limes entstand und markierte die Außengrenze zweier Provinzen – im Westen von Obergermanien (*Germania superior*), das von Mainz (*Mogontiacum*) aus verwaltet wurde, und im Osten von Rätien (*Raetia*) mit der Hauptstadt Augsburg (*Augusta Vindelicorum*).

Über eine Länge von etwa 550 km, beginnend am Rhein bei Koblenz und in Eining zwischen Ingolstadt und Regensburg an der Donau endend, kontrollierten Soldaten von etwa 900 Wachttürmen aus den Grenzstreifen. Über 50 Kastelle boten etwa 25.000 Soldaten Unterkunft, diese Anlagen wurden zu Beginn des 2. Jhs. n. Chr. angelegt, kontinuierlich weiter ausgebaut und um 160 n. Chr. teilweise nochmals verschoben. Um das Jahr 260 n. Chr. wurde die Linie verlassen und das Gebiet rechts des Rheins aufgegeben.

Der Limes war die sichtbare Abgrenzung des römischen Provinzgebietes von der barbarisch geprägten Außenwelt. Hier wurde der Grenzverkehr kanalisiert, kontrolliert und reguliert. Die gut ausgebildete und effektive Armee konnte Streif- und Plünderungszüge, die bei den Germanen an der Tagesordnung waren, nicht immer abwehren, aber auf jeden Fall verfolgen und ahnden. Allein dadurch wurden diese Übergriffe reduziert und ermöglichten die ungestörte Entwicklung zivilen Lebens im Schatten des Limes.

WANDEL UND AUSBAU DER GRENZANLAGEN – EIN KURZER ÜBERBLICK

Anfangs – zwischen 100 und 110 n. Chr. – wurde eine Schneise in den Wald geschlagen und ein Postenweg angelegt. In regelmäßigen Abständen von 10−14 km

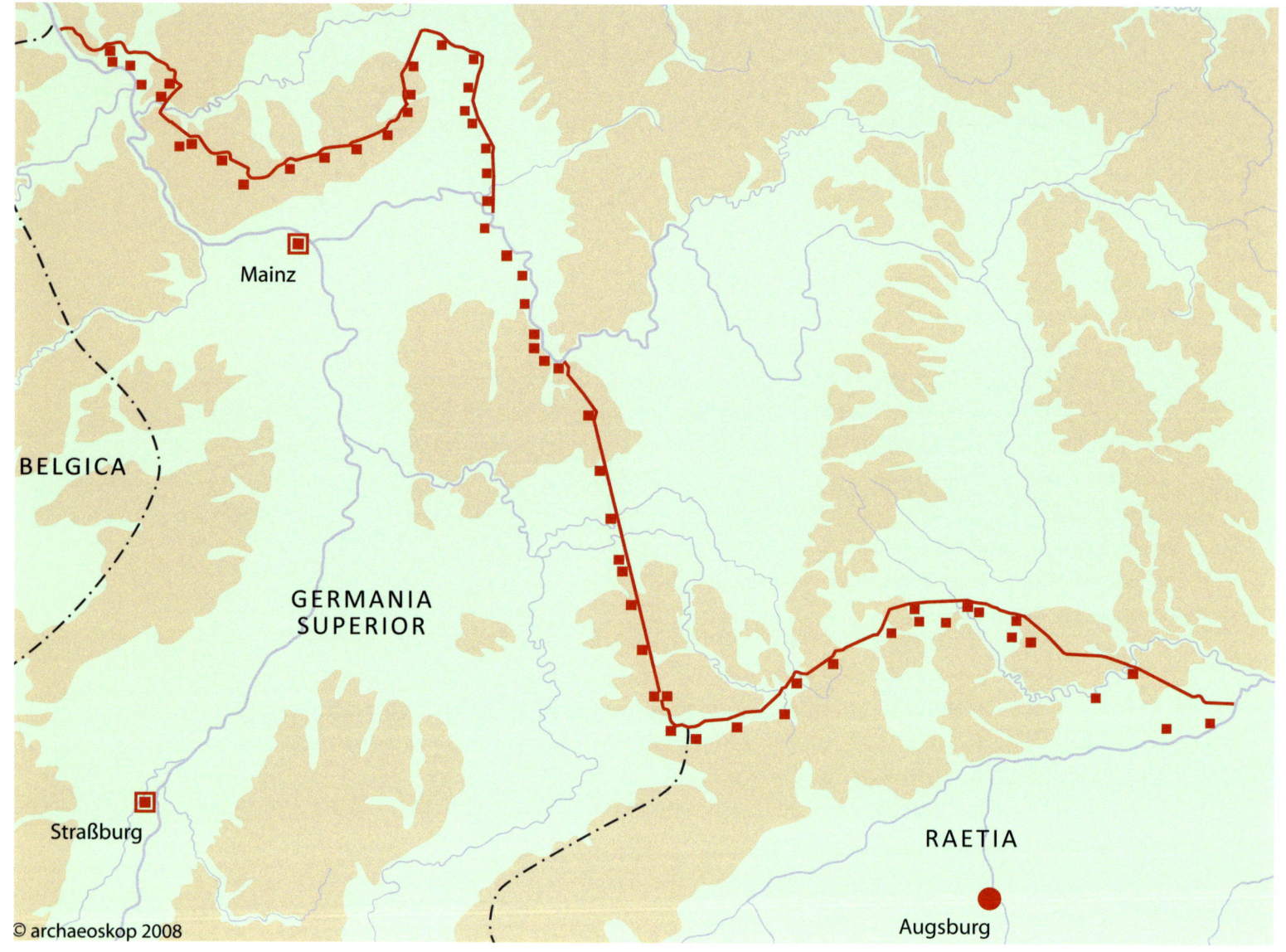

Abb. 1: Der obergermanisch-rätische Limes in seiner letzten Ausbaustufe.

lagen Kastelle als Truppenunterkünfte. Von hölzernen Wachttürmen aus beobachteten Soldaten die Anlage und meldeten Grenzgänger an die Besatzung des nächsten Kastells. Sperranlagen oder Hindernisse sind von dieser Bauphase nicht bekannt (Abb. 2a).

In einer zweiten Ausbaustufe wurde parallel zum Postenweg eine Palisade aus Holz errichtet. Sie bestand aus längs gespalteten Baumstämmen, die mit der glatten Spaltseite nach außen eingegraben wurden. An der Innenseite verbanden Querhölzer mehrere Pfähle, welche sich auf diese Weise gegenseitig hielten und nicht einzeln herausgezogen werden konnten. Die schriftliche Überlieferung verbindet die Errichtung solcher Holzsperren mit Kaiser Hadrian (117–

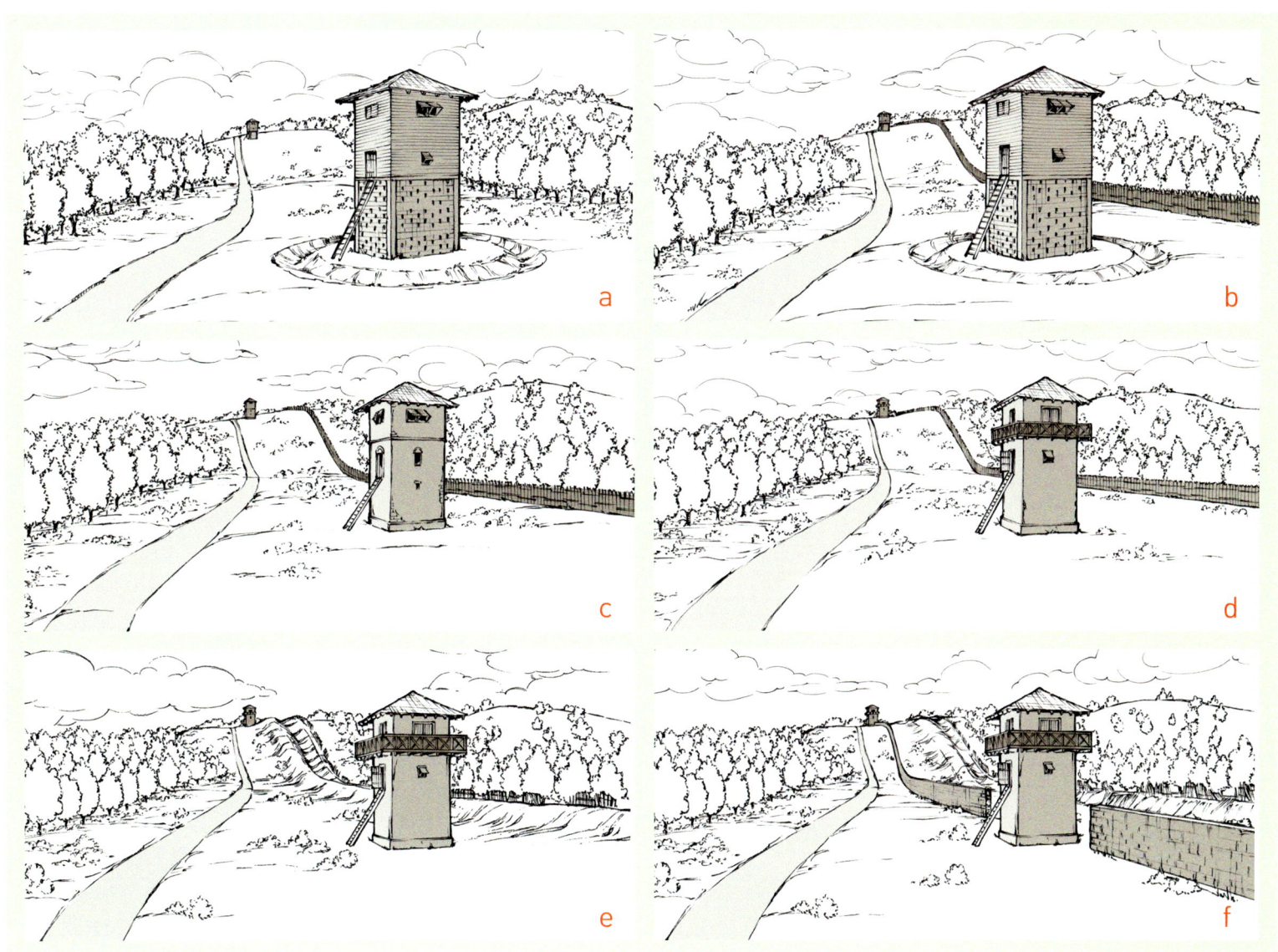

Abb. 2: Rekonstruktion der Limesanlagen. a) 100–110 n. Chr.: Waldschneise mit Patrouillenweg, von hölzernen Wachttürmen aus überwacht. b) 120 n. Chr.: Die Palisade wird errichtet. c) 145/146 n. Chr.: Die Holztürme werden durch Steinbauten ersetzt. d) Nach 160 n. Chr.: Die Steintürme an der vorderen Linie werden mit einem Umgang rekonstruiert. e) Anfang 3. Jh. n. Chr.: Die Palisade wird durch einen Graben und einen Wall verstärkt oder ersetzt. In Rätien wird eine Steinmauer errichtet. f) 3. Jh. n. Chr.: In Obergermanien (*Germania superior*) wird stellenweise ebenfalls eine Mauer errichtet.

138 n. Chr.): »Zu jenen Zeiten wie auch sonst öfter trennte er an vielen Orten, an denen die Barbaren nicht durch Flüsse, sondern durch limites geschieden wurden, durch große Pfähle, die nach Art einer eines mauerähnlichen Geheges tief eingerammt und miteinander verbunden waren« (Scriptores historiae Augustae, vita Hadriani XII 6) (Abb. 2b und 3).

In Hammersbach-Marköbel (Hessen) wurden 2003 Holzpfähle dieser Palisade ausgegraben und konnten dendrochronologisch untersucht werden: Das Holz wurde im Winter 119/120 n. Chr. geschlagen, die Grenzsperre also tatsächlich während der ersten Regierungsjahre Hadrians errichtet.

Einige Jahre später wurden die aus Holz errichteten Bauten – Türme und Kastelle – durch Steinbauten ersetzt (vgl. Abb. 8). Bauinschriften aus Neckarburken und vom Odenwaldlimes nördlich von Schloßau geben den Zeitpunkt mit 145/146 n. Chr., während der Regierungszeit des Antoninus Pius, an. Die Palisade blieb unverändert erhalten (Abb. 2c).

Nur kurze Zeit später fanden umfangreiche Umstrukturierungen statt. Der nördliche Streckenabschnitt vom Rhein bis zum Main blieb unverändert, der südliche Abschnitt dagegen wurde völlig neu eingerichtet. Bislang verlief die Strecke auf den Höhen des Odenwaldes, folgte dem Lauf des Neckars und schließlich dem Kamm der Schwäbischen Alb bis zur Donau. Waren seither lediglich Abschnitte als Sperranlage ausgebaut gewesen, schloss nun eine neue Linie die Lücke zwischen Main und Donau. Bei Miltenberg erklomm sie die Höhe und verlief ab Walldürn über 80 km schnurgerade nach Süden, bog dann nördlich des Remstales auf der Höhe von Stuttgart nach Osten ab und verlief vor dem Albtrauf. Ein weiter Bogen nach Norden schloss das Nördlinger Ries ein. Diese Linie wurde ebenfalls mit einer hölzernen Palisade gesichert und von Steintürmen aus überwacht. Dendrodaten aus Rainau-Schwabsberg datieren die Errichtung dieser Palisade in das Jahr 162 n. Chr. Diese nun angelegte und ausgebaute Linie ist die äußerste Grenzlinie, die Rom in Germanien eingerichtet hat, sie – und nur sie – steht heute auf der Weltkulturerbeliste der UNESCO (Abb. 2d).

Zu einem bislang unbekannten Zeitpunkt, wohl zu Beginn des 3. Jhs. n. Chr., waren weitere Umbauten an der Grenzanlage notwendig. Im westlichen Teil, auf dem Gebiet der Provinz Obergermanien (*Germania superior*), wurde hinter der Palisade ein Graben ausgehoben und ein Wall aufgeworfen. Ob die Palisade bestehen blieb, also durch Wall und Graben verstärkt wurde, oder ob die neue Anlage die Palisade ersetzte, ist umstritten. Allgemein ist während des 3. Jhs. n. Chr. ein Mangel an großen Baumstämmen festzustellen, der durch Raubbau am Wald und fehlender Aufforstung verursacht worden sein könnte. Vielleicht war nicht genug geeignetes Holz vorhanden, um die nach 30–40 Jahren morsch gewordene Palisade zu reparieren (Abb. 2e).

Im östlichen Teil, in der Provinz Rätien (*Raetia*), wurde die Palisade aufgegeben und durch eine 1,0–1,2 m breite Steinmauer ersetzt, welche die schon bestehenden Steintürme miteinander verband. Es handelt sich um ein Zweischalen-Mauerwerk aus gemörtelten Handquadern (Abb. 2f).

In regelmäßigen Abständen, meist etwa 10–14 km, lagen die Kastelle. Hier waren die Soldaten, die die Besatzung der Überwachungsanlage und die Eingreifreserve bildeten, stationiert. Meist lag in einem Kastell eine 500 Mann starke Kohorte der Hilfstruppen, die an einem Abschnitt den Grenzdienst versahen. Häufig waren hier Fußsoldaten mit Reitern unter einem Kommando zusammengefasst, um an jedem Punkt alle taktischen Elemente zu vereinen. In größeren Abständen waren darüber hinaus noch Reitereinheiten (*alae*) stationiert, die für großräumige, mobile Operationen zur Verfügung standen. Legionen waren niemals am Limes stationiert, in Obergermanien blieben diese etwa 5000–6000 Mann starken Verbände in ihren Standlagern am Rhein in

Abb. 4: Luftbild des Limesgrabens beim Haghof (Welzheim).

Mainz (*Mogontiacum*) und Straßburg (*Argentorate*). Noch heute lassen sich die Reste des Limes in der Landschaft verfolgen. Deutlich sichtbar ist vor allem die rätische Mauer, die als Steinriegel vielerorts überdauert hat und sich heute meist als Hecke zu erkennen gibt. Sie wird vom Volksmund gerne als die »Teufelsmauer« bezeichnet. In waldreichen Gebieten wie dem Taunus, dem Gebiet des Odenwaldes und des schwäbisch-fränkischen Waldes haben sich Wall und Graben erhalten und zeugen heute noch eindrucksvoll von der mächtigen Grenzanlage. Hier wird meist vom »Pfahl« oder »Pfahlgraben« gesprochen. Im offenen Gelände ist der Wall durch die landwirtschaftliche Nutzung meist völlig eingeebnet, der Graben zeichnet sich manchmal als flache Grube oder durch positive Bewuchsmerkmale im Getreide oder auf der Wiese ab. Nur etwa 20 % der gesamten Strecke sind heute noch obertägig sichtbar (Abb. 4).

Bei Ausgrabungen finden sich vor allem der verfüllte Graben und der etwa 1 m tiefe Palisadengraben, in den die Holzpfähle hineingesteckt und mit Steinen verkeilt worden sind. Holzreste haben sich nur unter Wasserabschluss, also in Senken, Mooren oder Flussbzw. Bachbetten erhalten. Die Holztürme lassen sich meist lediglich durch die Verfärbungen der aufgelösten vier Eckpfosten nachweisen (Abb. 6), die Steintürme weisen meist nur geringe Fundamentreste auf, aufgehendes Mauerwerk ist äußerst selten.

Wenn der Limes heute dem Besucher präsentiert wird, handelt es sich meist um konservierte Ausgrabungsbefunde oder den Nachbau von Palisaden oder Wachttürmen (Abb. 3).

Die Rekonstruktion aller Anlagen ist mit großen Unsicherheiten verbunden. Die dritte Dimension, die Höhe der Anlagen, ist reine Interpretation.

Wir kennen die Stärke der in der Palisade verbauten Holzstämme, der Durchmesser kann bis zu 60 cm betragen. Die Höhe dieses Zaunes dagegen kann nur vermutet werden, meist geht man von etwa 3 m aus. Dieser Schätzwert wird auch auf die Steinmauer übertragen.

Von den Wachttürmen ist lediglich bekannt, dass sie einen viereckigen Grundriss mit einer Kantenlänge von 4–5 m hatten. Da im Erdgeschoss nie ein Eingang gefunden wurde, geht man davon aus, dass sich dieser im Obergeschoss befand. Alle anderen Details sind von einem Relief der Trajanssäule in Rom übertragen worden. Hier ist eine Reihe Wachttürme abgebildet, die im Oberstock einen balkonartigen Umgang haben und mit einem pyramidenförmigen Dach gedeckt sind (Abb. 5). Die Höhe muss, wenn zwischen benachbarten Türmen Sichtverbindung bestand, 8–12 m betragen haben.

IMPERIUM SINE FINE

Für den Bewohner im Zentrum des Reiches hatte die Grenze keine Bedeutung. Die offizielle Weltsicht der Römer war in dieser Hinsicht eindeutig, Plinius der Jüngere fasste es mit wenigen Worten zusammen: *»Ein Land wie Rom, das nach dem Willen der Götter ausersehen ist, sogar den Himmel glanzvoller zu machen, die zerstreuten Mächte zu vereinigen, die Sitten zu veredeln, die verschiedenartigen und rohen Sprachen so vieler Völker durch die Gemeinsamkeit der Umgangssprache zusammenzuführen, den Menschen Menschlichkeit zu verleihen, kurz das alleinige Vaterland aller Völker auf dem ganzen Erdkreis zu werden«* (Plinius, Naturgeschichte III 39).

Die Römer verstanden sich als auserwähltes Volk, das vom Göttervater Jupiter mit der Beherrschung der Welt beauftragt worden war. Seit der Zeit des Augustus wird diese Mission in der Literatur thematisiert. Livius (ab urbe condita I 16) ließ den zu den Göt-

Abb. 5: Umzeichnung eines Wachtturms von der Trajanssäule in Rom.

schen, die Unterworfenen zu schonen und die Aufsässigen niederzukämpfen (Aeneis I 279 und VI 851–853).

Dieses göttliche Sendungsbewusstsein ließ einer friedlichen Koexistenz wenig Raum. Dazu kam die Übernahme der griechischen Weltsicht, die Weltbevölkerung (oekoumene) bestünde aus den zivilisierten Menschen, die sich von »den Barbaren«, die mehr den Status von Tieren hatten und am Rand der Welt lebten, absetzten. Dadurch war auf römischer Seite eine Sicht »von oben« vorgegeben, die eine Integration nur durch Anpassung und Unterordnung des anderen ermöglichte.

Noch im 2. Jh. n. Chr. pries Aelius Aristides in seiner Lobrede auf Rom die grenzenlose und unbeschränkte Weltherrschaft: »*Ihr regiert auch nicht innerhalb festgelegter Grenzen, noch bestimmt ein anderer, wie weit ihr herrschen dürft.*« (Romrede 10).

Trotz dieser Weltsicht errichteten die Römer an ihrer Grenze eine Sperrlinie und bauten sie im Laufe der Zeit immer weiter aus. Diese Diskrepanz wird verständlich, wenn man sich die Bedeutung des Begriffs Imperium vor Augen hält. Er bezeichnet nicht das römisch beherrschte Territorium, sondern den Wirkungsbereich römischer Befehlsgewalt und konnte somit weit über die Sperranlage hinaus reichen.

Bevor die christliche Lehre und schließlich die europäische Aufklärung den Frieden als Urzustand des Zusammenlebens der Menschen definierten, aus dem heraus man sich entschied, gegebenenfalls in den Kriegszustand zu treten – also den Krieg zu erklären – galt jeder Fremde grundsätzlich als Feind. Frieden musste »gestiftet« werden, dazu wurde ein Vertrag geschlossen, der das Zusammenleben regelte. Dies konnte freiwillig in beiderseitigem Einvernehmen geschehen oder von Rom mit Waffengewalt erzwungen werden. Der Vertrag schloss auf jeden Fall

tern aufgefahrenen Stadtgründer Romulus seinem Volk ausrichten, Rom sei dazu ausersehen, das *caput orbis terrarum* – das Haupt der Welt – zu sein. Vergil legte dem Göttervater Jupiter selbst die Beauftragung des Ur-Vaters der Römer, Aeneas, in den Mund: »*imperium sine fine dedi* – Euch gab ich *imperium* ohne Grenzen« und ließ dessen Vater Anchises ausführen, es sei eine römische Kunst, die Völker zu beherr-

Abb. 6: Die konservierten Grundmauern von WP 8/2 »Vorbau« bei Buchen-Hettingen.

nach römischem Verständnis eine formale Anerkennung des römischen Führungsanspruchs mit ein und war für alle Zeiten unkündbar. Ferner regelte er den Status des Vertragspartners im römischen Kosmos – die Skala reichte vom ehrenvollen Titel »Freund des Römischen Volkes« bis zur völligen Auflösung des Stammesverbandes und der Umsiedlung der Unterworfenen. Widerstand gegen die aner-

kannte Ordnung war automatisch ein Rechtsbruch, der von römischer Seite auf jeden Fall mit äußerster Härte bestraft wurde.

Die *pax Romana* – der römische Frieden – war also kein unbedingt erstrebenswerter Zustand, der Begriff steht vielmehr für eine von Rom garantierte und durchgesetzte Ordnung des Zusammenlebens. Tacitus (Agricola 30) lässt den Anführer des britannischen

Heeres am Mons Graupius den römischen Sieg-Frieden aus Sicht der Unterworfenen beschreiben: Die Römer, die Räuber der Welt, schaffen eine Einöde und nennen es Frieden. Diejenigen aber, die sich in die römische Ordnung fügten, genossen für damalige Zeit ungewöhnliche Rechtssicherheit und Wohlstand.

Im Inneren des Reiches herrschte ein einheitliches Rechtssystem, das auf schriftlich fixierten Gesetzen basierte, es galt eine einheitliche Währung und es wurde Latein als allgemeingültige Amtssprache gesprochen und verstanden. Ein geordneter und nach festen Richtlinien arbeitender Staatsapparat sorgte für die Verwaltung, eine Berufsarmee schützte den Staat und setzte seine Interessen durch.

Die Wirtschaft funktionierte als Marktwirtschaft, Güter – auch für den täglichen Bedarf – wurden produziert und über Händler an den Verbraucher verkauft. Es bildeten sich spezialisierte Betriebe heraus, die Waren in gewaltigen Stückzahlen lieferten. So fassten die großen Brennöfen der Terra-Sigillata-Manufakturen über 20.000 Gefäße pro Brennvorgang, der Absatzmarkt der Keramik aus Rheinzabern umfasste das halbe Römische Reich.

ZIVILISIERTE GALLIER UND BARBARISCHE GERMANEN

Auf der anderen Seite des Zauns lebten einzelne Stammesverbände, die von den Römern der Einfachheit halber als die »Germanen« bezeichnet wurden. Ursprünglich kannte man in der antiken Welt nur die sesshaften Kelten (*keltoi*), die Mitteleuropa bewohnten und von den Römern Gallier genannt wurden, und die in steppennomadischer Tradition lebenden Skythen (*skythoi*). Als der römische Einfluss sich nach Mitteleuropa ausdehnte, musste das Welt-

bild korrigiert werden: Östlich der Kelten lebten noch Bewohner, die nicht den zivilisatorischen Standard der Kelten hatten und als wilde Krieger galten. Laut Tacitus nannten nun die Gallier einen dieser Stämme »Germanen«, später bürgerte sich die Bezeichnung für alle Stämme ein. Als Caesar dann das keltische Gallien unterworfen hatte, definierte er den Rhein als Grenze des römischen Interessengebietes. Im römischen Weltbild lebten nun links des Flusses zivilisierte »Gallier«, rechts davon barbarische »Germanen«. Sie wohnten in hölzernen Langhäusern, die meist als Hofgruppen angeordnet waren und lebten vor allem von der Landwirtschaft. Wirkliche Orte gab es anfangs nicht.

Die Gesellschaft war nach Sippen – also verwandtschaftlich – und in Gefolgschaften organisiert. Ein Gefolgsmann schwor seinem Herrn, ihn treu zu unterstützen und an seiner Seite zu kämpfen, dafür wurde ihm Schutz und Sicherheit – das heißt auch wirtschaftliche Unterstützung – versprochen. Öffentlich überreichte Geschenke zeichneten den Gefolgsmann vor anderen aus und sicherten ihm sein Ansehen und den Lebensunterhalt. Diese Wertgegenstände mussten jedoch herbeigeschafft werden. Ein als völlig normal und ehrenvoll angesehener Weg, Reichtümer zu erwerben, war Raub. Das hieß, der Gefolgsherr sammelte seine Gefolgschaft und andere Interessenten, versprach reiche Beute und führte sie auf einen Plünderungszug.

Vor allem junge Krieger, die ein Defizit an Reichtum und Ehre hatten, sammelten Gleichgesinnte und zogen los. Der Größe solcher Gefolgschaften waren natürliche Grenzen gesetzt – der Anführer sollte alle seine Getreuen persönlich kennen und ansprechen können. Und im Feld musste er seinen Trupp mit seiner Stimme führen und alle Gefolgsleute überblicken können – sonst konnte er später Heldentaten

Abb. 7: Rekonstruktion eines Wachtturms.

nicht entsprechend würdigen und belohnen. Die maximale Größe eines germanischen Kriegshaufens lag bei etwa 300 Kriegern unter einem Anführer, im Normalfall dürfte die Stärke aber wesentlich geringer gewesen sein.

Die Stoßrichtung eines Raubzuges richtete sich natürlich meist auf das Ziel, an dem die wertvollste Beute vermutet wurde, und das lag auf römischer Seite. Gegen diesen illegalen Grenzverkehr richteten die Römer den Limes ein.

Die Funktion dieser Grenzanlage war nicht die einer unüberwindlichen Sperrlinie, an der germanische Invasionen militärisch abgewehrt werden sollten. Diese Aufgabe war von einer lang ausgedehnten und nur schwach besetzten Linie wie dem Limes nicht zu leisten, er war mehr eine Trennlinie zwischen zwei Kulturräumen. Der innere, sich vermeintlich abschottende Kulturraum galt als kulturell höher entwickelt und bot den Außenstehenden große Anreize wirtschaftlicher und kultureller Art

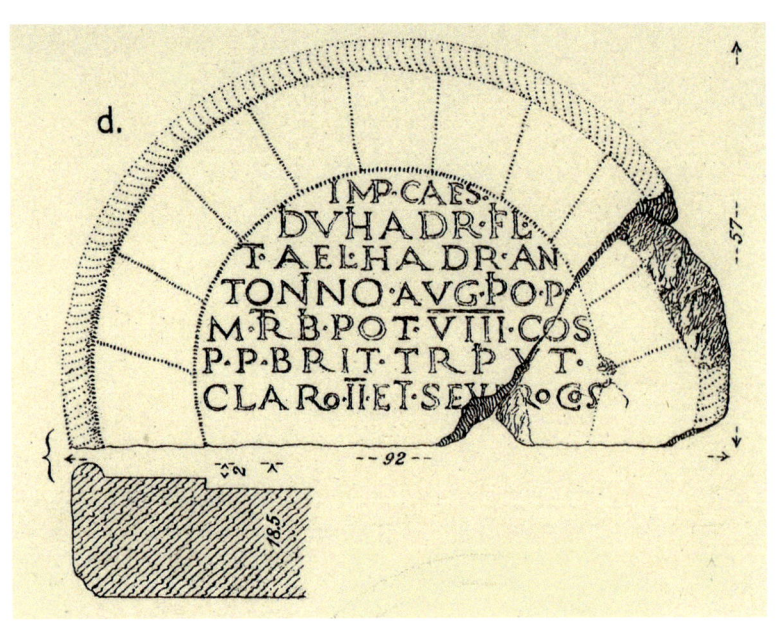

IMP·CAES·
DVHADR·FI·
T·AELHADR·AN
TONNO·AVG·PO·P·
M·RB·POT·VIII·COS·
P·P·BRIT·TRP·V·T·
CLARo·II·ET·SEVROGS·

Abb. 8: Die Bauinschrift des Wachtturms WP 10/33 »Kahler Buckel« datiert die Errichtung des Steinturms in das Jahr 145/146 n. Chr.

(Abb. 7). An der willkürlich gewählten Linie am Rande des Kulturraums entstand ein Grenzzaun, der den Transit nicht verhinderte, sondern kanalisierte und filterte. Der Limes zwang den Verkehr auf bestimmte Verkehrsrouten, die an überwachten Übergängen die Grenze kreuzten. Hier konnten unwillkommene Besucher abgewiesen oder Waren besteuert werden. Das Imperium strahlte durch seine Attraktivität weit über die Grenze hinaus und wirkte auch hier durch den Transfer von Waren und Ideen zivilisatorisch. Während dem Verkehr von innen heraus kaum Riegel vorgeschoben wurden, musste der Zugang zum Imperium reguliert werden.

Militärisch gesehen war der Limes nicht die vorderste Linie – die Front der aufgestellten Armee –, sondern der äußere Rand des römisch besiedelten Gebietes. Vor dem Limes begann dann der eigentliche Wirkungsbereich der mobilen Armee, das Vorfeld wurde durch Patrouillen kontrolliert, hier lebten die Bewohner mit Wissen und Billigung Roms. Es sind zahlreiche Fälle bekannt, in denen Rom vor

der Grenze Sperrzonen einrichtete, diese gegen den Willen der Bewohner veränderte oder ganze Stämme zur Umsiedlung zwang. So ließ Marcus Aurelius nach den Markomannenkriegen einen 5–10 Meilen breiten Streifen am feindseitigen Donauufer für jegliche Besiedlung sperren und Tacitus berichtet, dass am Niederrhein illegal siedelnde Friesen von römischer Reiterei vertrieben wurden. Vorher hatten sie sogar den Kaiser um eine Aufenthaltsgenehmigung ersucht.

Einen nächtlichen Plünderungszug einer kleinen Gruppe konnte der Limes nicht verhindern. Da die Grenzverletzung aber von den Turmbesatzungen bemerkt und gemeldet wurde, konnten die Eindringlinge verfolgt werden. Spätestens beim Verlassen des Römischen Reiches war die Armee zur Stelle und nahm den Plünderern am Zaun die Beute wieder ab. Solange die römische Armee mit ausreichend Soldaten vor Ort war, funktionierte dieses System der Abschreckung so gut, dass die Zivilsiedlungen keine Wehrmauern brauchten und bis unmittelbar hinter

dem Limes die Landwirtschaft von ungeschützten Höfen aus betrieben werden konnte.

Die Grenze verursachte aber noch weitere Veränderungen: Die Truppen wurden in ein Gebiet verlegt, in dem es kaum vorrömische Strukturen gab, Bewohner, die vor der römischen Besetzung hier gelebt haben, sind bislang nicht bekannt. Die Verlegung von 25.000 Soldaten mit regelmäßigem Einkommen in ein weitgehend unbesiedeltes Land ließ sehr schnell

zivile Strukturen entstehen. An jedem Kastell gab es den *vicus*, das von Angehörigen der Soldaten und Händlern bewohnte Lagerdorf. Auf dem freien Land entstanden Bauernhöfe (*villae rusticae*), deren Überschussproduktion der Ernährung der Soldaten diente.

Es bildete sich eine neue Gesellschaft des militärischen Milieus, eine »Grenzergesellschaft«, deren Lebensfähigkeit unmittelbar mit der Besatzung und dem Unterhalt der Grenze zusammenhing. Die Kaufkraft der Soldaten und der Bedarf der Armee schufen einen Markt, der ausschließlich durch Sold und staatliche Zahlungen finanziert wurde.

Die severischen Kaiser (193–234 n. Chr.) stützten ihre Legitimation in stärkerem Maße als ihre Vorgänger nicht mehr auf die alten Eliten im Reichsinneren, sondern auf die Armee. Der Lohn der Soldaten floss regelmäßig und wurde ständig erhöht, die militärisch geprägte Gesellschaft an der Grenze kam zu Wohlstand.

Dieses System brach im Laufe des 3. Jhs. n. Chr. zusammen. Die Soldatenkaiser putschten sich an die Macht und verteidigten ihre Position gegen Konkurrenten, notfalls und immer öfter führten sie Bürgerkriege. Gleichzeitig begannen die Sasaniden im Osten mit einer aggressiven antirömischen Außenpolitik, die immer wieder zu militärischen Konflikten führte. An der Donau fielen die germanischen Goten in das Reich ein und brachten um die Mitte des Jahrhunderts die römische Ordnung auf dem Balkan völlig zum Erliegen. Die Kaiser befanden sich also in einem dauernden Konflikt gegen drei Parteien, Goten, Sasaniden und Konkurrenten aus den eigenen Reihen. In der Folge zogen sie immer mehr Truppen an den Krisenherden zusammen. Dafür wurden die Armeen an relativ ruhigen Grenzabschnitten wie hier in Obergermanien systematisch und langsam verkleinert. Dies geschah nicht durch den Abzug ganzer Einheiten, sondern die Abstellung einzelner Soldaten aus den Einheiten am Limes. Diese wurden zu neuen Verbänden formiert und an die Krisenherde entsandt. Die Folgen für die Region waren fatal – durch das Fehlen immer größerer Mengen Soldaten und ihrer Kaufkraft sank die Nachfrage und der Umsatz in den Kastelldörfern, die Armee benötigte weniger Fourage, die Villae in der Umgebung konnten ihre Erzeugnisse nicht mehr verkaufen. Zu der wirtschaftlichen

Rezession kam ein Zusammenbruch der Sicherheit, die Germanen wurden durch die Limestruppen nicht mehr von Überfällen abgehalten, fielen plündernd in das Land ein und verstärkten den wirtschaftlichen Niedergang.

Im Jahre 260 n. Chr. eskalierte der Krieg im Osten in unerwarteter Weise: Kaiser Valerian wurde von den Sasaniden gefangen genommen – die verschiedenen Armeen riefen eigene Kaiser aus, das kopflose Reich zerbrach in mehrere Teilstücke. Im Osten entstand das sogenannte palmyrenische Sonderreich, das den Krieg gegen die Sasaniden fortführte, im Zentrum übernahm Gallienus, Valerians Sohn, die Führung und am Rhein und in Gallien beherrschte Postumus das sogenannte Gallische Sonderreich. Der Inn bildete die Grenzlinie zwischen den letzteren beiden Herrschaftsgebieten. 265 n. Chr. griff Gallienus das Sonderreich an und eroberte zumindest die Provinz Rätien zurück, damit verschob sich die Grenze nach Westen und verlief nun irgendwo zwischen Augsburg und Mainz durch Südwestdeutschland. Der Limes war mittlerweile weitgehend von Soldaten verlassen, in den Orten hielt sich nur noch eine geringe, stetig schwindende Restbevölkerung auf. Als dritte Partei traten nun die von den Römern gegen die jeweils andere Partei zu Hilfe gerufenen und bezahlten Germanen auf, die ihrerseits durch das Gebiet streiften.

Als Kaiser Aurelian 274 n. Chr. das Gallische Sonderreich wieder an das Restreich angliedern konnte, dachte niemand mehr an eine Wiederbesetzung des Limes, das Land zwischen den Flüssen wurde endgültig aufgegeben. Am Ende des 3. Jhs. n. Chr. wurde am Rhein eine neue Grenzanlage eingerichtet.

Der Limes als Konzept hatte Wirkung gezeigt: Solange genug Soldaten an der Grenze stationiert waren und auf Grenzverletzungen reagieren konnten, wurde die

Linie als äußerster Rand der römisch verwalteten Welt geachtet. Hinter dem Limes herrschte die *pax Romana*, im Vorfeld dominierten die römische Außenpolitik und die Armee die Verhältnisse. Seit dem 1. Jh. n. Chr. blickten die Germanen aber nicht nur auf der Suche nach Möglichkeiten zum Plündern über die Grenze. Viele werden sie auf legalem Weg überquert und in der römischen Armee gedient haben. Wenn sie nach 25 Jahren in die Heimat zurückkehrten, nahmen sie neue Kenntnisse und Ideen mit.

Erst während der Krise des 3. Jhs. n. Chr. versagte das System und die Linie musste aufgegeben und nach Westen verlegt werden. Während der Völkerwanderung wurde die militärisch gesicherte Linie unnötig, auf beiden Seiten herrschten nun Germanen. Aber noch heute verläuft der Limes als für jeden hörbare Grenze durch Europa – westlich dieser Linie werden die romanischen Sprachen Französisch, Italienisch und Spanisch, östlich davon Deutsch gesprochen.

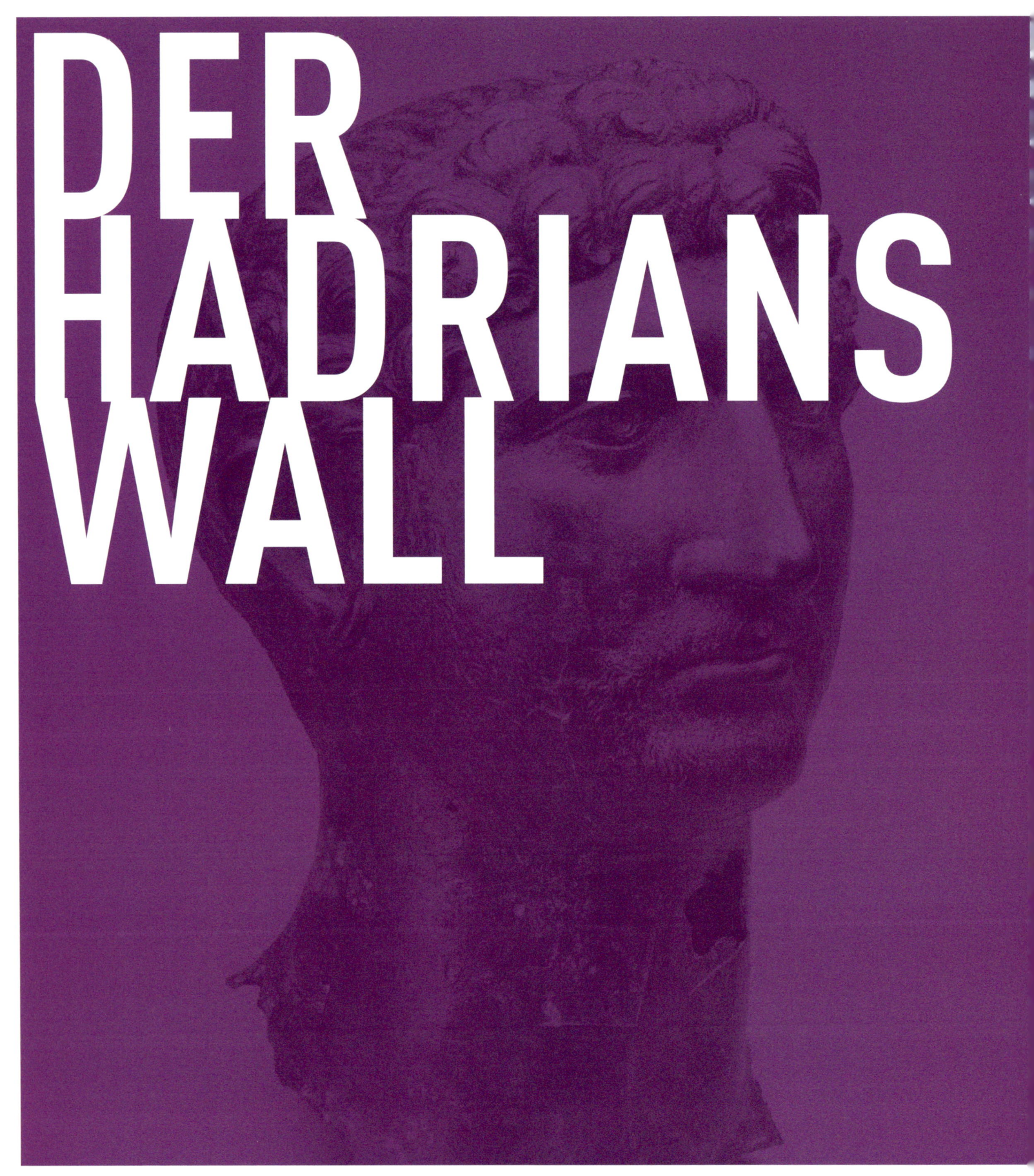

DER
HADRIANS
WALL

DER HADRIANSWALL

Anthony Birley

»Als er die Soldaten auf königliche Weise völlig umgebildet hatte, machte er sich auf nach Britannien, wo er viele Dinge richtigstellte und als Erster eine Mauer auf einer Länge von 80 Meilen errichtete, um Barbaren und Römer zu trennen.«

So berichtet die Biografie Hadrians (Abb. 1) in der spätantiken sogenannten *Historia Augusta* (fortan *HA*) über seine Reise des Jahres 122 n. Chr. Gleich zu Beginn sei auch bemerkt, dass »Hadriansmauer« das Bauwerk eigentlich treffender umschreibt, denn Hadrian hat eben eine Steinmauer (*murus*) errichten lassen – nicht einen Wall aus Erde bzw. Rasensoden. Wie dem auch sei, die englische Bezeichnung »Hadrian's Wall« ist inzwischen so bekannt geworden, dass er nun eingedeutscht worden ist. Etwas merkwürdig mutet an, dass die Mauer auch regelmäßig von den Römern selbst als *vallum* bezeichnet wurde. So hat z. B. ein Legionskommandeur einen Altar nördlich der Mauer geweiht, *ob res trans vallum prospere gestas*, »wegen erfolgreichen Taten jenseits des Walles«. Im »Itinerarium Antonini«, einem im 3. Jh. n. Chr. geschriebenen Routenregister für das ganze Reich, beginnt eine der Reisebeschreibungen für Britannien *a limite, id est a vallo*, »von der Grenze, das heißt, vom Wall«. Auf einer der mit den Namen einiger Mauerkastelle verzierten Schalen, die offenbar als Souvenirs produziert wurden, wird *rigore val(l)i Aeli* geschrieben: »dem Aelischen Wall entlang« – *Aelius* war der Familienname Hadrians. Und im spätantiken Verzeichnis aller Amtsträger im Reich, der *Notitia*

Dignitatum, gibt es im Abschnitt über die Garnison Britanniens eine Liste der Befehlshaber der Regimenter *per lineam valli*, »der Wall-Linie entlang«. Es ist allerdings angesichts der Tatsache, dass nicht nur eine Steinmauer errichtet wurde, sondern auch südlich der Mauer ein doppelter Erdwall mit einem Graben in der Mitte sowie in Schottland ein weiterer Wall, kein Wunder, dass die historische Reihenfolge dieser Werke jahrhundertelang falsch verstanden wurde. Bis ins 20. Jahrhundert wollten manche diese Mauer nicht einmal »Hadrian's Wall« nennen (s. u.).

AUFSTÄNDE UND WECHSELHAFTE GRENZEN

Über den Aufenthalt Hadrians in Britannien berichtet allein die *HA* ausdrücklich – sowohl von dem Besuch als auch von seinem wichtigsten Ergebnis: der Errichtung der Mauer. Sie bringt außerdem einige Anekdoten im Zusammenhang mit der britannischen Reise und zitiert später die Anspielung des Dichters Florus auf des Kaisers »Bummel unter den Briten«. Ferner gibt es auch dokumentarische Zeugnisse für Hadrians Aufenthalt in Britannien: Spätere Münzen erinnern an die Provinz selbst – die als einzige vor Hadrians Eintreffen auf den kaiserlichen Münzen vertreten war – sowie die Ankunft des Kaisers, *adventus Aug. Britanniae*, und stellen diesen das Provinzheer, *exercitus Britannicus*, grüßend dar. Auch weitere Münzen, mit der Legende *exped(itio) Aug(usti)*,

Abb. 1: Kopf des Hadrian, gefunden in der Themse. Bronze. London, The British Museum.

sen; an ihrer linken Seite lehnt ein Schild mit Spitze. Ihr Haar ist in dicken, welligen Locken aus dem Gesicht gekämmt. Auf jeden Fall könnte die Figur der trauernden Britannia auf den Münzen der Jahre 119/120 n. Chr. auf die gleich zu Beginn der Regierungszeit Hadrians im August des Jahres 117 n. Chr. bestehenden Unruhen in der Provinz – laut *HA* »konnten die Briten nicht unter römischer Kontrolle gehalten werden« – hinweisen. Offensichtlich war ein gefährlicher Aufstand im Norden der Provinz ausgebrochen, den der bereits im Jahre 118 installierte Statthalter Britanniens, Pompeius Falco, mit seinen Legionen – ob drei oder nur zwei ist ungewiss – und den außergewöhnlich umfangreichen Hilfskontingenten wohl bereits vor Hadrians Ankunft niedergeworfen hatte. Gut 40 Jahre später hat der Redner Cornelius Fronto die große Zahl von Römern betont, die während Hadrians Herrschaft von Briten getötet wurden. Des Weiteren wird der »britische Feldzug« in Inschriften genannt, so wird z. B. ein Offizier namens Pontius Sabinus geehrt, der im Rahmen der *expeditio Britannica* 3000 Soldaten aus der spanischen Legion VII Gemina und den zwei Legionen Obergermaniens zur Insel gebracht hat. Diese Verstärkungen könnten etwa der Zahl der bei den Aufständen gefallenen Legionäre entsprechen. Ein Grabstein aus dem Kastell Vindolanda nahe der späteren Mauerlinie scheint zu belegen, dass die sogenannten Hilfstruppen ebenfalls Verluste zu beklagen hatten: Ein Centurio der ab 105/106 n. Chr. in Vindolanda stationierten 1. Tungrer-Kohorte war »im Krieg gefallen«, *in bel[lo inter]fectus*.

Früher hat man angenommen, dass diese Rebellion für das Auslöschen der gesamten Neunten Legion, IX Hispana, eine der damals drei Legionen Britanniens, verantwortlich war. Diese wird in einer letzten datierten Aufzeichnung beim Bau ihres La-

können seinem britischen Unternehmen zugeschrieben werden. Die Provinz wurde personifiziert als »unterworfene Britannia« dargestellt: eine schwermütige Gestalt, sitzend, den rechten Ellbogen auf das Knie, den Kopf auf die Hand gestützt; der rechte Fuß steht auf Felsen. Andere wollen die Britannia eher als »umsichtig« erkennen, nicht trauernd. Sie trägt einheimische Kleidung: eine kurze Tunika und Kniehosen, Stiefel und eine weiten Mantel mit Fran-

Abb. 2: Überreste des Kastell Vindolanda, von Osten aus gesehen, am Horizont der Hadrianswall. Die »Stanegate« (die vorhadrianische römische Ost-West Straße) verläuft rechts vom Kastell.

gers in Eburacum (York) im Jahr 108 n. Chr. gezeigt, es gibt allerdings auch Hinweise, die andeuten, dass sie weiter bestand – denn der Dienst etlicher Offiziere dieser Legion kann kaum vor das Jahr 120 n. Chr. datiert werden. Denkbar wäre, dass Hadrians Vorgänger Trajan die Neunte im Rahmen umfangreicher Truppenverschiebungen zur Zeit des Partherkrieges (113–117 n. Chr.) nach Niedergermanien versetzt hat – dies hätte eine gefährliche Schwä-

chung der Garnison Britanniens zur Folge gehabt und könnte das Ausbrechen der Aufstände erklären. Auch wenn die Ausschreitungen durch Pompeius Falco erfolgreich beendet worden waren, plante der Kaiser, den Unruheherden im Norden der Provinz nun ein dauerhaftes Ende zu setzen und »Barbaren und Römer zu trennen«. Dazu sollte eine weitere Legion, VI Victrix, vom niedergermanischen Vetera (Xanten) nach Britannien versetzt werden. Diese

Sechste Legion war ein Teil der Armee, die von Hadrians Freund Platorius Nepos befehligt wurde, welcher nun der neue Statthalter in Britannien werden sollte. Wahrscheinlich setzte Hadrian mit Nepos und der Legion im Juni 122 über, spätestens am 17. Juli 122 war die Übergabe dann perfekt. Wohin Hadrian auch immer in Britannien ging, er hat zweifellos die »Grenze« besucht. Es ist davon auszugehen, dass bereits vor seiner Ankunft umfassende Vorbereitungen getroffen worden waren. Der Hauptteil der Grenzbefestigung sollte, anders als die einfache Holzpalisade in Germanien, eine Steinmauer werden. Diese Entscheidung könnte auf das Fehlen geeigneter Wälder zurückzuführen sein, da aus diesem Grund nicht genügend Holz für die Herstellung der Pfosten einer Palisade zur Verfügung gestanden hätte. Dadurch ergab sich der Spielraum zur Errichtung von etwas höchst Eindrucksvollem.

Hadrian hatte gute Voraussetzungen, über Nordbritannien erstklassig informiert zu sein. Als siebenjähriger Knabe hat er Agricolas – scheinbar endgültige – Eroberung des nördlichsten Teils der Insel miterlebt, als der große Sieg über die Caledonier am Mons Graupius errungen wurde. Der Beginn seines eigenen Militärdienstes an der Donau stand ebenfalls unter britannischen Einfluss, denn seine Legion, II Adiutrix, war erst kurz zuvor aus Britannien verlegt worden. Sicher hatten die zahlreichen Soldaten und Centurionen, die Mitte der 90er Jahre mit ihm Dienst taten, einige Geschichten von ihren 15 Jahren zu Felde in Britannien zu erzählen. Und als er im Jahr 99 n. Chr. nach Rom zurückkehrte, hatte er Gelegenheit, die neue Monografie von Cornelius Tacitus zu Ehren von dessen Schwiegervater Agricola zu lesen – vielleicht sogar im Rahmen einer öffentlichen Vorlesung zu hören. Wenige Jahre später wurde schließlich Tacitus' erstes großes Werk, die

Historien, über die Jahre 69–96 publiziert. Es enthielt sicherlich eine ausführliche Besprechung der Kriege in Britannien sowie eine bittere Anklage gegen Domitian wegen der Aufgabe der von Agricola eroberten Gebiete. Auf den neuen Kaiser Trajan, Hadrians Cousin, hatte es jedoch keinen Einfluss. Etwa zu der Zeit, als der erste Teil der Historien erschienen war, ordnete der große Imperator, der sich im Ruhm seines zweiten Sieges über die Daker sonnte und über neue Abenteuer im Osten nachdachte, eine weitere Zurücknahme römischer Truppen aus dem Norden Britanniens südlich der Landenge zwischen Forth und Clyde an. Eben jener Landenge über die Tacitus geschrieben hat: »Wenn der Heldenmut des Heeres und der Ruhm des römischen Namens es zuließen, so wäre in Britannien selbst ein Endpunkt (terminus) hier erreichbar gewesen; ... der Feind könnte zurückgedrängt worden sein, wie auf eine andere Insel.« Doch Agricolas Kastelle zwischen Forth und Clyde wurden bald nach dem Ende seiner Statthalterschaft in den 80er Jahren geräumt. Sämtliche weiteren Kastelle südlich davon bis zur Tyne-Solway-Linie wurden spätestens im Jahr 105 n. Chr. evakuiert. Erst nach Hadrians Tod im Jahre 138 n. Chr. sollte dessen Nachfolger Antoninus Pius genau diese Gedanken Agricolas durch den Bau des »Antoninuswalles« verwirklichen.

Während der letzten zwölf Jahre der Regierung Trajans befand sich also die Frontlinie der römischen Provinz wieder in derselben Gegend, die die Armee bereits Anfang der 70er Jahre erstmals erreicht hatte. Kurz vor der Räumung der nördlicheren Gebiete hat um das Jahr 100 n. Chr. ein römischer Offizier noch einen Census der Brittones Anavionenses durchgeführt. Diese waren die Bewohner von Annandale (Tal des Anava-Flusses) auf der Nordseite vom Solway-Firth. Ziel war wohl eine Zwangsaushebung junger Briten für Sondereinheiten, *numeri*, die als Grenzwachen in Obergermanien dienen sollten. Zwar sind solche *numeri Brittonum* erst nach dem Jahr 140 n. Chr. am Limes in Deutschland inschriftlich belegt, die Kastelle, wo sie stationiert wurden, sind jedoch bereits um 100 n. Chr. errichtet worden. Es deutet manches darauf hin, dass die Anavionenses und weitere Briten aus dem heutigen Süd-Schottland unter Trajan ausgehoben, ausgebildet und nach Germanien geschickt worden sind. Schrifttäfelchen aus dem Kastell Vindolanda zeigen, dass einige Anavionenses in dieser Zeit dort untergebracht wurden. Dort hat man auch einen spöttischen Bericht über britische Rekruten gefunden: Unter anderen Bemerkungen werden sie mit dem abwertenden Spitznamen *Brittunculi*, »kleine (und üble) Briten«, bezeichnet.

MAUERN UND WÄLLE

Die Sechste Legion ist offenbar direkt nach Norden geschickt worden und schiffte sich auf dem Tyne ein. Bei ihrer Ankunft weihte sie zwei einfache Altäre: einen für Neptun, geschmückt mit einem Relief, auf dem ein Delphin sich um den Dreizack des Meeresgottes windet, den anderen für Ozeanus mit einem Schiffsanker. Alexander der Große hatte einst im fernen Osten am Hydaspes (einem Nebenfluss des Indus) den gleichen Göttern geopfert. Diese Handlung markierte das Ende seines Indienfeldzugs und wird von Hadrians Freund Arrian in seinem Werk über den Alexanderzug beschrieben. Man könnte sich denken, dass – nahezu 450 Jahre später – Hadrian den großen Eroberer, dem nachzueifern

Kastell Vindolanda

Das Kastell Vindolanda (Abb. 2), erstmals in den 80er Jahren besetzt, liegt an der Ost-West-Straße zwischen Coria (Corbridge), Luguvalium (Carlisle) und der Solway-Küste, heute »Stanegate« genannt. Seine Lage ist sehr günstig: ein kleines geschütztes Tal, etwa einen Kilometer südlich der Whin Sill gelegen, dem nördlichen Basaltbruch, an dem die Mauer entlanglaufen sollte. Dieses Kastell wäre eine ideale Ausgangsbasis für eine Inspektionsreise Hadrians am mittleren Abschnitt der geplanten Mauerlinie gewesen. Dafür spricht ebenfalls, dass hier ein außergewöhnlich großes und massives Gebäude gefunden wurde, das genau in die Periode des kaiserlichen Besuches datiert und den Eindruck vermittelt, dass man Personen hohen Ranges unterzubringen hatte. Und auch ein weiteres Schriftstück lässt den Schluss zu, dass man tatsächlich die Ankunft des Kaisers erwartete:

So hat ein Lieferant, der für eine dreiseitige Auflistung über die Verteilung von Getreide verantwortlich war, auf der Rückseite des zweiten und dritten Blattes eine leidenschaftliche Beschwerde niedergeschrieben: Man habe ihn gepeitscht, bis er blutete. »Nun«, schreibt er weiter, »flehe ich Eure Majestät an, einen Mann, der aus Übersee kommt und unschuldig ist, nicht auf diese Weise leiden zu lassen.« Die erste Aussage lässt den Schluss zu, dass Auspeitschen für Briten etwas ganz Normales war. Da Hadrian für seine Zugänglichkeit gegenüber Bittstellern und sein Interesse an gemeinen Soldaten bekannt war, hat der Getreidehändler offenbar gehofft, seinen Protestbrief dem Kaiser in die Hände drücken zu können. Diese Belege aus Vindolanda machen es zumindest wahrscheinlich, dass der britische Aufstand Produkt des einheimischen Ressentiments gewesen ist.

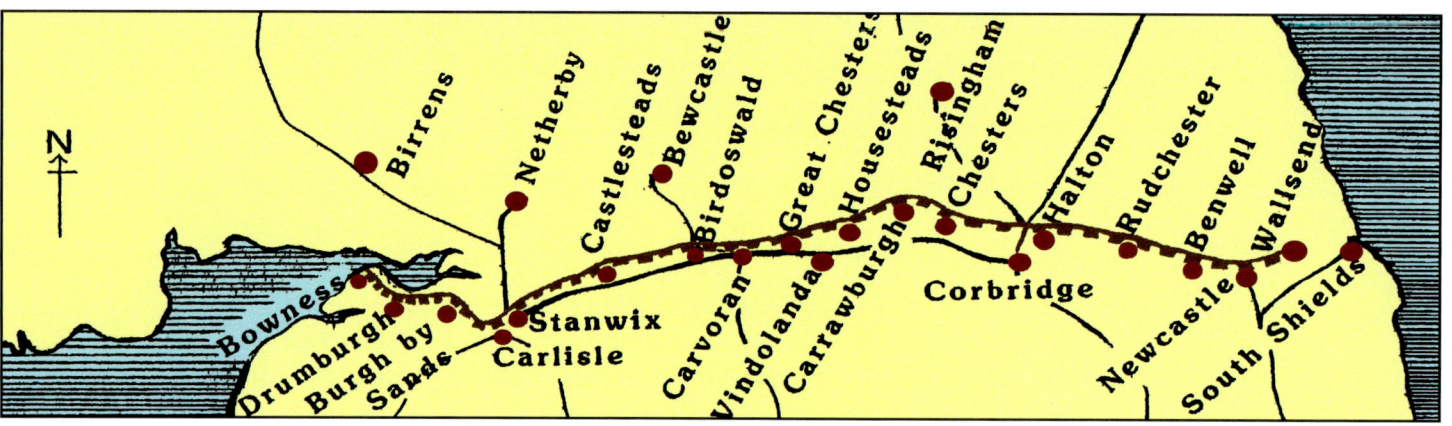

Abb. 3: Der Hadrianswall und seine Kastelle. Zeichnung R. Birley.

Trajan sich immer bemüht hatte, imitierte. War Hadrian nicht der erste Herrscher der Welt, der eine solch ferne Grenze erreicht hatte, ein westliches Gegenstück zu Alexander in Indien? Dort, wo die Altäre aufgestellt wurden, bauten die Legionäre eine Brücke. Sie sollte *Pons Aelius*, »Die Aelische Brücke«, heißen, nach dem Familiennamen des Kaisers, also »Hadrians Brücke«, und markierte das östliche Ende der neuen Grenzlinie.

Man darf wohl die Benennung der Brücke als Zeichen dafür verstehen, dass Hadrian während ihrer Errichtung zugegen oder sogar persönlich für ihren Entwurf mitverantwortlich war – Architektur war eine seiner großen Leidenschaften. Hier, nahe der Brücke, begannen die Arbeiten an der neuen mächtigen Steinmauer. Zwei Fragmente einer einst sehr umfangreichen Inschrift sind erhalten, wiederverwendet in einer Kirche auf der südlichen Seite des Tyne. Der Originaltext war mindestens 1,80 m breit und fast 2,40 m hoch, einst wohl auf der Basis einer riesigen Statue des Kaisers befestigt. Hadrians Namen standen am Anfang, in der nächsten Zeile kommen die Worte *necessitate* und *[conser]vati divino praecepto*: d. h., »Notwendigkeit« wurde beschworen und

»göttliches Gebot«. Vom unteren Fragment sind erhalten *diffusis (...) provinc[ia ...] Britannia ad[...] utrumque O[ceani litus?...] exercitus pr[ovinciae...] sub cur[a...]*: »Die Zerstreuung« – der Feinde oder »Barbaren« – wurde verkündet, dann vielleicht die Wiederherstellung der Sicherheit der Provinz Britannien und die Errichtung einer Mauer zwischen »den beiden Ufern des Ozeans durch die Armee der Provinz, unter der Aufsicht« von Platorius Nepos.

Die Mauer selbst sollte ursprünglich etwa 76 römische Meilen lang sein, von der Tyne-Brücke bis zum Solway-Firth (Abb. 3). Bald wurde eine weitere Strecke am Ostende hinzugefügt, die bis Segedunum (Wallsend) reichte; so erlangte sie schließlich 80 Meilen (fast 120 km). Sie war um drei Meter breit und bis zum Wehrgang über vier Meter hoch (Abb. 4). Auf ihrer Nordseite wurde ein Graben ausgehoben, neun Meter breit und 2,7 Meter tief. Jede Meile wurde ein Kleinkastell oder Wachtposten (»milecastle«) in die Mauer eingebunden, und zwischen jeweils zwei Kleinkastellen gab es zwei Türme (»turrets«) für Signalübermittlungen. Diese Anlagen wurden zuerst errichtet, dann folgten, um sie zu verbinden, 330 Schritte Mauer. Die Bauarbeiten wurden hauptsäch-

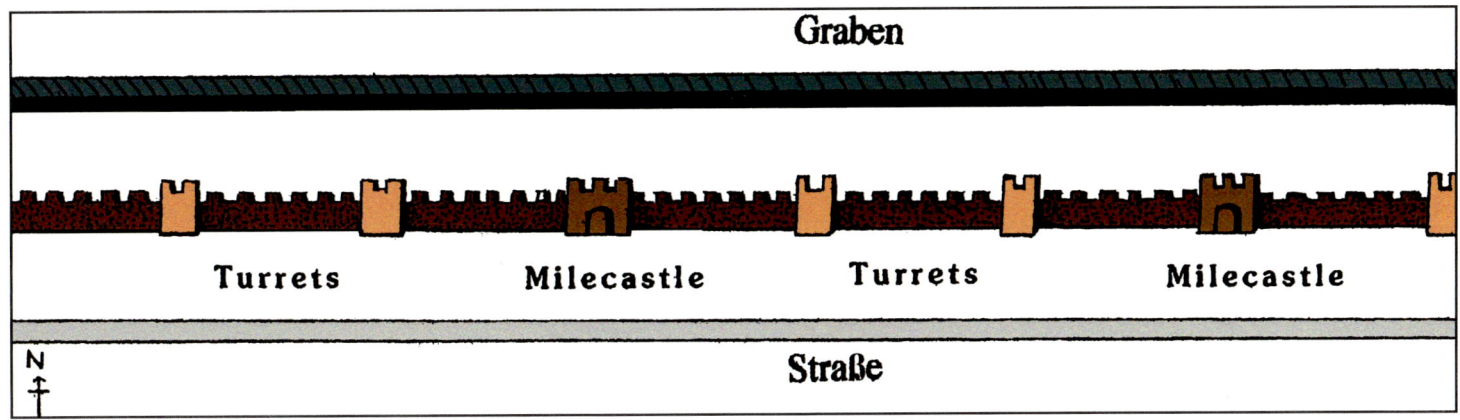

Abb. 4: Die erste Bauphase des Hadrianswalls. Zeichnung R. Birley.

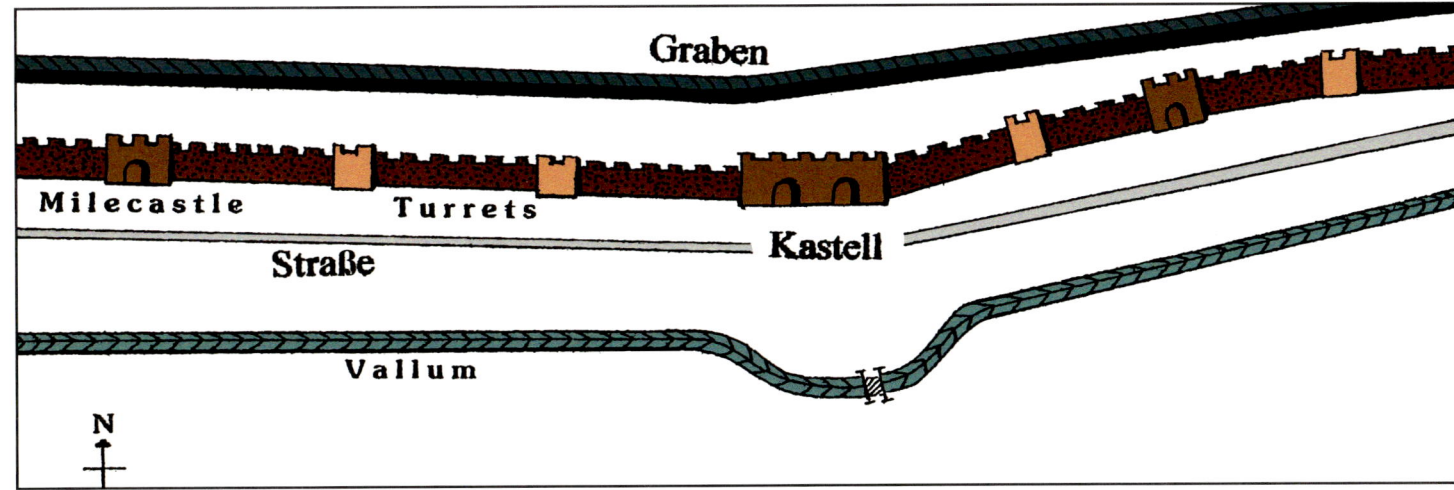

Abb. 5: Die zweite Bauphase des Hadrianswalls. Zeichnung R. Birley.

lich durch die Legionen vorgenommen: Inschriften belegen die Tätigkeit der Legionen II Augusta (Standort Caerleon in Südwales), XX Valeria Victrix (Standort Chester) und VI Victrix (Standort York) sowie einer Abteilung der Kriegsflotte (*classis Britannica*); mehrere nennen Hadrian, einige auch seinen Statthalter Nepos. Hunderte kleinere Texte belegen, welche Strecken die einzelnen Zenturien vollendet hatten. Anfangs hatte man offenbar geplant, die Hilfstruppen in den bereits existierenden Kastellen entlang der Sta-

negate-Straße, wie Carlisle, Carvoran, Vindolanda und Corbridge, weiterhin als Garnison für die Grenzzone zu verwenden, es zeigte sich jedoch bald, dass es nötig war, Kastelle entlang der Mauer selbst zu errichten (Abb. 5). Über ein Dutzend neuer Festungen musste erbaut werden, so dass es letztendlich 17 Kastelle, einschließlich Carvoran und Vindolanda, gab. Die meisten Einheiten waren 500 oder 1000 Mann stark, entweder Infanterie-Kohorten, einige mit einer Reiterabteilung, oder Kavallerie (*alae*); außerdem wurden im Vorland nördlich der Mauer fünf weitere Regimenter stationiert. Noch unter Hadrian entstand hinter der Mauer ein weiteres Annäherungshindernis – das sogenannte »Vallum«, ein breiter Graben mit einem Erdwall auf beiden Seiten. Dies sollte offenbar die militärischen Einrichtungen, Tross, Tiere usw., des Heeres vor Überfällen oder Raub von der Rückseite her schützen. (Die Existenz dieser zweiten Barriere ist bis zum 20. Jahrhundert für falsche Vorstellungen über die Geschichte der Grenze verantwortlich gewesen, s. u.) Die Grenzlinie erstreckte sich nicht nur zwischen »den beiden Ufern des Ozeans«: Kleinkastelle und Türme liefen für etwa 30 oder 40 römische Meilen weiter vom Westende der Mauer der Küste entlang nach Süden.

Die Mauer wurde mit bearbeiteten Steinen verkleidet und im Inneren mit Lehm und Schutt verfüllt. Mörtel wurde offensichtlich nur für die Meilenkastelle benutzt, so dass die Arbeit auch im Winter fortgesetzt werden konnte. Die fertige Konstruktion wurde vermutlich verputzt, weiß angestrichen und mit Fugenstrichen versehen, um den Eindruck einer regelmäßigen Quaderung vorzutäuschen: Die Mauern strahlten im Sonnenlicht und waren aus großer Entfernung zu sehen. Welche Berechnungen auch immer in heutiger Zeit über die Organisation der Bautätigkeiten erstellt wurden, wie lang es dauerte, das Werk zu vollenden, und über die Reihenfolge, in der die einzelnen Bestandteile des Systems in Gang gesetzt wurden: Die Annahme ist gerechtfertigt, dass zumindest ein Teil in voller Höhe für kaiserliche Inspektion und Genehmigung erstellt war.

Im westlichen Drittel der Anlage hatte man zunächst keine Steinmauer, sondern einen Wall aus Rasensoden errichtet; hier wurden nur die Türme aus Stein gebaut. Erst später (vielleicht erst nach einigen Jahrzehnten) hat man diese Strecke komplett durch eine Steinmauer ersetzt. Ein möglicher Grund für die ursprüngliche Bauweise könnte die Notwendigkeit gewesen sein, diese Strecke so schnell wie möglich »dicht« machen zu müssen. Es spricht manches dafür, dass für die Römer der Schwerpunkt im Westen lag, denn vermutlich haben die Briten von dort aus, vom Gebiet der Anavionenses, den Aufstand des Jahres 117 angefangen. Außerdem ist auf die Verlängerung der Anlage an der Westküste entlang sowie auf die drei Kastelle im Vorland vom Westende der Mauer hinzuweisen. Das wichtigste Regiment der Mauergarnison, die *ala Petriana*, eine 1000 Mann starke Reitereinheit, wurde nahe Carlisle stationiert. Bis vor kurzem hat man angenommen, dass die Briten jenseits des Ostendes der Mauer relativ friedlich oder sogar romfreundlich waren. An einigen Stellen in der Gegend von Newcastle hat man jedoch mehrere Reihen von Fallgruben zwischen Mauer und Graben entdeckt, die zeigen, dass auch dort Angriffe immer noch erwartet wurden.

DIE EXPANSION IST VORÜBER – GRENZEN WERDEN GESICHERT

Man hat mehrere angebliche Vorbilder für die Hadriansmauer angeführt, selbst auf Reisende aus China ist verwiesen worden, die über dortige Grenzbefestigungen (Vorgänger der Großen Mauer) berichtet haben könnten; dies ist jedoch kaum glaubhaft. Wesentlich wahrscheinlicher sind Einflüsse aus Griechenland, zumal Hadrian ein begeisterter Philhellene war. Zehn Jahre zuvor war Hadrian in Athen gewesen, wo er sicher die Überreste der »Langen Mauern« gesehen hat, die einst die Stadt mit ihrem Hafen Piräus verbunden hatten (s. S. 83) – eine doppelte Bar-

riere von etwa 7 km Länge mit integrierten Türmen und befestigten Toren. Ebenfalls plausibel erscheint der Verweis auf die ältere griechische Geschichte, so hatten die Griechen bei den Thermopylen und am Isthmus umfangreiche Arbeiten unternommen, um Xerxes und die Barbaren auszusperren. Wie dem auch sei, die offizielle Politik war ohne Zweifel die auf dem Denkmal an den Ufern des Tyne festgehaltene: »die Vertreibung der Barbaren und der Schutz Britanniens.« Die Version der *HA*, »Römer und Barbaren zu trennen«, könnte wohl, vom Kaiserbiografen Marius Maximus vermittelt, aus Hadrians Autobiografie stammen.

Was nirgendwo geschrieben steht und trotzdem angenommen werden kann, ist, dass Hadrian mit der Konstruktion dieser eindrucksvollen Barriere aufs Neue, wie schon in Germanien, ein Zeichen setzen wollte: Die Zeiten der Expansion waren vorüber. Jupiters Versprechen an Aeneas, seinen Nachkommen ein »Reich ohne Ende« – *imperium sine fine*, wie Vergil es nannte – zu schenken, war für alle sichtbar berichtigt. Zwar würde das Reich ohne Zweifel für immer bestehen, fortan hatte es jedoch eine exakte und greifbare Grenze, einen *terminus*. Wobei »Grenze« kaum der passende Ausdruck ist, um die linearen Annäherungshindernisse zu bezeichnen, die in mehreren Provinzen erstmals durch Hadrian errichtet wurden. Dazu hat einmal Theodor Mommsen bemerkt: »Vielfach sind diese großen Befestigungsanlagen als die Grenze des römischen Gebietes aufgefaßt worden; das ist gewiß ebenso falsch, wie wenn man in der Anlage der großen deutschen Rheinbefestigungen Wesel und Ehrenbreitstein bei Koblenz etc. die Absicht hätte sehen wollen, das linksrheinische Deutschland aufzugeben.« Allein die Kastelle im Vorland machen klar, dass das Reich eben nicht an der befestigten Anlage endete.

Hadrian und die Disziplin

Die Historia Augusta berichtet, dass Hadrian »viele Missstände und fest verwurzelte Gebräuche in Britannien korrigierte«. Details werden zwar nicht genannt, aber dieses Zitat lässt an einen weiteren Aspekt der kaiserlichen Politik denken. So hat sich Hadrian laut HA bereits in Germanien der Wiederherstellung der Disziplin gewidmet: Die *disciplina* wurde wie eine Art Gottheit in die Heeresreligion integriert.

Beim neuen Kastell Cilurnum (Chesters), wo die Mauer den North-Tyne-Fluss kreuzen sollte, weihte ein Reiter-Regiment, die *ala Augusta*, »der Disziplin des Kaisers Hadrian« einen Altar. *Disciplina* wurde auch auf den hadrianischen Münzen dargestellt. Und entlang der Mauer wurden weitere Weihungen an die Disziplin des Kaisers gefunden, auf denen Hadrians Name nicht genannt wird. Der junge senatorische Tribun Pontius Laelianus, der im Jahre 122 mit der Sechsten Legion von Germanien nach Britannien wechselte, hat offensichtlich diese Lektion nie vergessen: Vierzig Jahre später, »ein hervorragender Mann und ein Zuchtmeister alter Schule«, als *comes* vom Kaiser Lucius Verus in Syrien, hat er die Panzer der Soldaten mit seinen bloßen Fingern zerrissen – dekorativ, jedoch eher kontraproduktiv für die Heeresverteidigung – und Befehl gegeben, ihre gepolsterten Sättel aufzuschlitzen ...

Man weiß, dass Hadrian den Winter des Jahres 122–123 nicht in Britannien verbrachte; darüber hinaus gibt es keine näheren Angaben darüber, wie lange sein Aufenthalt dauerte. Doch früher oder später musste er sein geistiges Kind verlassen, die noch längst nicht vollendete, schließlich am besten ausgearbeitete und teuerste aller römischen Grenzbefestigungen. Die *HA* berichtet unmittelbar nach der Beschreibung des Britannienbesuchs und der Errichtung der Mauer von einem alarmierenden Vorfall: Hadrian »ersetzte Septicius Clarus, den Gardepräfekten, und Suetonius Tranquillus, den Vorsteher der Kanzlei sowie viele andere, weil sie zu dieser Zeit in

Abb. 7: Zentralabschnitt der Mauer des Hadrianswall.

ihrem Verhältnis zu seiner Frau Sabina mehr Vertraulichkeit erlaubt hatten als die Hofetikette erforderte«. Sueton und Septicius sowie die Kaiserin waren sicherlich zusammen in Britannien gewesen, jedoch bleibt der wirkliche Grund dieses Vergehens ein Rätsel. Auf jeden Fall hat Sueton, der bereits den ersten Teil seiner *Vitae Caesarum* Septicius gewidmet hatte, die späteren Viten im Ruhestand schreiben müssen.

Angesichts der hohen Kosten sowie der langen und mühsamen Bauarbeiten scheint es zunächst erstaunlich, dass fast sofort nach dem Tod Hadrians im Jahre 138 seine Mauer mit allen damit verbundenen Anlagen aufgegeben wurde. Der neue Kaiser, Antoninus Pius, hatte offenbar den Befehl gegeben, Süd-Schottland zurückzuerobern. Wiederum ist die *HA* für diesen merkwürdigen Schritt die einzige schriftliche Quelle: »Er besiegte die Briten durch den Legaten Lollius Urbicus und errichtete, nachdem die Barbaren zurückgedrängt worden waren, eine weitere Mauer (*murus*), aus Rasensoden.« Diese neue »Mauer«

war also tatsächlich ein Wall. Urbicus hat dort in den Jahren 139 bis 142 gekämpft und mit dem Bau des neuen Annäherungshindernisses begonnen, und zwar zwischen Forth und Clyde, genau auf der Linie, wo laut Tacitus Agricola im Jahre 81 einen möglichen *terminus* der Provinz gesehen hat. Sucht man eine rein militärische Begründung, könnte man vermuten, dass der Hadrianswall strategisch nicht erfolgreich gewesen wäre, weil potenzielle Feinde nördlich davon nicht leicht erreichbar wären. Oder man könnte im Gegenteil behaupten, dass die Hadriansmauer in taktischer Hinsicht so erfolgreich geworden war, dass man das ganze System, entsprechend modifiziert, weiter nach Norden verschieben wollte. Auch gab es wohl mindestens einen *casus belli*: Am Ostrand des Stammesgebietes der Anavionenses war eine prominente einheimische Festung um diese Zeit auf beiden Seiten von den Römern belagert. Man darf jedoch annehmen, dass es einfach eine rein politische Entscheidung war: Antoninus wollte die Mitglieder der Elite besänftigen, die Hadrians anti-expansionistische Politik ablehnten; außerdem hatte er selbst keinerlei militärische Erfahrung, und wie Claudius hundert Jahre früher hat er wohl einen militärischen Erfolg beim Regierungsanfang für wünschenswert gehalten.

Die neue Anlage war übrigens nur halb so lang wie die Hadriansmauer und daher weniger teuer; es gab jedoch, wie im Vorland der Hadriansmauer, Vorposten, vier Kastelle zwischen Forth und Tay. Hier sollte erwähnt werden, dass manche bis vor kurzem glaubten, beide Grenzanlagen waren gleichzeitig besetzt. So meinte bereits Mommsen im 19. Jh.: »Es war eine doppelte Enceinte.« Ferner dachte man, dass der Antoninuswall zwei Bauperioden hatte, indem er um 158 geräumt wurde, um dann kurz danach, allerdings nur für einige Jahre, erneut besetzt zu werden. Die neuesten Untersuchungen machen es aber fast sicher, dass der Antoninuswall im Jahre 158 endgültig aufgegeben wurde, also nicht einmal zwei Jahrzehnte besetzt war. Eben in diesem Jahr ist inschriftlich belegt, dass die Sechste Legion mit dem Wiederaufbau der Hadriansmauer beschäftigt war.

KRIEGE UND BELAGERUNGEN – EINE KURZE CHRONIK DER HADRIANSMAUER

Zu Beginn der 180er Jahre ist die Hadriansmauer zum ersten Mal von den Feinden überrannt worden. »Der größte Krieg [des neuen Kaisers Commodus, regierte 180–192 n. Chr.] war der britannische«, berichtet der zeitgenössische Historiker Cassius Dio; »die Völker auf der Insel überschritten nämlich die Mauer, die sie von den römischen Heerlagern trennt, begingen zahlreiche Gewalttaten und machten einen Feldherrn samt seinen Soldaten nieder.« Im Jahr 184 konnte der Statthalter Ulpius Marcellus schließlich einen Sieg verbuchen und der Kaiser nahm den Siegerbeinamen Britannicus an. Am letzten Tag des Jahres 192 wurde Commodus Opfer eines Attentats. In die darauf folgenden Bürgerkriege, die von 193 bis 197 dauerten, war auch der Statthalter Britanniens, Clodius Albinus, involviert. Er hatte zunächst von seinem Rivalen Septimius Severus den Titel Cäsar angenommen, was ihn etwa zum »Vize-Kaiser« gemacht hat; dann jedoch versuchte er, den Thron mit seinen Legionen für sich selbst zu erringen. In der Schlacht von Lugdunum (Lyon) des Jahres 197 verlor er. Der von Severus installierte neue Statthalter, Virius Lupus, sah sich jetzt vor eine schwierige Aufgabe gestellt: »Da die Caledonier ihren Versprechungen nicht treu blieben und Vorbereitungen zur Unterstützung der Mäaten unternommen hatten, sah sich Lupus gezwungen, Frieden von den Mäaten für eine große Summe zu kaufen – und erhielt dafür nur ein paar Gefangene zurück.« So Cassius Dio, der somit als erster die Namen der nördlichen Feinde ausdrücklich nennt. Etwas später bietet er mehr Details: »Es gibt zwei sehr große Völker der Briten [des feindlichen Teils der Insel], Caledonier und Mäaten, und die Namen der anderen sind in diesen sozusagen verschmolzen. Die Mäaten wohnen neben der Quermauer, welche die Insel teilt, die Caledonier jenseits von ihnen.« Der Geograf Ptolemäus hatte bereits in der ersten Hälfte des 2. Jhs. die Caledonier als eins von acht Völkern im Norden Schottlands genannt. Diese acht hatten sich nun in zwei Verbänden zusammengetan, nicht zuletzt als Reaktion auf den römischen Druck. Ein Jahrhundert später hießen die Nordbriten einfach *Picti* oder *Caledones aliique Picti*.

Nach dem Ende der Bürgerkriege waren Severus' Statthalter in den nächsten zehn Jahren hauptsächlich mit Reparaturen an den Kastellen der Mauer entlang sowie im Hinterland und Vorland beschäftigt. Im Jahre 208 hat Severus jedoch seine Pläne geändert und dort einen persönlichen Feldzug unternommen. Er kam mit seiner Frau Julia und den beiden Söhnen, Caracalla und Geta, sowie mit großen Verstärkungen – und blieb schließlich bis zu seinem Tod im Februar 211. Laut Cassius Dio »wollte er die ganze Insel unterwerfen und fiel daher in Caledonien ein.« Wie ein etwas späterer Historiker, Herodian, schreibt, »als sein Heer die äußeren Befestigungswerke der römischen Herrschaft, Graben und Wälle, überschritten hatte, kam es öfters zu Treffen, Scharmützeln und Siegen über die Barbaren«. Im Jahre 211 waren jedoch die Nordbriten – obwohl angeblich bereits im Jahre 210 besiegt, als Severus und seine Söhne den Titel Britannicus annahmen – kei-

nesfalls wirklich befriedet. Weil seine Söhne jedoch kein Interesse daran hatten, den Feldzug weiter zu betreiben, boten sie sofort einen Friedensvertrag an und holten die Truppen aus dem fernen Norden zurück, um selbst sogleich nach Rom zurückzukehren. Bald danach wurde die Provinz von Caracalla geteilt: der nördliche Teil hieß nunmehr Britannia Inferior, mit nur einer Legion, der Sechsten.

Für die lateinischen Chronisten, deren Berichte alle aus derselben verlorenen Quelle, der sogenannten *Kaisergeschichte* stammen, war das wichtigste Ergebnis des Feldzuges der Mauerbau. Wahrscheinlich hat Caracalla, um die Räumung der neu eroberten Gebiete im Norden zu rechtfertigen, die langwierigen Kampagnen lediglich als eine Strafexpedition schildern lassen, während der vorherige Wiederaufbau der Mauer durch Severus als etwas ganz Neues proklamiert wurde. »In Britannien zog er [Severus] – der höchste Ruhmestitel seiner Regierung – eine Mauer quer durch die Insel und sicherte damit das Land nach beiden Richtungen bis an die Meeresküste, was ihm auch den Namen Britannicus eintrug«, wie die *HA* zu berichten weiß. Die verschiedenen Angaben über die Mauerlänge, bei Eutrop 133 Meilen, bei Hieronymus und Orosius 132, bei der anonymen *Epitome de Caesaribus* 32, sind wohl Schreibfehler: CXXXII(I) bzw. XXXII statt LXXXII – 82 Meilen wären fast genau. Orosius, dessen Beschreibung später vom Beda übernommen wurde, bietet ein wenig mehr Details als die anderen Berichterstatter, indem er nicht nur die Mauer selbst, sondern auch Graben und Türme erwähnt.

Über das 3. Jh. schweigen die Quellen über die Nordgrenze Britanniens. In den Jahren 286 bis 296 war die Insel Sitz einer Usurpation, die 296 endete, als der zweite Gegenkaiser Allectus von Constantius I. in Südengland geschlagen wurde. Möglich ist, dass Allectus die Grenztruppen nach Süden geholt und dabei die Mauer einem Angriff der nördlichen Völker ausgeliefert hatte. Auf jeden Fall werden die Pikten und mit ihnen die Skoten erstmals im Zusammenhang mit den späteren britischen Feldzügen des Constantius namentlich genannt. Ferner wird um diese Zeit im *Laterculus Veronensis*, einem Verzeichnis der Provinzen, eine Liste der »barbarischen Völker, die unter den Kaisern gewuchert haben« gegeben: Diese Liste beginnt mit »Skoten, Pikten, Caledonier«. Eine einzige Inschrift belegt, dass in diesen Jahren wenigstens einige Gebäude von einem Mauerkastell erneuert wurden. Damals wurde Britannien noch einmal neu organisiert: Künftig gab es vier britische Provinzen; die Nordgrenze lag nunmehr in Britannia Secunda.

Erst im Jahre 343 wird die Nordgrenze Britanniens – wenn auch nur implizit – von den literarischen Quellen erwähnt. Kaiser Constans, der damals den Westen des Reiches regierte, musste plötzlich im Winter nach Britannien kommen. Offenbar hatte er Probleme mit einer Späher-Truppe, die entweder *arcani*, die »Geheimen«, hieß, oder *areani*, vielleicht nach einem Soldaten-Spitznamen, *area*, für die »milecastles«, genannt wurde, die »Männer von den Pferchen«. Wie der Historiker Ammianus Marcellinus berichtet, bestand die Aufgabe dieser »von den Alten eingesetzten« Truppe darin, »weite Gebiete nach allen Seiten hin zu durchstreifen und unseren Heerführern über drohende Bewegungen benachbarter Völker Bericht zu erstatten«. Nicht zufällig hieß ein Kastell im Vorland, Netherby, *Castra exploratorum*, »Fort der Späher«. Ammianus hat über zwei weitere Episoden berichtet, die die Mauer betrafen. Im Jahre 360 »brachen in Britannien die wilden Völker der Skoten und Pikten die festgesetzte Waffenruhe und verwüsteten die Gegenden in der Nähe der Grenze,

und Furcht befiel die [britannischen] Provinzen, die noch immer unter dem Druck früherer Katastrophen zu leiden hatten«. Welche »früheren Katastrophen« gemeint sind, ist weder bekannt noch ist erwähnt, welche Maßnahmen der Feldherr Lupicinus unternahm, der mit Verstärkungen nach Britannien geschickt worden war. Erst über die wesentlich gefährlichere Invasion des Jahres 367 und ihre Abwehr im folgenden Jahr werden wir von Ammianus ausführlicher informiert: »Britannien wurde durch eine Verschwörung der Barbaren in höchste Not gestürzt.« Die Angreifer waren die Pikten, Attakotten und Skoten, die »durch die verschiedensten Gebiete viele Verwüstungen anrichteten«, dabei waren zwei römische Feldherrn gefallen. Die Tatsache, dass der neue Feldherr, der die Feinde schlagen und die Situation retten konnte, Theodosius war, Vater des gleichnamigen Kaisers, unter dessen Regierung Ammianus schrieb, hat vermutlich zu einer gewissen Übertreibung geführt. Auf jeden Fall hat Theodosius unter anderem »Städte und Festungen wieder aufgebaut und die Grenzgebiete (*limites*) durch Wachtposten und Verteidigungsanlagen gesichert«. Ferner hat er die bereits erwähnten Späher »aus ihren Stationen entfernt: Sie waren offenkundig überführt, durch Entgegennahme und Versprechung umfangreicher Beutegelder bestochen worden zu sein und den Barbaren wiederholt Vorgänge auf unserer Seite verraten zu haben«.

Mit dem Bericht über die Kampagne des Jahres 368 besitzen wir die letzte Nachricht über die Mauer in einer römischen Schriftquelle. Zwei weitere Gegenkaiser, Magnus Maximus im Jahre 383 und Constantin III. im Jahre 407, haben beträchtliche Teile der Garnison zum Festland gebracht. Kurz danach ging die römische Herrschaft in Britannien zu Ende. Etwa um 540 berichtet ein britischer Autor, der Mönch

Gildas, in seinem Werk *Über die Zerstörung Britanniens* einiges über die Grenzanlagen. Er datiert deren Bau völlig falsch: die Mauer – oder eher ein Wall – sei erst sehr spät errichtet worden, als Folge der Angriffe der Pikten und Skoten. Nachdem Maximus Britanniens Streitkräfte hinüber zum Festland gebracht hatte, sei der römische Teil der Insel viele Jahre hintereinander diesen Feinden ausgeliefert gewesen. Britische Gesandte hätten an Rom appelliert, Schutztruppen zu schicken. Eine Legion sei gesandt worden, welche die Feinde geschlagen und die Briten vor der drohenden Versklavung bewahrt habe. Im Anschluss »trug man den Briten auf, quer durch die Insel von Meeresküste zur Meeresküste eine Mauer zu errichten und mit Truppen zu besetzen, um die Feinde abzuschrecken und das eigene Volk zu schützen«. Diese sei jedoch aus Rasensoden statt aus Stein gebaut worden und hatte daher keine Wirkung. Auf eine zweite britische Botschaft reagierend hätten die Römer nun eine richtige Steinmauer errichtet; wiederum jedoch konnten die Briten diese nicht verteidigen. Später hat der englische Gelehrte Beda die Version des Gildas in modifizierter Form wiederholt.

In seiner im Jahr 731 vollendeten *Geschichte der englischen Kirche* berichtet Beda einiges Wissenswertes über die Befestigungswerke, die er selbst gut gekannt haben muss – deren östliches Ende in Wallsend liegt unweit seines Klosters Jarrow auf dem gegenüberliegenden Tyne-Ufer. Erst hat er die Darstellung des Orosius wiederholt, allerdings mit Korrekturen: Severus habe sich entschieden, die zurückeroberte Provinz von dem restlichen Teil der Insel eben »nicht, wie einige meinen, durch eine Mauer, sondern durch einen Wall zu trennen«. Eine Mauer, erklärt Beda, ist aus Steinen gebaut, einen Wall hingegen, mit dem ein Kastell befestigt wird, baut man aus Rasensoden, oben darauf wird eine Palisade gesetzt und vorn gibt es einen Graben. So »einen sehr starken Wall, mit vorn einem großen Graben, mit häufigen Türmen befestigt, hat Severus vom Meer zum Meer errichten lassen«. Offensichtlich hat Beda das sogenannte »Vallum« auf der Südseite der Mauer als den frühesten

Prokops zwei Britannien: »Auf der anderen Seite fällt man tot um ...«

Der byzantinische Historiker Prokop berichtet in seiner *Geschichte der Kriege* (die fast gleichzeitig mit Gildas entstand) kuriose Dinge über den entfernten Westen und speziell über die Mauer. Er behauptet, dass es zwei Inseln mit ähnlichen Namen gebe: Brettania, gegenüber von Spanien (damit meinte er wohl Irland), und Brittia, westlich von Gallien. Die Einwohner Brittias seien drei bevölkerungsreiche Nationen, Angili, Frissones und Brittones; letzere hätten ihren Namen von der Insel übernommen.

»Auf Brittia«, erzählt er weiter, »bauten die antiken Menschen eine lange Mauer, die einen großen Teil von ihr abtrennt. Luft und Erde und alles andere diesseits und jenseits der Mauer sind jedoch keinesfalls gleich: Auf der Seite gegen Osten ist gute Luft, den Jahreszeiten entsprechend (...). Zahlreiche Menschen wohnen da, genau wie anderswo, die Bäume stehen in voller Pracht ihrer rechtzeitig gereiften Früchte, und die Saatfelder stehen denen anderer Länder in nichts nach, sondern stehen vortrefflich, weil die Erde hinreichend bewässert ist. Auf der Westseite der Mauer jedoch ist das Gegenteil der Fall: Menschen können unmöglich dort länger als eine halbe Stunde überleben, und die Gegend wird von Schlangen und Nattern sowie anderen Tieren dieser Art heimgesucht. Die Einwohner behaupten, dass, wer sich auf die andere Seite begibt, sofort den Geist aufgeben muss, so giftig wirkt schon die Luft dort, und Tiere, die sich hinüberverirren, fallen ebenfalls tot um.«

Teil der Befestigungsanlagen verstanden. Danach hat er die Version des Gildas übernommen. Unter dessen »ersten Versuch«, dem aus Rasensoden gebauten Wall, hat Beda, wie die von ihm genannten Ortsnamen zeigen, den Antoninuswall verstanden. Wiederum nach Gildas beschreibt er die Steinmauer, die die Römer selbst errichteten, dort wo einst, seiner Meinung nach, Severus den Wall gebaut hatte. Die Steinmauer laufe von Meer zu Meer in einer geraden Linie von Osten bis Westen, acht Fuß breit und zwölf Fuß hoch, »wie bis heute noch den Hinblickenden sichtbar ist«. Zweifelsohne ist dieses nach Beda dritte Bauwerk die Steinmauer Hadrians. Wie Gildas erzählt Beda, wie die Römer den Briten erst Waffenübungen gaben, um sie sodann für immer zu verlassen. Sobald die Skoten und Pikten erfuhren, dass die Römer weg waren, hätten sie den nördlichen Teil der Insel bis zur Mauer erobert. Dann wurde die dumme und träge britische Wachtmannschaft kontinuierlich von den Feinden angegriffen und mit hakenförmigen Speeren von der Mauerkrone hinuntergezogen. Schließich flohen die Briten; sie wurden wie Schafe vor wilden Tieren den Feinden ausgeliefert.

»Um die schweren und sehr häufigen Einfälle der nördlichen Völker zu verhindern oder zurückzuwerfen«, so Beda weiter, »beschlossen alle, den Stamm der Sachsen aus überseeischen Gebieten zu Hilfe zu rufen« – mit verhängnisvollen Folgen: Die Verbündeten übernahmen schließlich mehr als die Hälfte der Insel; beträchtliche Teile des einst römischen Britanniens sind »England« geworden. Die Mauer, obwohl nicht mehr als Wehranlage benutzt, wird immer wieder in späteren Chroniken erwähnt. Um 800 wird in einer unter dem Namen eines »Nennius« überlieferten Schrift berichtet, dass der von Severus gebaute Wall, hier jedoch mit dem Antoninuswall identifiziert, in der britischen Sprache »Guaul« hieß; und dass ein zweiter Wall etwa hundert Jahre später zwischen Tynemouth und dem Solway-Firth errichtet wurde. Der Wall wird auf den Karten von Matthew Paris im 13. Jh. dargestellt, mit Zinnen versehen und der Legende *murus dividens anglos et pictos olim*, »die einst Engländer und Pikten voneinander trennende Mauer«. Im frühen 14. Jh. erwähnt Ranulph Higden in seinem *Polychronicon* »jene berühmte Mauer«, *murus ille famosus*. Erst der schottische Schriftsteller Hector Boethius (16. Jh.), der die *Historia Augusta* gelesen hatte, nennt Hadrian als Wallbauer, wobei er annahm, dass der Hadrianswall das sogenannte Vallum war und schreibt die Steinmauer Severus zu. Meistens jedoch bis ins 20. Jahrhundert hieß die Mauer entweder »the Picts' Wall« oder nur »the Roman Wall«. Den Anfang sowohl des allgemeinen Interesses wie auch der wissenschaftlichen Forschung verdankt man John Collingwood Bruce, der 1849 eine Gruppe »Pilger« die Mauer entlangführte und bald danach seine erste Studie darüber veröffentlichte. Seit langem finden die »Pilgrimages« alle zehn Jahre statt: zum 13. Mal im August 2009. Die Teilnehmer werden im Laufe einer Wallwanderung über die neuesten Forschungsergebnisse informiert. Ferner hat man 1949 nach der Pilgrimage den 1. internationalen »Congress of Roman Frontier Studies« in Newcastle veranstaltet, bald als Limeskongress bekannt. Der 21. Kongress wird gleich nach der 13. Pilgrimage in Newcastle stattfinden. Zunehmende archäologische Forschungen haben nun endlich die komplizierte Geschichte der britischen Grenzanlage mehr oder weniger aufgeklärt; als der Hadrianswall ist sie das beliebteste Touristenziel Nordenglands und wurde 1987 von der UNESCO zum Weltkulturerbe ernannt.

DIE SASANIDISCHEN MAUERN

DIE SASANIDISCHEN GRENZWÄLLE IM NORD-IRAN

Eberhard Sauer, Hamid Omrani-Rekavandi, Jebrael Nokandeh und Tony Wilkinson

ZEITLICHER UND GEOGRAFISCHER RAHMEN

Das alte China, das Perserreich und das Römische Reich hatten eines gemeinsam: Sie hatten militärisch gefährliche, jedoch wirtschaftlich sehr viel weniger entwickelte Nachbarn im Norden, auf die der Reichtum dieser mächtigen Staaten eine magische Anziehungskraft ausübte. Unter diesen drei machtpolitischen Zentren der Alten Welt war die Nordgrenze des Perserreichs bei weitem am besten durch natürliche Gebirgszüge geschützt. Der Kaukasus, das Elburs-Gebirge und der Hindukusch bildeten einen für feindliche Armeen fast unüberwindlichen natürlichen Wall (sehr viel effektiver als beispielsweise die Flussgrenzen des Römischen Reiches), der nur wenige Lücken aufwies und schwer zu umgehen war. Ein Engpass im Kaukasus war durch Befestigungsanlagen und eine Militärgarnison abgesichert, einen weiteren Schwachpunkt bildete die Küstenebene am Westufer des Kaspischen Meeres. Diese Lücke in dem natürlichen Verteidigungsgürtel wurde durch die Derbent-Mauer sowie drei weitere vermutlich sasanidische Mauern im heutigen Dagestan in Russland und in Aserbaidschan geschlossen.

An der Südostecke dieses Binnenmeeres finden wir eine fünfte das kaspische Küstenland durchschneidende Verteidigungsmauer: die Tammishe-Mauer (vgl. Abb. 8). Da sich der ihr vorgelagerte Verteidigungsgraben im Westen befindet, stellte sie wohl in erster Linie eine überwachte Sicherheitslinie

gegen von Westen, von jenseits des Kaukasus, vordringende Invasoren dar; sie mag jedoch auch Schutz gegen von Nordosten kommende Feinde geboten haben. Ob die Tammishe-Mauer früher erbaut worden ist als die an der Westküste des Kaspischen Meeres gelegenen Wälle oder ob sie dem Schutz des Hinterlandes gegen Feinde diente, die die grenznäheren Mauern im Nordwesten überwunden hatten, wissen wir nicht. Nach unserem gegenwärtigen Kenntnisstand ist die Tammishe-Mauer zwischen 402 und 537 n. Chr. errichtet worden. Dies würde eher dafür sprechen, dass sie in der Tat zeitgleich mit der Derbent-Mauer angelegt wurde oder allenfalls einige Jahre oder Jahrzehnte früher oder später.

Im Nordosten der Tammishe-Mauer dehnt sich die fruchtbare, niederschlagsreiche und landwirtschaftlich außerordentlich ertragreiche Gorgan-Ebene aus. Im Gegensatz zu den Kerngebieten des Perserreiches liegt diese Ebene nördlich des durch Gebirgszüge gebildeten natürlichen Schutzwalles des Persischen Reiches und ist durch keinerlei nennenswerte natürliche Barrieren von den Weiten der eurasischen Steppe abgegrenzt. Es kann somit kaum überraschen, dass wir hier die mit mindestens 195 km Erstreckung längste und gewaltigste je im Altertum im Nahen Osten angelegte Grenzsperranlage finden: die Große Gorgan-Mauer, die auch als Rote Schlange sowie fälschlicherweise als Alexanderwall bekannt ist (Abb. 1). Ihre Gesamtlänge ist noch unbekannt. Zu den ca. 195 km langen bekannten Abschnitten müssen wahrscheinlich noch mehrere Kilometer im Westen hinzugefügt werden. Unsere Forschungen deuten an, dass die Reste der Mauer im Küstenbereich des Kaspischen Meeres von marinen Sedimenten überlagert sind, und dass sie wahrscheinlich, ebenso wie die ungefähr zeitgleichen Tammishe- und Derbent-Mauern, in heute unter dem Meeresspiegel liegendes Terrain weiterführt. Der Meeresspiegel war zur Zeit der Erbauung der Mauern tiefer, und im Rahmen unseres Projektes sowie eines früheren iranischen Forschungsunternehmens haben wir auch den heute vom Kaspischen Meer überfluteten Ziegelschutt der Tammishe-Mauer auf dem Meeresgrund untersucht.

In diesem Beitrag befassen wir uns hauptsächlich mit der Großen Gorgan-Mauer und der Tammishe-Mauer, die wir im Rahmen eines iranisch-britischen Forschungsunternehmens seit 2005 untersucht haben. Unsere Untersuchungen bilden die Fortsetzung eines 1999 in Angriff genommenen und unter Leitung von Jebrael Nokandeh stehenden iranischen Projektes. Zeitlich liegt unser Hauptaugenmerk auf der sasanidischen Epoche, der Geschichtsphase, in der diese Anlagen gebaut und von einer starken militärischen Besatzung bewacht wurden. Die Sasaniden herrschten vom dritten bis zum siebten Jahrhundert über ein vom heutigen Westirak und Südrussland bis nach Turan und zum Industal reichendes Großreich.

DAS ALTER DER MAUERN

Wie der weithin geläufige Name »Alexanderwall« andeutet, herrschte über die Erbauungszeit der die Gorgan-Ebene im Norden schützenden Mauer lange keine Einigkeit. Der unter dem Namen »Alexander der Große« bekannte, berühmte mazedonische König, dessen Feldzüge ihn von seinem südosteuropäischen Stammland bis in den Westen Indiens führten, erreichte Hyrkanien (d. h. die Gorgan-Ebene) 330 v. Chr., zog jedoch nach kurzem Aufenthalt nach Osten weiter und starb bereits sieben Jahre später. Nur wenige Forscher haben je ernsthaft in Erwägung gezogen, dass er trotz seiner rapiden, durch weite Teile Asiens führenden Gewaltmärsche den Plan, die Zeit oder die Ressourcen gehabt hätte, ein Ingenieursprojekt derart gigantischen Ausmaßes in Angriff zu nehmen. Sehr viel mehr Befürworter hatte die Theorie, dass der Mauerbau in die Zeit der sasanidischen Könige Khusrau I. (531–579 n. Chr.) oder Peroz (459–484 n. Chr.) fiel, wie die spätmittelalterlichen und frühneuzeitlichen Namen Peroz-Graben und Khusrau-Wall andeuten. Aufgrund seines in den 70er Jahren ausgeführten und zu Beginn der 80er Jahre veröffentlichten Forschungsprojektes verlegte jedoch Muhammad Yusof Kiani die Erbauung der Gorgan-Mauer auf das erste oder zweite vorchristliche Jahrhundert. Er begründet dies mit
· den Abmessungen der zu ihrem Bau verwendeten Ziegel,
· architektonischen Parallelen,
· der in den Kastellen und entlang der Mauer gefundenen Keramik,
· als parthisch gedeuteten Bestattungssitten in dort befindlichen Gräbern,
· anderen Theorien (z. B. wann der stark schwankende Wasserstand und Küstenverlauf des Kaspischen Meeres den Bau des westlichsten ihm bekannten Abschnittes der Mauer ermöglicht haben könnte) und
· historischen Überlegungen.

Diese Frühdatierung der Mauer hat seither sehr viel Zuspruch erfahren. Einige Forscher hielten jedoch

Abb. 1: Das Luftbild der massiven Plattform des Kastells 5, das einen Taleinschnitt überwacht, und des Kanals, der die Gorgan-Mauer entlangführt, veranschaulicht eindrucksvoll die gewaltigen Ausmaße dieses Grenzwalles – selbst nach der fast vollständigen Ausraubung der Langmauer.

Abb. 2: Karte des Verlaufs der Gorgan- und der Tammishe-Mauer. Eingezeichnet: Kastelle (dunkelrot), archäologische Fundstätten (grau) und moderne Städte (rot).

auch noch danach an einem spätsasanidischen Zeitansatz für die Mauer fest, und es fehlte nicht an anderen Datierungsvorschlägen – etwa in die ersten nachchristlichen Jahrhunderte. Für die Tammishe-Mauer ist eine Bauzeit im sechsten Jahrhundert unter Khusrau I. vorgeschlagen worden.

Da wir keine antiken historischen Quellen für den Bau der Gorgan-Mauer besitzen und auch die Quellen für die Tammishe-Mauer sehr viel später sind und zudem nur spärlich fließen und weder Inschriften noch Münzen an den Mauern oder in den sie schützenden Kastellen gefunden wurden, war eine sichere Entscheidung zwischen der Vielzahl von Hypothesen aufgrund der bestehenden Unterlagen leider nicht möglich. Ein Hauptziel unseres Forschungsprojektes war daher, durch unabhängige naturwissenschaftliche Datierungsmethoden eine Klärung herbeizuführen.

Die aktuellen Ergebnisse zeigt die Tabelle auf S. 135.

DIE ERBAUUNGSGESCHICHTE UND FUNKTION DER MAUERN

Es steht nun außer Zweifel, dass sowohl die Gorgan- als auch die Tammishe-Mauer im fünften (oder eventuell im früheren sechsten) Jahrhundert errichtet worden sind (vgl. S. 135). Ob ihr Bau zeitgleich erfolgt ist oder in kurzem zeitlichen Abstand, konnten wir aufgrund der mangelnden Präzision der wissenschaftlichen Daten bislang nicht ermitteln. Erstere Annahme ist jedoch wahrscheinlicher. Es ist nämlich beachtenswert, dass die Bauweise der beiden Mauern sowie die der damit verbundenen Ziegelöfen (Abb. 3) erstaunliche Ähnlichkeiten aufweist, und dass jeweils geringfügig kleinere Ziegel und kleinere Ziegelöfen für die Tammishe-Mauer und den westlichsten Teil der Gorgan-Mauer verwendet wurden als für die mittleren und östlichen Abschnitte der Gorgan-Mauer. Ansonsten ist die Form der quadratischen Ziegel sowie die Bauart der Öfen fast identisch. Dies legt nahe, dass beide Mauern demselben Bauprogramm angehören, und könnte eventuell dafür sprechen, dass die Abschnitte in Küstennähe vor der Weiterführung der Gorgan-Mauer weit im Landesinneren gebaut worden sind. Magnetprospektionen haben gezeigt, dass die Ziegelöfen in einem Bereich der Gorgan-Mauer durchschnittlich nur 37 m voneinander entfernt waren, in einem anderen 86 m. Eine ähnliche Untersuchung an der Tammishe-Mauer bewies, dass auch dort die Abstände zwischen den Öfen ähnlich gering waren. In allen drei geomagnetisch untersuchten Arealen waren die Öfen den Mauern entlang aufgereiht. Wir dürfen davon ausgehen, dass alles in allem Tausende von Ziegelöfen, jeweils mit elf bogenförmigen Stützmauern für den Brennraum, errichtet wurden, allein zur Herstellung der Ziegel für dieses imposante Bauvorhaben – und dies schließt nicht einmal die noch zu besprechenden, hauptsächlich aus ungebrannten Lehmziegeln errichteten Innengebäude der Kastelle ein. Der Grund für diese unterschiedlichen Bauweisen ist leicht zu erahnen: Die Gorgan-Ebene ist häufigen und starken Niederschlägen ausgesetzt. Somit hätte eine aus ungebrannten Lehmziegeln bestehende Mauer wohl nur eine geringe Lebensdauer gehabt und die Erosion senkrechte Mauern wohl bald in leicht erstürmbare Erdwälle mit sanften Böschungen verwandelt. Andererseits müssen wir davon ausgehen, dass die Innengebäude überdacht und ungebrannte Lehmziegel somit vor Regenwasser geschützt waren.

Unsere unabhängigen Daten ermöglichen nun erstmals eine chronologisch verlässliche historische Bewertung des Mauerbaus und der Besatzungsgeschichte dieser Anlagen. Was die Erbauung der Gorgan- und Tammishe-Mauern betrifft, so dürfen wir diese wohl mit den historisch gut bezeugten kriegerischen Auseinandersetzungen mit den nordöstlich der Mauern ansässigen Hephthaliten oder Weißen Hunnen sowie den hunnischen Durchbrüchen durch das Kaukasusgebirge in dieser Zeit in Zusammenhang bringen. Insbesondere der Historiker Prokop beschreibt diese Kriege, die den persischen König Peroz wiederholt in die Gorgan-Ebene führten und die ihm letztendlich im Jahre 484 n. Chr. das Leben kosten sollten, recht ausführlich. Interessant ist hierbei das Zeugnis des armenischen Schriftstellers Łazar, nach dem Peroz hier vor seinem verhängnisvollen Feldzug 484 n. Chr. Truppen sammelte. Das mag unter Umständen ein Indiz dafür sein, dass der Mauerbau diesen Ereignissen vorausging; wenn nämlich die Gorgan-Mauer zu dieser Zeit bereits bestand und eine starke militärische Schutztruppe aufwies, lässt sich die Truppensammlung des Königs in der Gorgan-Ebene leicht erklären. Nach dem Soldatentod des Peroz war, nach Łazar, die Gorgan-Ebene schutzlos der Gefahr hephthalitischer Einfälle ausgesetzt. Sollte der König zuvor die Besatzungstruppe mit sich in den Krieg geführt haben, so wäre das Fehlen einer angemessenen Garnison zum Schutz gegen die hephthalitische Bedrohung verständlich.

Wenngleich es kaum ein Zufall sein kann, dass die historisch bezeugten Hephthalitenkriege und der Bau der Gorgan-Mauer zeitlich zusammenfallen, so dürfen wir doch die Mauer keinesfalls als eine panikartige Sicherheitsmaßnahme ansehen. Die verfügbaren Indizien sprechen dagegen für ein sorgfältig geplantes und durchgeführtes Megabauprojekt, und dies zu einer Zeit, als sich das Perserreich zwar der von Norden kommenden Gefahr bewusst war, aber nicht in einen kräfteaufreibenden Abwehrkampf verwickelt war. Zum einen muss der Mauerbau mindestens einige Jahre gedauert haben, und es ist schwer denkbar, dass dies inmitten einer Kriegszone möglich gewesen wäre. Außerdem erforderte der Bau einer mindestens 195 km langen Mauer durch Gebiete, in denen weder Steine noch ausreichend Bauholz vorhanden waren, eine überlegte Planung und detaillierte Geländeerkundung. Aufgrund der Geologie und des Pflanzenbewuchses boten sich nur gebrannte Lehmziegel als Baumaterial an. Für ihre Herstellung war eine ausreichende Wasserversorgung unentbehrlich. Somit bestand keine Alternative zum Bau eines Kanalsystems entlang der durch die Steppe führenden Mauerabschnitte. Dieses von Jebrael Nokandeh und Hamid Omrani entdeckte und von ihnen und Tony Wilkinson weiter untersuchte System wurde teilweise durch ein vom Gorgan-Fluss zur Mauertrasse führendes Kanalsystem und zum Teil durch ein von der anderen Seite des Gorgan-Flusses führendes Erddamm-Aquädukt mit Wasser gespeist. Der Verlauf der Mauer musste somit die Topografie des Landes genauestens berücksichtigen, da der Kanal ein ständiges Gefälle erforderte. Wo Täler nicht zu umgehen waren, mussten separate Zuführungskanäle angelegt werden; wo ein geringerer Geländeeinschnitt im Weg war, musste sie der Kanal auf einem Damm überqueren. Das Bauvorhaben ist ein beeindruckendes Zeugnis nicht nur für die Arbeitsressourcen, die das Reich der sasanidischen Perser selbst in seinen Grenzgebieten mobilisieren konnte, sondern auch des Könnens seiner Architekten und Landvermesser. Dass dies alles machbar gewesen wäre zu einer Zeit, als das Reich unter massivem Druck stand, können wir wohl ausschließen. Eher wird es sich um eine vorausschauende Sicherheitsmaßnahme sowie um eine symbolische Demonstration persischer Macht und Schaffenskraft gegenüber den nördlich ansässigen Völkerschaften handeln.

DIE KASTELLE UND IHRE BESATZUNG

Während uns die typische Architektur und Anordnung sowie individuelle Funktion der Innenbauten römischer Kastelle aufgrund einer Vielzahl von Ausgrabungen genauestens vertraut sind, war uns die Innenausstattung persischer Militäranlagen bislang praktisch unbekannt. Das hat auch dazu geführt, dass wir nicht wussten, ob die Sasaniden überhaupt in größerem Umfang über stehende Grenztruppen verfügten. Bis vor kurzem war ja die Datierung der Gorgan-Mauer und der ihr zugehörigen Kastelle noch umstritten. Zudem war uns nicht bekannt, wie der Innenraum der Kastelle genutzt wurde, ob sich hier z. B. dauerhafte Bauten nennenswerter Größe befanden, was die Funktion eventueller Gebäude war und wie dicht, wenn überhaupt, sie mit Truppen be-

Abb. 3: Einer der typischen Ziegelöfen (im Hintergrund) bei der Gorgan-Mauer (im Vordergrund) nahe dem vermutlichem Ostende. Wissenschaftlich datierte Proben verlegen ihre Bauzeit auf das 5. (oder evtl. das frühe 6.) Jahrhundert.

legt waren. Zwar ist M. Kiani in seinen Ausgrabungen im Kastell 12 in den 70er-Jahren auf Gebäudereste gestoßen, doch blieb die Nutzungsart und flächige Ausdehnung dieser Bauten unbekannt.

Es war daher ein Hauptanliegen unseres Forschungsprojektes, nicht nur die Langmauern und die ihnen zugehörigen Kastelle zu datieren, sondern auch zu ermitteln, wie der Innenraum genutzt wurde. Obwohl wir die dichte Streuung von Funden in vielen Anlagen von Anfang an als deutliches Anzeichen für ständige Bewohnung werteten, brachten doch erst die Feldforschungen im Jahr 2006 den entscheidenden Durchbruch. In dieser Saison führten wir eine Magnetprospektion durch, deren Ergebnisse unsere Erwartungen bei Weitem übertrafen (Abb. 4 und 5). Die geringfügig stärkere Magnetisierung des Baumaterials der im Kastell befindlichen Komplexe (ungebrannte Lehmziegel, wie unsere späteren Ausgrabungen zeigten) machte die Grundrisse großer Gebäudekomplexe sichtbar, und wir konnten sogar die Raumaufteilung erkennen. Insgesamt fanden wir drei sehr deutliche, jeweils ca. 228 m lange Gebäude, die aus 45 bis 48 aneinander aufgereihten Doppelräumen bestanden. Ein lang gestreckter Schutthügel sowie eventuell ein Satellitenbild deuten auf das Bestehen eines vierten solchen Gebäudes im Osten der Anlage hin, doch sollte diese Vermutung zutreffen, haben seine Mauern nur schwache und unklare Spuren in der Magnetprospektion hinterlassen.

Ob dies durch eine stärkere Störung der oberen Bodenschichten bedingt sein mag, vielleicht infolge der zahlreichen, sich besonders im Nordosten des Kastells befindlichen späteren Grabeinfriedungen, ob es überhaupt einen vierten Bau gab und, wenn ja, ob er sich architektonisch von den drei anderen lang gestreckten Zweckbauten unterschied, wissen wir nicht. Die systematische Untersuchung von Satellitenbildern hat mittlerweile gezeigt, dass viele andere gut erhaltene Kastelle (und ursprünglich wohl alle) parallele lang gestreckte Schutthügel im Innenraum aufweisen, die sicher ebenfalls durch den Einsturz ähnlicher Lehmziegelbaracken entstanden sind. Ausgrabungen im Kastell 4 haben gezeigt, dass zwei dort teilweise ausgegrabene Innenräume dicht mit Funden, insbesondere Keramik und Tierknochen, angefüllt waren. Die Indizien deuten darauf hin, dass alle Kastelle von vielen Menschen, vermutlich hauptsächlich von Soldaten, bewohnt wurden.

Was die Funktion der normierten Langhäuser betrifft, so sind diese wohl in der Tat als Mannschaftsbaracken zu deuten. Wenn, wie dies bei den Römern üblich war, acht Soldaten in einem Raum oder Doppelraum untergebracht waren, so würde Kastell 4 allein eine Besatzung von ca. 1100 bis 2300 Mann gehabt haben oder sogar ein Drittel mehr, sollte sich im Osten des Kastells eine vierte baugleiche Mannschaftsbaracke verbergen. Natürlich sind solche Schätzungen etwas spekulativ. Es ist denkbar, dass weniger Soldaten, dafür aber vielleicht mehr Familienangehörige in den Gebäuden Aufnahme fanden. Dennoch ist kaum daran zu zweifeln, dass die Kastelle auf der Gorgan-Mauer eine starke Besatzung aufwiesen. Die kombinierte Größe der Kastelle auf der Gorgan-Mauer übertrifft die auf der Hadriansmauer vermutlich um mehr als das Dreifache. Die Besatzung der Hadriansmauer wird auf 9500 Soldaten beziffert, und bei ähnlicher Belegungsdichte könnten wir von rund 30.000 Soldaten in den Kastellen an der Gorgan-Mauer ausgehen. Nehmen wir nun an, dass die obigen Schätzungen für die Garnisonsstärke von Kastell 4 zutreffen und sich die Belegungsdichte auf andere Kastelle übertragen lässt, dann kommen wir auf eine ähnliche Gesamtzahl, nämlich von etwa 16.000 bis 36.000 Soldaten.

DIE GESCHICHTE DER GORGAN-MAUER AUFGRUND WISSENSCHAFTLICH ERMITTELTER DATEN

Archäologischer Fundzusammenhang	Datierung der archäologischen, bau- oder naturgeschichtlichen Ereignisse	Naturwissenschaftlich ermitteltes Alter (mit 95.4% Wahrscheinlichkeit für die Radiokarbondaten)	Datierungsmethode
Sedimente unter den Fundamenten der Gorgan-Mauer in deren Mittelabschnitt	Sedimentablagerung vor dem Bau der Gorgan-Mauer	246–446 n. Chr.	OSL (Optisch stimulierte Lumineszenz)
Ziegel aus der Gorgan-Mauer in deren Mittelabschnitt	Bau der Gorgan-Mauer	286–486	OSL
Holzkohle aus der Verfüllung eines Ziegelofens nahe dem mutmaßlichen Ostende der Gorgan-Mauer		429–574	Radiokarbon
Durch Feuer gerötete Erde am Boden eines Ziegelofens nahe dem mutmaßlichen Ostende der Gorgan-Mauer (Abb. 3)		346–526	OSL
Ziegel aus der Gorgan-Mauer nahe deren mutmaßlichem Ostende (Abb. 3)		376–556	OSL
Tierknochen aus der Verfüllung des Grabens der Gorgan-Mauer bei Kastell 9	Okkupation von Kastell 9 an der Gorgan-Mauer(?)	433–610	Radiokarbon
Holzkohle aus Siedlungsschichten eines Wohnraumes in einer Militärbaracke im Kastell 4 (Grabungsschnitt H [Abb. 5]), 95,68 m über dem Meeresspiegel	Okkupation von Kastell 4 an der Gorgan-Mauer(?)	604–666	Radiokarbon
Holzkohle aus Siedlungsschichten eines Wohnraumes in einer Militärbaracke im Kastell 4 (Grabungsschnitt H [Abb. 5]), 95,94 m über dem Meeresspiegel		471–644	Radiokarbon
Tierknochen aus Siedlungsschichten eines Wohnraumes in einer Militärbaracke im Kastell 4 (Grabungsschnitt H [Abb. 5]), 95,97 m über dem Meeresspiegel		444–636	Radiokarbon
Tierknochen aus Siedlungsschichten eines Wohnraumes in einer Militärbaracke im Kastell 4 (Grabungsschnitt H [Abb. 5]), 96,51 m über dem Meeresspiegel		550–644	Radiokarbon
Meeresmuscheln abgelagert über einem heute 7 km östlich der Küste des Kaspischen Meeres gelegenen Ziegelofens	Spätmittelalterliche Überflutung des damals wohl schon abgetragenen Westendes der Gorgan-Mauer	1344–1460	Radiokarbon

DIE GESCHICHTE DER TAMMISHE-MAUER AUFGRUND WISSENSCHAFTLICH ERMITTELTER DATEN

Archäologischer Fundzusammenhang	Datierung der archäologischen, bau- oder naturgeschichtlichen Ereignisse	Naturwissenschaftlich ermitteltes Alter (mit 95.4% Wahrscheinlichkeit für die Radiokarbondaten)	Datierungsmethode
Sedimente unter den Fundamenten der Tammishe-Mauer	Eiszeitliche Lößablagerung	23595–18995 v. Chr.	OSL
Holzkohle aus der Verfüllung des ausgegrabenen Ziegelofens an der Tammishe-Mauer	Bau der Tammishe-Mauer	402–537 n. Chr.	Radiokarbon
Sedimente aus dem ausgegrabenen Ziegelofen an der Tammishe-Mauer		5 v. Chr.–416 n. Chr.	OSL
Ziegel aus der Tammishe-Mauer		135 v. Chr.–166 n. Chr.; 306–546 n. Chr. nach Korrektur des Feuchtigkeitsgehalts	OSL

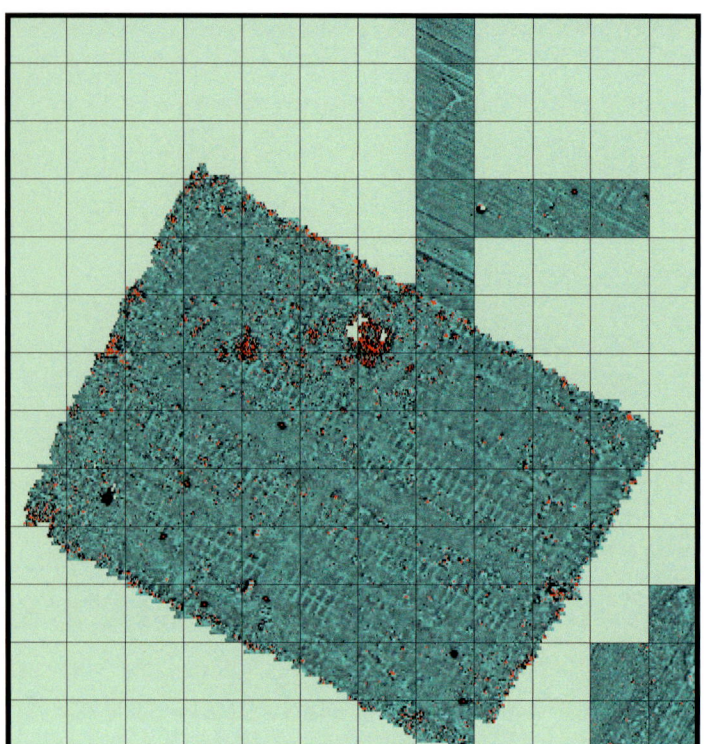
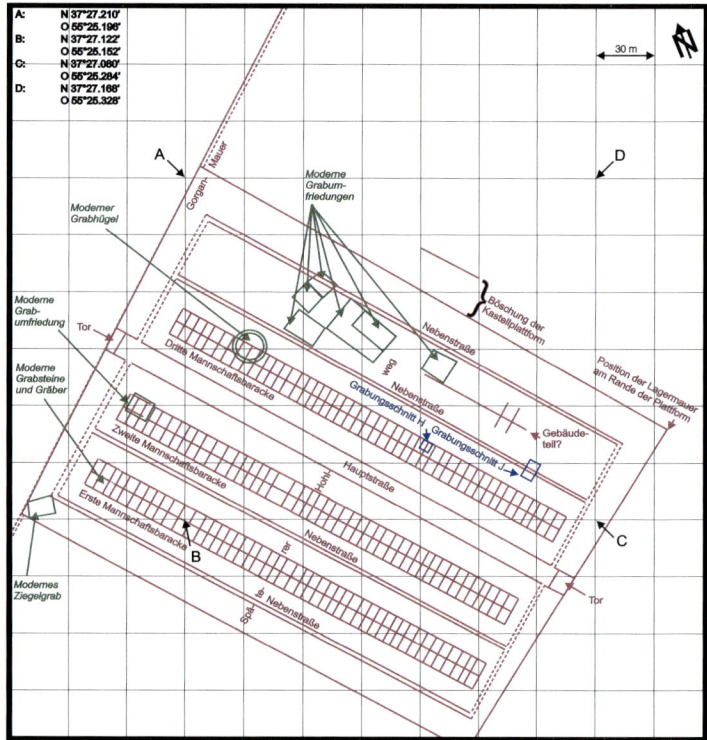

Abb. 4.: Bis zur Magnetprospektion von Kastell 4 war die Innenbebauung sasanidischer Militäranlagen weitgehend unbekannt. Die Prospektion der Abingdon Archaeological Geophysics und der Iranian Cultural Heritage, Handicraft and Tourism Organisation brachte drei ca. 228 m lange Bauten zum Vorschein, vermutlich Mannschaftsbaracken.

Abb. 5: Umzeichnung und Deutungsvorschlag der Ergebnisse der Magnetprospektion von Kastell 4.

HINTERLAND-BEFESTIGUNGEN

Dürfte allein schon der Bau der Langmauern mit ihren Kastellen und Kanälen einen ungeheuren manuellen Arbeitsaufwand erfordert haben, so sind diese Anlagen doch nur ein Teil eines umfangreicheren Systems, das ursprünglich auch Befestigungen im Hinterland einschloss. Südlich der Gorgan-Mauer finden sich quadratische Befestigungen, deren durchschnittliches Areal das der Kastelle um ungefähr das Zehnfache übertrifft. In der Saison 2007 haben wir eines hiervon untersucht, eine ca. 650 m x 650 m große Festung namens Qaleh Kharabeh (Abb. 6). Die von Seth Priestman untersuchte Keramik aus einem Haus nahe der im Zentrum gelegenen Straßenkreuzung deutet darauf hin, dass diese Anlage entweder kurz vor, während oder nach dem Bau der Gorgan-Mauer belegt war, jedoch vermutlich bald wieder verlassen wurde. Im Osten fanden wir mittels Magnetprospektion viele in Reihen angeordnete rechteckige Einfriedungen, die vielleicht Entwässerungsgräben um Soldatenzelte gewesen sein könnten. Ob die gewaltigen Komplexe wie Qaleh Kharabeh Lager der persischen Feldarmee waren, die nur während Kriegen in der Gegend belegt waren, ob es sich um Lager der lokalen Garnison handelt, die eventuell erst später in die Kastelle an der Gorgan-Mauer verlegt worden ist, oder ob es sich eventuell um fehlgeschlagene Stadtgründungen handelt, wissen wir nicht. Dass Qaleh Kharabeh ein Militärlager war, dessen Belegungszeit sich jedoch kaum mit dem der Kastelle an der Mauer überschnitt, ist wohl am wahrscheinlichsten.

KONKURRIERENDE SUPERMÄCHTE PERSIEN UND SEINE WESTLICHEN NACHBARN IN DER SPÄTANTIKE

Auffällig ist, dass es im Kastell 4 keine Anzeichen für gesonderte Unterkünfte für höherrangige Armeemitglieder und auch keine Hinweise auf offensichtlich architektonisch abgesonderte Räume oder Bauten mit Spezialfunktionen gibt. Dies mag ein Zeichen der Zeit sein: Auch im Römischen Reich sowie in seinen ab 395 n. Chr. endgültig politisch eigenständigen westlichen und östlichen Hälften waren in der Spätantike die Behausungen in Mannschaftsbaracken sehr viel einheitlicher gegliedert, als dies in früheren Jahrhunderten der Fall gewesen war, und Gebäude mit Sonderfunktionen waren nun ebenfalls eher eine Seltenheit.

Zudem können wir viele andere Parallelerscheinungen zwischen dem Perserreich und dem römischen Staat verzeichnen. In unserem Zusammenhang sind hier besonders die Langwälle zu betonen. Sowohl in Europa als auch im Nahen Osten hatte die Errichtung solcher Barrieren eine sehr lange Tradition, die bis in die Spätantike und weit über diese hinaus andauerte. Unter den zahlreichen spätrömischen Langmauern, wie z. B. der Konstantinopel landseitig schützenden Anastasius-Mauer, erreichte keine auch nur ein Drittel der Länge der Gorgan-Mauer. Eine weitere Parallelerscheinung ist der Schutz von sasanidischen und spätrömischen Befestigungen durch vorspringende Türme (Abb. 7).

Der hohe militärische und technologische Entwicklungsstand des Perserreiches und des Römischen oder Oströmischen Reiches sowie deren bilaterale Beziehungen erinnern an die weltpolitische Position der Supermächte während des Kalten Krieges in der zweiten Hälfte des 20. Jahrhunderts. Es ist somit kaum verwunderlich, dass wie zur Zeit des Kalten Krieges die Strategien und die militärische Infrastruktur beider Kontrahenten erstaunliche Ähnlichkeiten aufwiesen. Solche Ähnlichkeiten dürfen wir nicht als einseitigen Technologie- oder Wissenstransfer von West nach Ost oder von Ost nach West missverstehen. Der Wettbewerb und Gedankenaustausch infolge von Kriegskontakten, freiwilligen und unfreiwilligen Migrationen und Handel führten zu gegenseitiger Beeinflussung und zur Übernahme von Ideen, deren Anpassung an lokale Gegebenheiten sowie deren Perfektionierung. Dass die Gorgan-Mauer eine eigenständige persische Innovation darstellt, steht außer Zweifel. Keine der uns bekannten westlichen Langmauern bestand aus gebrannten Lehmziegeln, keine war mit einem Wasserkanal verbunden. Persische Bewässerungsanlagen gehörten zu den fortschrittlichsten ihrer Zeit, und wir können mit Sicherheit davon ausgehen, dass persische Wasserbaufachleute die Federführung in der Planung des Mauerbaus übernahmen.

Insgesamt scheinen die den Norden des Perserreiches schützenden Verteidigungswälle erstaunlich erfolgreich gewesen zu sein. Wie alle anderen antiken Befestigungsanlagen waren die Mauern zwar keine unüberwindlichen Bollwerke, doch bildeten senkrechte Ziegelmauern mit davor liegenden und anfangs in weiten Strecken mit Wasser gefüllten Gräben ein nicht leicht zu überwindendes Hindernis, insbesondere gegen berittene Gegner ohne Erfahrung in Belagerungstaktiken und vermutlich ohne geeignete Werkzeuge zum Untergraben der Mauern (was ohnehin nur nach Trockenlegung des Kanals möglich gewesen wäre). Selbstverständlich verfehlte eine ca. 200 km lange Mauer an der Südgrenze des eurasischen Steppengürtels, in dem über Tausende von Kilometern keine vergleichbaren künstlichen oder natürlichen Hindernisse die freie Bewegung von nomadischen Völkerschaften einschränkten, auch kaum ihre Wirkung als eindrucksvolle symbolische Demonstration persischer Macht und technologischer Überlegenheit. Wenn unsere oben angegebenen Schätzungen zum Umfang der Garnison zutreffen, so hätte eine derart starke Armee wohl nur bei größeren Einfällen Unterstützung von der mobilen persischen Feldarmee benötigt. Dies trifft natürlich nur dann zu, wenn ausreichend starke Verbände zum Patrouillieren der Mauer und im Falle eines feindlichen Durchbruches zur Verteidigung des Hinterlandes zurückblieben. Kleinere räuberische Überfälle und damit verbundene, die wirtschaftliche Leistungsfähigkeit der Bevölkerung zermürbende Panikmaßnahmen, hätte dieser Sperrgürtel wohl in jedem Fall meist verhindert. Es ist somit durchaus denkbar, dass der effektive Schutz seiner Nordgrenze dazu beitrug, dass das Sasanidenreich oft starke Truppenverbände für Einfälle in Roms Ostprovinzen zur Verfügung hatte. Dass das Sasanidische Großreich seinen ausgedehnten Machtbereich über mehr als 400 Jahre nicht nur erhalten, sondern im sechsten Jahrhundert und zeitweilig im frühen siebten Jahrhundert noch weiter ausdehnen konnte, spricht für eine sehr schlagkräftige, gut organisierte und zahlenmäßig starke Armee. Da wir nicht wissen, wie stark Grenztruppen in anderen Regionen dieses Reiches waren, ist es unmöglich, die Gesamtstärke der Armee zu beziffern. Doch wenn die mobile Feldarmee mindestens 50.000 Mann umfasste und

die Grenztruppen entlang von lediglich 200 km verwundbarer Grenze allein sich vielleicht auf 16.000 bis 36.000 zusätzliche Soldaten belaufen hätten, können wir sicher sein, dass die sasanidische Armee auch zahlenmäßig zu den stärksten ihrer Zeit gehörte.

Während bis vor kurzem noch so gut wie nichts über die an den Grenzen des Sasanidischen Reiches stationierten Truppen bekannt war, so haben uns nun die Feldforschungen an den Gorgan- und Tammishe-Mauern die Stärke und das Organisationsvermögen der Sasanidischen Armee eindrücklich vor Augen geführt, ebenso wie das Geschick der für ihren Bau verantwortlichen Ingenieure und Architekten. Die erfolgreiche Durchführung verschiedener Großprojekte im Sasanidischen Reich (zu einer Zeit, als das Weströmische Reich unter feindlichen Angriffen und infolge innerer Schwächen zusammenbrach) sind ein sprechendes Zeugnis der inneren Dynamik des Perserreiches.

DIE SPÄTERE GESCHICHTE DER MAUERN

Es ist denkbar, dass die Besatzungsdauer unserer Grenzwallanlagen die Sicherheitslage an den Grenzen des Perserreiches widerspiegelt. Bis über die Mitte des sechsten Jahrhunderts hinaus bedrohten die Hephthaliten den Norden des Reiches. Was Kastell 4 angeht, scheint es jedoch noch darüber hinaus, bis in die erste Hälfte des siebten Jahrhunderts, bewohnt gewesen zu sein. Es wäre verfrüht, anzunehmen, dass das Abbrechen unserer wenigen wissenschaftlich datierten Proben aus einem begrenzten Grabungsareal in einem einzelnen Kastell unbedingt eine verlässliche Datierung für das Ende der Besatzung aller Kastelle und des gesamten Ver-

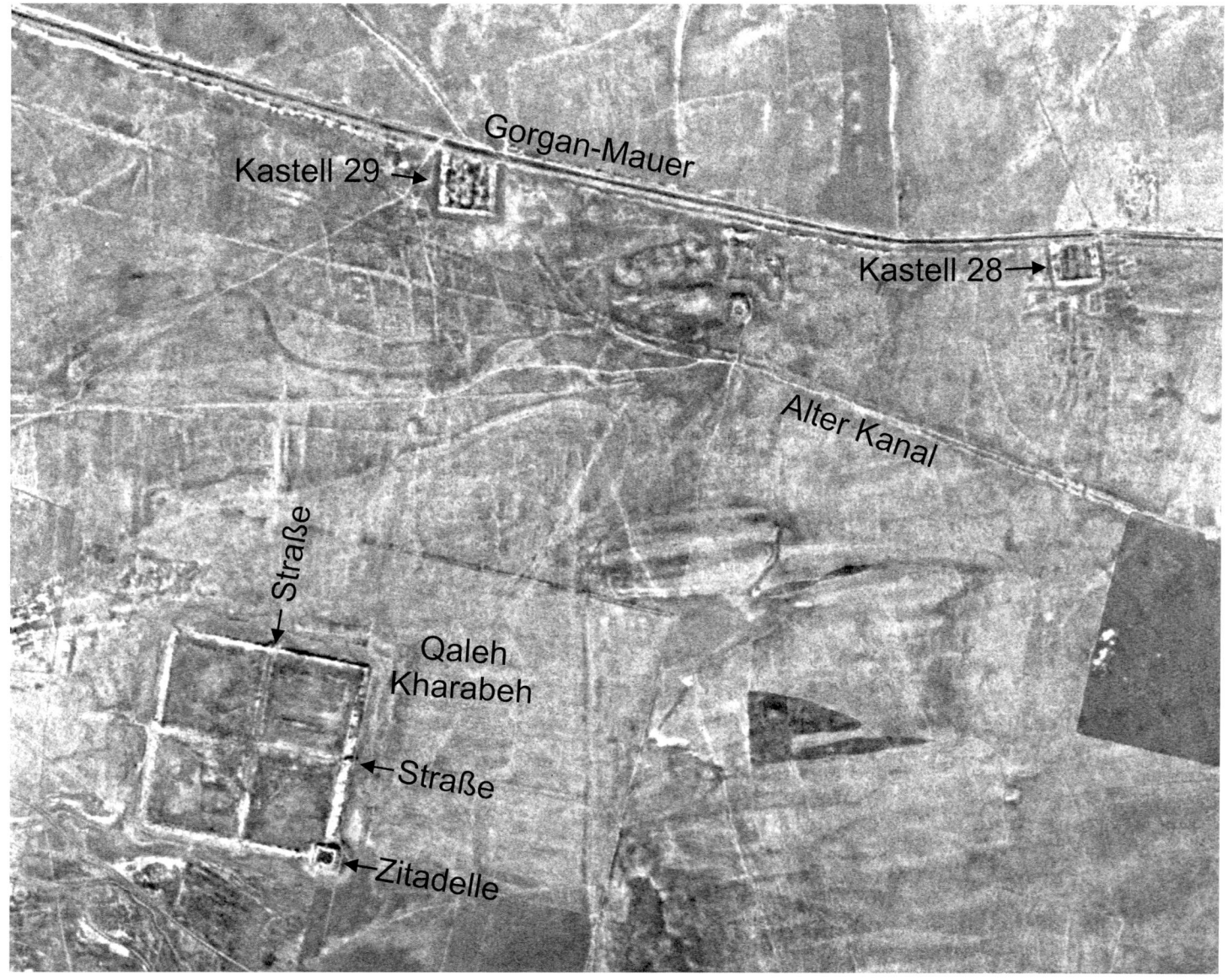

Abb. 6: Die ca. 650 x 650 m große Hinterlandbefestigung »Qaleh Kharabeh« südlich der Gorgan-Mauer mit den sehr viel kleineren an ihr aufgereihten Kastellen 28 und 29 (Corona Satellitenbild).

teidigungsgürtels erlaubt. Es ist dennoch vielleicht kein Zufall, dass es in der ersten Hälfte des siebten Jahrhunderts gute Gründe gegeben hätte, die Besatzungstruppen von der Gorgan-Mauer abzuziehen, und dass unsere Proben ebenfalls eine Auflassung von Kastell 4 in diesem Zeitraum unterstützen könnten. In jedem Fall deuten auch die über 2000 von Seth Priestman vom Britischen Museum unter-

Abb. 7: Die die Nordseite von Qaleh Kharabeh schützenden Lehmziegeltürme sind noch heute als deutliche in regelmäßigen Abständen aufgereihte Bodenwellen sichtbar.

suchten Keramikscherben aus unserem lediglich 6 m x 10 m messenden (und nur teilweise untersuchten) Grabungsschnitt J in Kastell 4 (vgl. Abb. 5) auf eine intensive und über längere Zeit andauernde Besatzung dieses Kastells hin. Die dichte Streuung von Lesefunden im Innenbereich anderer Kastelle kann ebenfalls als Anzeichen für eine längere Nutzung verstanden werden. Die Gorgan-Mauer war keinesfalls eine nur kurzfristig bedeutsame Befestigungsanlage, die entweder bereits vor oder kurz nach ihrer Fertigstellung wieder aufgegeben wurde. Sie war das Rückgrat eines wohl mindestens hundert

Jahre, jedoch vermutlich eher anderthalb oder zwei Jahrhunderte lang besetzten Verteidigungsgürtels.

Die über 30 an der Gorgan-Mauer aufgereihten Kastelle scheinen alle in vorislamischer Zeit aufgegeben worden zu sein, wenngleich wir natürlich die potenzielle weitere Nutzung des einen oder anderen Gebäudeteils hier und dort nicht ausschließen können. Ganz anders sieht es dagegen mit dem Bansaran-Kastell in der Nähe des Südendes der Tammishe-Mauer aus. Im Gegensatz zu den Kastellen an der Gorgan-Mauer ist es nicht der Tammishe-Mauer direkt angefügt, sondern liegt 500 bis 700 m westlich

Abb. 8: Die Tammishe-Mauer (mit 2 m langen Messstäben sowie zwei vor der Westseite der Mauer stehenden Personen und einer dritten Person auf der Mauerkrone) ist hier noch bis zu einer Höhe von beinahe drei Metern erhalten.

davon. Es befindet sich jedoch ebenfalls auf einer Plattform, und archäologische Forschungen haben sowohl sasanidisches als auch auf islamische Zeit datierbares Fundmaterial zutage gefördert. Wir dürfen daher wohl davon ausgehen, dass dieses Kastell gleichfalls auf die spätsasanidische Zeit zurückgeht. Bemerkenswert ist jedoch, dass es im Innenbereich dieser Anlage zu wesentlichen Teilen aus gebrannten Ziegeln bestehende Repräsentationsbauten gab, insbesondere eine dreischiffige 33 m x 53 m messende Halle, deren vermutlich hohes Dach auf massiven, rechteckigen, 3,00 m x 3,30 m messenden Ziegel-

pfeilern ruhte. Wenngleich wir noch auf die wissenschaftliche Datierung unserer Proben warten, so deutet doch die von der Tammishe-Mauer abweichende Ziegelgröße sowie das ebenfalls unterschiedliche Keramikspektrum auf eine andere, wohl spätere Erbauung und Nutzung hin. Bislang können wir nicht ausschließen, dass die Halle noch unter sasanidischer Herrschaft errichtet worden ist, doch halten wir einen Bau in frühislamischer Zeit für wahrscheinlicher. Vielleicht war es eine frühe Moschee. Die Magnetprospektion im Innenraum des Kastells deutet auf eine dichte Bebauung des Innenraumes hin, und darauf, dass die Halle wohl ein Teil eines größeren, teilweise aus gebrannten und teilweise aus ungebrannten Lehmziegeln errichteten Komplexes war. Der im dreizehnten Jahrhundert schreibende Ibn Isfandiyar weiß von Ruinen eines legendären Palastes im Bansaran-Kastell zu berichten. Wie auch immer wir den Wahrheitsgehalt dieser Schilderung einschätzen, so dürfte doch außer Zweifel stehen, dass dieses Kastell in islamischer Zeit noch bewohnt war und wahrscheinlich imposante Bauten aufwies. Dass dies hier und nicht an der Gorgan-Mauer der Fall war, lässt sich leicht erklären: Die Tammishe-Mauer durchschnitt den außerordentlich fruchtbaren und niederschlagsreichen dünnen Landkorridor an der Küste des Kaspischen Meeres. Diese klimatisch und landwirtschaftlich begünstigte Küstenebene bildete wohl einen Siedlungsschwerpunkt im Altertum wie auch im Mittelalter und nahe dem Bansaran-Kastell lag die im Frühmittelalter blühende Stadt Tammishe. Dagegen befand sich die Gorgan-Mauer an der nördlichen Grenze des landwirtschaftlich ertragreichsten Landes. Als sie ihre Funktion als Verteidigungsanlage verlor, büßten auch die an ihr aufgereihten Kastelle ihre Anziehungskraft auf Siedler ein. Weiter südlich inmitten des besten Ackerlandes und an Hauptverkehrsrouten gelegene Ansiedlungen boten sehr viel mehr Erwerbsmöglichkeiten. Die Gorgan-Mauer war nun hauptsächlich als »Steinbruch« für wiederverwendbare Ziegel von Interesse.

Wie hoch die Gorgan- und Tammishe-Mauern einmal gewesen sind, wissen wir aufgrund ihrer gründlichen Ausplünderung leider nicht. Wir dürfen aber annehmen, dass die Höhe von ca. 2,80 m der am besten erhaltenen Abschnitte der Tammishe-Mauer (Abb. 8), die in diesem Bereich einen Erdkern hatte und somit weniger attraktiv für Leute auf der Suche nach Baumaterial war, das absolute Minimum bildet. Zusätzlich müssen wir wahrscheinlich noch eine Brustwehr hinzufügen, so dass die Gesamthöhe wohl deutlich über vier Meter gelegen haben muss, doch ist auch eine sehr viel beachtlichere Höhe denkbar, sollte der Kern der Mauer die heute erhaltene Höhe von ca. 2,80 m deutlich überstiegen haben. Aufgrund der fast vollständigen Ausplünderung der Mauern bilden heute lediglich die erodierten und nun trockenen Kanäle und Gräben, die eindrucksvollen Plattformen der Kastelle und die zu lang gestreckten Hügeln verfallenen Innenbauten die einzigen über der Erde verbleibenden Zeugen dieser gewaltigen Verteidigungsanlage.

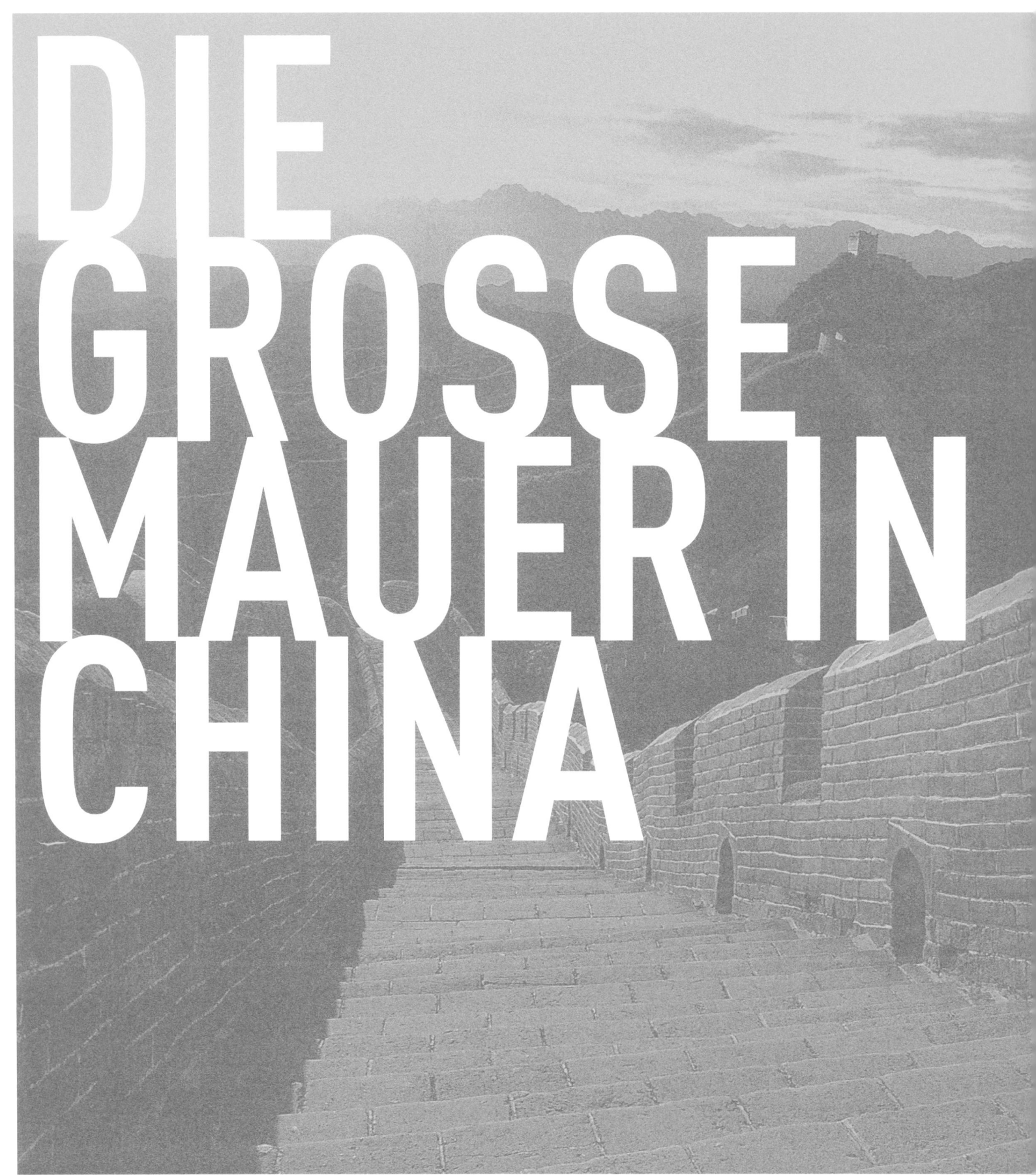

DIE GROSSE MAUER IN CHINA

DIE GROSSE MAUER IN CHINA, »MAUER DER 10.000 LI«

Alexander Koch

»Die Sieben Weltwunder zusammengenommen halten einem Vergleich mit diesem Bauwerk nicht stand, und aller Ruhm, der ihm in Europa vorauseilt, reicht bei weitem nicht an das heran, was ich mit eigenen Augen gesehen habe.«

Ferdinand Verbiest (1623–1688),
Jesuitenmissionar, über die Große Mauer.

Die Große Mauer in China – ein Mythos, legendär, unerreicht, gewaltig groß, so unsere landläufigen Vorstellungen – ein Superlativ. Was wissen wir aber tatsächlich von der Chinesischen Mauer? Ist sie wirklich als das einzige von Menschenhand entstandene Bauwerk vom Mond aus mit bloßem Auge sichtbar? Handelt es sich bei ihr tatsächlich um einen gigantisch großen gemauerten Verteidigungswall mit einer Gesamtlänge von 6000, ja 7000 km Länge?

Kurzum: diese Mauer, oder vielmehr diese Vorstellung von einer riesigen Mauer, in unseren Köpfen, in unseren Schulbüchern, die Große Mauer in China im Sinne eines zusammenhängenden, viele Tausende von Kilometern sich erstreckenden, mehr als 2000-jährigen Bauwerkes, diese Mauer hat es nie gegeben.

In China bezeichnet man die Große Mauer eingedenk ihrer vermeintlich kaum vorstellbaren Länge gewöhnlich als »wanli changcheng«, wörtlich übersetzt »die Mauer der 10.000 li« (ein li entspricht heute ca. 575,5 m, so dass rein rechnerisch von einer Gesamtlänge von 5,775 km auszugehen wäre). Die Bezeichnung »wanli« im chinesischen Sprachgebrauch darf allerdings nicht als eine absolute Zahlenangabe begriffen werden, vielmehr versucht sie, die gewaltige Längsausdehnung des Bauwerkes als solches zu umreißen. Gegenüber der Bezeichnung »wanli changcheng« findet sich in China sehr viel seltener auch der Begriff »zhongguo changcheng«, was sich mit »Chinesische Mauer« übersetzen ließe und damit den identitätsstiftenden Charakter des Bauwerks versinnbildlicht.

Die geläufige, im Wesentlichen in westlichen Sprachen anzutreffende Bezeichnung »Große Mauer« findet sich erstmals in chinesischen Dokumenten aus der Zeit der Ming-Dynastie (1368–1644), daneben in Berichten von Jesuiten, die als Missionare im Reich der Mitte tätig waren und damit ihre große Ehrfurcht gegenüber den Leistungen des kaiserlichen Chinas zeigten. Heute hat sich der Begriff Große Mauer trotz des Irrtums längst in unseren Köpfen zementiert. Die Bezeichnung – aus pragmatischen Gründen sei an ihr festgehalten – ist synonym für den Mythos, den das Bauwerk umgibt. Richtigerweise müsste man statt von »der Großen Mauer« von Mauern sprechen, von Mauerteilstücken, Mauerabschnitten, Verteidigungswällen unterschiedlicher Gestalt, Form und Ausprägung.

Sieht man die Mauer aus dem Weltraum?

Der 16. Oktober 2003 war ein rabenschwarzer Tag für das Selbstbewusstsein der chinesischen Nation. An diesem Tag räumte der erste chinesische Raumfahrer (Taikonaut) Yang Liwei ein, dass er von seinem Raumschiff in der Erdumlaufbahn die Große Mauer nicht habe erkennen können. Erschüttert von dieser Nachricht hat daraufhin die chinesische Regierung angeordnet, dass die Schulbücher entsprechend zu ändern seien. Eine weit über die chinesischen Landesgrenzen hinaus geläufige Meinung hatte sich als Irrtum entpuppt.

Zur Entschädigung der erhitzten chinesischen Gemüter trug immerhin eine zwei Jahre später in den Medien bekannt gewordene Nachricht bei, der zufolge der amerikanische Astronaut Leroy Chiao von der Internationalen Raumstation ISS den Verlauf der Mauer mit bloßem Auge dann doch erkannt habe. Was der Astronaut vom All aus jedoch tatsächlich entdeckt hat, war nur der Schatten der Großen Mauer, der bei tief stehender Sonne ein breites Band bildet und nur dank der damals hervorragenden Wetterbedingungen gesehen werden konnte. Die Vorstellung, das Bauwerk sei vom Mond aus sichtbar, wurde indes endgültig ins Reich der Fantasie verbannt.

»EINE« GROSSE MAUER GIBT ES NICHT

Im Folgenden sei der Versuch einer differenzierten Betrachtung zumindest ansatzweise unternommen. Das, was landläufig als Große Mauer bezeichnet wird, entpuppt sich als ein Konglomerat von Mauern, die zu verschiedenen Zeiten und Dynastien, in verschiedenen Gebieten Nordchinas, aus unterschiedlichen Gründen und Zwecken, aus vielen Materialien und auf unterschiedliche Weise errichtet wurden. Ein alle diese Bauwerke umfassendes System hat es in der chinesischen Geschichte nie gegeben. Die Vorstellung von einem solchen Mauersystem, ja, der Großen Mauer in China, ist eine erst in der zwei-

ten Hälfte des 20. Jahrhunderts entwickelte Fiktion, ein Konstrukt – im eigentlichen wie im übertragenen Sinne –, das sehr viel über die Herausbildung von Geschichtsbildern und unsere öffentliche Wahrnehmung aussagt. Der auf den amerikanischen Historiker und großen Mauer-Experten Arthur Waldron zurückgehende Begriff des »wall building« erhält damit eine ganz eigene, vielschichtige Bedeutung.

ZUR BAUGESCHICHTE DER MAUERN

Die Ursprünge der Großen Mauer reichen, soweit heute bekannt, bis etwa in das 7. Jh. v. Chr. zurück. Eine Epoche (man spricht auch von der sogenannten Frühlings- und Herbstperiode, Chunqiu, als älterer Phase innerhalb der Östlichen Zhou-Zeit, 770–476 v. Chr.), während der auf dem Gebiet des später geeinten Chinas mehrere, untereinander meist verfeindete Königreiche, Fürstentümer und Staaten existiert haben. Zu dieser Zeit, so nimmt man heute an, habe das Königreich Chu unter seinem Herrscher Cheng erstmals einen Wall aus Stampferde, Holz und, soweit vorhanden, Stein und Geröll zum Schutz vor Angriffen seines verfeindeten Nachbarn Qi errichtet. Schon bald, vor allem aber zur Zeit der Streitenden Reiche (Zhanguo, der jüngeren Phase innerhalb der Östlichen Zhou-Zeit, 475–221 v. Chr.), einer Epoche besonders gewaltsamer zwischenstaatlicher Auseinandersetzungen, gab es Nachahmer, die ihr Herrschaftsgebiet gleichfalls mit Verteidigungswällen und Wehrmauern gegenüber feindlichen Staaten zu schützen versuchten. Allerdings nicht mit dem gewünschten Erfolg, wie ein Blick auf die weitere Entwicklung deutlich macht. Bereits in dieser Epoche waren zahlreiche kleinere und mittelgroße Fürstentümer von militärisch überlegenen Nachbarn annektiert worden; übrig blieben nur sieben Königreiche (Qin, Chu, Yan, Han, Zhao, Wei und Qi), zwischen denen Verteidigungs- oder Grenzwälle verliefen.

Mit der gewaltsamen Einigung Chinas im Jahre 221 v. Chr. unter Qin Shihuangdi (221–209 v. Chr.), dem ersten Herrscher eines geeinten chinesischen Kaiserreiches, wurde auch ein neues Kapitel in der mehr als 2000-jährigen Geschichte der Großen Mauer eröffnet. In den historischen Quellen heißt es, er habe um das Jahr 214 v. Chr. die seinerzeit vorhandenen Verteidigungswälle der Staaten Yan, Zhao und Qin in den westlichen und nördlichen Landesteilen Chinas zu einer durchgehenden Mauer verbunden. Diese markierte nunmehr die nördlichen Grenzen des neuen Kaiserreiches und dienten dem Schutz gegenüber weiter nördlich lebenden reiternomadischen Gruppen der Steppengebiete, darunter vor allem den Xiongnu, den asiatischen Hunnen. Im Reichsinnern liegende, weiter südlich sich erstreckende Wälle zur Unterstützung des Einigungsprozesses habe er dagegen geschleift. Unter seinem General Meng Qian sollen mehr als 800.000 Menschen, darunter 300.000 Soldaten seiner gewaltigen Armee, 500.000 zur Zwangsarbeit verpflichtete Bauern aus dem gesamten Reich und zahlreiche Gefangene, ein Jahrzehnt lang mit dem Bau dieser gewaltigen Mauer beschäftigt gewesen sein. Dieses Bauwerk bestand, so die heutige Erkenntnis, im Wesentlichen aus Stampferde, Schutt, Geröll und Holz und setzte sich aus mehreren Mauerabschnitten und -teilstücken zusammen. Die Große Mauer der Qin-Dynastie soll sich dabei laut Quellen von Lintao in der heutigen Provinz Gansu bis Yammao in der heutigen Provinz Hebei erstreckt und eine Länge von etwa 5000 km besessen haben.

Die nördlichen Nachbarn Chinas waren zu dieser Zeit längst zu einer ernsthaften Bedrohung des da-

Abb. 1: Steinskulptur vom Grab des berühmten Han-Generals Huo Qubing (140–117 v. Chr.) im Kreis Xianyang, Provinz Shaanxi. Dargestellt ist ein Pferd, das einen Barbaren niederreitet. Die eindrückliche Figur steht für die erfolgreiche Militärpolitik des bereits in jungem Alter verstorbenen Generals gegenüber den feindlichen Angriffen der reiternomadischen Xiongnu (asiatische Hunnen), die das chinesische Kaiserreich zur Zeit der Westlichen Han-Dynastie (206 v. Chr. bis 9 n. Chr.) ständig an seinen nördlichen Grenzen bedrohten und damit den Ausschlag für die chinesische Mauerbaupolitik gaben.

mals noch jungen chinesischen Kaiserreiches herangewachsen. Es galt militärischen Einfällen, gewaltsamen Übergriffen, Raub- und Plünderungszügen der Xiongnu auf chinesisches Hoheitsgebiet wirksam und dauerhaft zu begegnen. Die Mauer wurde zu einer Demarkationslinie, die China mit seiner überlegenen Kultur von seinen barbarischen Nachbarn und ihrer reiternomadischen Welt trennte.

Unter den Kaisern der nachfolgenden Han-Dynastie (206 v. Chr. bis 220 n. Chr.) wurden die vorhandenen Mauer- und Wallstrukturen zum weiteren Schutz vor den Feinden im Norden zunächst ausgebessert. Später folgten in Zusammenhang mit der Expansionspolitik der Han-Kaiser sich weiter nördlich und westlich erstreckende Verteidigungswälle zur Abwehr und zum Schutz gegenüber den Xiongnu. Unter dem Westlichen Han-Kaiser Wudi (147–87 v. Chr.), so ist in einer zeitgenössischen Quelle zu lesen, habe die Mauer bereits eine Länge von 11.500 li gehabt und mindestens bis in die Gegend von Dunhuang, weit im Nordwesten des Han-Reiches, gereicht (Abb. 1).

Mit dem Niedergang der Östlichen Han-Dynastie (25–220 n. Chr.), dem Verlust der Zentralgewalt und dem Ende eines geeinten chinesischen Kaiserreiches im 3. Jh. n. Chr. veränderte sich verständlicherweise auch die Bedeutung der bis dahin existierenden Grenz- oder Verteidigungswälle im Norden des chinesischen Gebiets. China war geteilt, partikulare Kräfte und neue Mächte hatten sich herausgebildet, die Gefahr aus dem Norden war hingegen geblieben, wenn auch unter anderen Vorzeichen und in geringerem Maße als zuvor. Zwischen dem 3. und 6. Jh. n. Chr. etablierten sich in Nordchina verschiedene nichtchinesische, vor allem reiternomadisch geprägte Gruppen, die neue Herrscherdynastien ausriefen, im Laufe mehrerer Generationen nahezu vollständig sinisiert wurden, d. h. die chinesische Kultur

übernahmen, und ihrerseits eine aktive Mauerbaupolitik gegenüber feindlichen, gleichfalls reiternomadischen Kräften im Norden betrieben, während im Süden Chinas die verbliebenen han-chinesischen Gruppen Dynastien gegründet hatten. Nordchina geriet in den Einflussbereich von Reiternomaden, die als Barbaren auf dem Kaiserthron in die chinesische Geschichte eingegangen sind, sich aber praktisch einer ähnlichen Außenpolitik wie die der Han-Kaiser bedienten. Aktive Phasen des Mauerbaus gab es in den Zeiten der Nördlichen Wei-Dynastie (386–534 n. Chr.) sowie der Nördlichen Qi-Dynastie (550–577 n. Chr.) und schließlich der Sui-Dynastie (581–618 n. Chr.), der im Jahre 589 n. Chr. auch die Wiedervereinigung Chinas gelang. Dennoch sank trotz dieser Bautätigkeiten die Bedeutung gewaltiger Verteidigungswälle in diesen Jahrhunderten zusehends. Unter den Kaisern der ruhmreichen Tang-Dynastie (618–907 n. Chr.), einer Epoche, die als Chinas Goldenes Zeitalter bezeichnet wird und während der das chinesische Reich sein Herrschaftsgebiet und seinen Machteinfluss weit nach Mittelasien ausweitete, waren die Mauern nahezu bedeutungslos geworden. Von Grenzbefestigungen konnte kaum mehr die Rede sein, befanden sich die Mauern doch vielfach im Hinterland des weit nach Westen und Norden vorgeschobenen chinesischen Kaiserreiches und gingen damit mitten durch chinesisches Herrschaftsgebiet hindurch. In einer Phase kosmopolitischer Weltbilder, florierender Wirtschaft sowie weitläufiger Handels- und diplomatischer Beziehungen Chinas mit seinen direkten Nachbarn und vielen anderen Ländern Asiens gerieten die vormals der Verteidigung, dem Schutz und der Abwehr sowie der Abgrenzung dienenden Mauern, Wälle und Befestigungsanlagen nach und nach in Vergessenheit.

DAS ENDE DER MAUERN

Nach dieser mauerlosen Epoche sollten sich erst im Laufe des 11./12. Jahrhunderts – d. h. fast ein halbes Jahrtausend nach der Bautätigkeit unter den Herrschern der kurzlebigen Sui-Dynastie – erneut Vorstellungen entwickeln, die den Bau von Verteidigungswällen zur Abwehr feindlicher Nachbarn, nunmehr mongolischer Gruppen, vorsahen. Im Norden Chinas und weit in nördlicher Richtung vorgeschoben ließen zu diesem Zweck die sinisierten Herrscher der (nichtchinesischen) Liao-Dynastie (Khitan, 916–1119) und der Jin-Dynastie (Jurchen oder Dschurdschen, 1115–1234) Mauern von gewaltiger Länge errichten. Den unaufhaltsamen militärischen und machtpolitischen Aufstieg der Mongolen und die Errichtung eines mongolischen Weltreiches unter Einbeziehung Chinas, die Epoche der Yuan-Dynastie (1279–1368), konnten aber auch diese Mauern nicht verhindern; mit einem Schlag waren sie bedeutungslos geworden. Verständlicherweise blieben die Verteidigungswälle der Khitan- und der Dschurdschen-Herrscher unter späteren Dynastien ohne Nachfolge.

Die Vorstellung einer Großen Mauer zum Schutz vor Angriffen äußerer Feinde und zum Zwecke der Abgrenzung Chinas gegenüber seinen nördlichen Nachbarn erhielt erst mit der Ming-Dynastie (1368–1644) neue Nahrung. Der erste Ming-Kaiser Hongwu (Zhu Yuanzhang, 1368–1399) initiierte ein gewaltiges Bauprogramm, um sich mithilfe endlos langer Verteidigungsmauern vor den zurückgedrängten Mongolen schützen zu können – eine letztlich aberwitzige Vorstellung. Unter Kaiser Hongwu wurden neue Mauern errichtet und ältere, zwischenzeitlich weitgehend verfallene Mauern instandgesetzt sowie ausgebaut; hinzu kamen gewaltige Festungen, Toranlagen und Sicherheitssysteme. In kürzester Zeit war ein bis dahin nie da gewesenes Bollwerk kaum vorstellbarer Ausmaße entstanden. Unsere heutigen Vorstellungen von der Großen Mauer mit ihrer Monumentalität, ihrer perfekten Anpassung an natürliche Höhenzüge und ihrer formvollendeten Architektur basieren im Wesentlichen auf Bildern ming-zeitlicher Verteidigungswälle.

Die zu dieser Zeit entstandenen Mauern konnten jedoch nicht verhindern, dass im Jahre 1644 die nördlich und nordöstlich der Großen Mauer ansässigen Mandschu, Nachkommen der nomadischen Dschurdschen, über das chinesische Reich einfielen, die Macht übernahmen und mit der Qing-Dynastie (1644–1911) eine neue – nicht han-chinesische – Herrschaft im Reich der Mitte ausriefen. Begünstigt wurde die Expansion der Mandschu in Richtung Süden durch innere Krisen des Ming-Kaiserreiches. Verschiedene Aufstände und Hofintrigen gefährdeten den Zusammenhalt des Reiches, in deren Folge die Hauptstadt Peking im Jahre 1644 von Truppen der Mandschu eingenommen wurde. In der Höhe von Shanhaiguan (wörtlich übersetzt »Berg-Meer-Pass«) bei Qinhuangdao (Provinz Hebei) am Golf von Bohai, weit im Osten des Verlaufs der Großen Mauer, passierten die Truppen die Grenze, rückten gegen die Hauptstadt vor und besiegelten damit das Ende der Ming-Herrschaft. China und seine Bevölkerung sahen sich nach der Epoche der zuletzt stark geschwächten Ming-Kaiser erneut mit einer Fremdherrschaft konfrontiert, wenn auch die Mandschu-Kaiser ihrerseits in den folgenden fast drei Jahrhunderten in beträchtlichem Umfange sinisiert wurden. Wieder einmal hatte sich die Große Mauer, dieses vermeintlich mächtige, Schutz bietende Bauwerk in strategischer und militärischer Hinsicht als bedeutungslos erwiesen. Verständlicherweise blieben unter der letzten kaiserlichen Dynastie Bautätigkeiten an der ming-zeitlichen Mauer sowie allen früher entstandenen Mauerabschnitten und Verteidigungswällen aus, herrschten die neuen Kaiser doch über Territorien beiderseits früherer Grenzgebiete; die Bauten verfielen unter den Qing-Dynasten zusehends. Eine neue Bedeutung sollte die Chinesische Mauer erst mit der Gründung der Volksrepublik China im Jahre 1949 erlangen, dann allerdings unter anderen Vorzeichen.

KLEINE MAUERABSCHNITTE UND SICH WINDENDE RIESENSCHLANGEN

Ein erster Blick auf die geografische Situation und die Längsausdehnung der unter dem Begriff Große Mauer zusammenzufassenden Verteidigungswälle, Mauerteilstücke und Wehrmauern – diese durchziehen immerhin von Ost nach West mehrere Klima- und Vegetationszonen – offenbart augenblicklich die Komplexität dieser Bauwerke (Abb. 2). Zugleich wird deutlich, wie wichtig eine differenzierte Betrachtung und Bewertung des Phänomens Mauer ist, handelt es sich bei ihr doch gerade nicht um einen geschlossenen Baukörper, sondern um ein Gebilde – ich vermeide bewusst die Begriffe System oder Struktur – mehrerer, teils untereinander verbundener, teils voneinander getrennter Mauer- oder Wallabschnitte. Zu früheren Epochen entstandene Mauern wurden in späteren Jahrhunderten hin und wieder, soweit dies sinnvoll erschien, durch Ausbesserungs- oder Ausbauarbeiten funktionstüchtig gehalten, erfuhren also eine erneute, damit sekundäre oder sogar tertiäre Nutzung. Die Folge ist, dass die Verläufe zu völlig verschiedenen Zeiten entstandener Mauerteilstücke partiell identisch sein können und eindeutige Datierungen dadurch wiederum erschwert

werden. Jüngere Mauern fußen insofern nicht selten auf deutlich älteren Mauern, Mauerresten oder Wällen. Die zur Zeit der Westlichen Han-Dynastie (206 v. Chr. bis 9 n. Chr.) von Kaiser Wudi in Auftrag gegebenen Mauern orientierten sich über weite Strecken an den Verteidigungswällen, die der erste Kaiser Qin Shihuangdi errichten lassen hat, Teilstücke des ming-zeitlichen Mauersystems im Gebiet nordwestlich Pekings (Beijing) entsprechen in ihrem Verlauf hingegen bis zu 1000 Jahre älteren Mauerabschnitten aus der Zeit der Nördlichen Wei- und Qi-Dynastie. Zuweilen lassen sich auch über längere Strecken annähernd parallele Verläufe von Mauern in bestimmter geografischer Tiefe anführen, so dass innere von äußeren Mauern unterschieden werden können.

Sich windenden Riesenschlangen gleich erstrecken sich die Mauern oder deren verbliebene Reste und Ruinen heute im Gebiet der Volksrepublik China, Nordkoreas, der Mongolischen Volksrepublik sowie Russlands, von den zentralasiatischen Wüsten im Westen bis zur Koreanischen Halbinsel im Fernen Osten. Im Falle der Mauerabschnitte auf heute nicht-chinesischem Territorium handelt es sich um Bauwerke in Gebieten, die zur Errichtungszeit der Mauern zum chinesischen Reich gehörten und in Epochen fallen, während der Chinas Grenzen zeitweilig weit nach Norden und Osten vorgeschoben waren. Auf heutigem chinesischem Staatsgebiet sind Mauern in den Provinzen Liaoning, Hebei, Shanxi, Shaanxi und Gansu sowie den Autonomen Regionen Innere Mongolei und Ningxia anzutreffen.

Für die Zeit der Han-Dynastie lässt sich die mit Abstand größte oder weiteste Ausdehnung der Mauer konstatieren. Mitunter wurden in dieser Epoche sogar bis zu drei nahezu parallel verlaufende, in einigem Abstand zueinander stehende Mauerteilstücke errichtet. Die han-zeitlichen Mauern reichten teil-

Die Chinesische Mauer
万里长城

Die Chinesische Mauer ist mit 6350 Kilometern Länge (davon die Hauptmauer mit 2400 Kilometern) das größte Bauwerk der Welt. Sie besteht aus einem System mehrerer, teilweise auch nicht miteinander verbundener, Abschnitte unterschiedlichen Alters und unterschiedlicher Bauweisen.

Kilometer
0   500

Wichtige Besucherzentren
Badaling, Huanghuacheng, Mutianyu, Simatai, Jinshanling

Der Mauerbau in den Epochen der chinesischen Geschichte

○ Wichtige Besucherzentren
▥ Die Neun Grenzfestungen der Ming

Streitende Reiche				Erstes Kaiserreich: Qin-Dynastie unter Shi Huangdi 221–206		Nördliche Wei-Dynastie 元魏 386–584	Nördliche Qi-Dynastie 北齊 550–577	Sui-Dynastie 隋朝 581–618		Liao-Dynastie der Kitan 遼朝 1066–1125	Jin-Dynastie der Dschurdschen 金朝 1125–1234		Ming-Dynastie 明朝 1368–1644

Wei 魏 445 225 · Zhao 趙 424 222 · Qin 秦國 361 221 · Yan 燕 –300 222

Han-Dynastie 漢朝 206 v. Chr.– 8 n. Chr. und 25–220 n. Chr.

5. Jh. v. Chr. · 4. Jh. v. Chr. · 3. Jh. v. Chr. · 2. Jh. v. Chr. · 1. Jh. v. Chr. · 1. Jh. n. Chr. · 2. Jh. n. Chr. · 3. Jh. n. Chr. · 4. Jh. n. Chr. · 5. Jh. n. Chr. · 6. Jh. n. Chr. · 7. Jh. n. Chr. · 8. Jh. n. Chr. · 9. Jh. n. Chr. · 10. Jh. n. Chr. · 11. Jh. n. Chr. · 12. Jh. n. Chr. · 13. Jh. n. Chr. · 14. Jh. n. Chr. · 15. Jh. n. Chr. · 16. Jh. n. Chr. · 17. Jh. n. Chr.

Abb. 2: Die Karte dokumentiert den Versuch, die Verläufe und die Ausdehnung der zu verschiedenen Zeiten entstandenen Mauern zu skizzieren. Sie gestattet damit eine ungefähre Vorstellung von der Dimension der noch vorhandenen sowie längst nicht mehr erhaltenen Mauerstrukturen. Die Karte kann allerdings nicht darüber hinwegtäuschen, dass die Große Mauer in ihrer Gesamtheit bislang nur unzureichend vermessen, dokumentiert und wissenschaftlich erschlossen ist.

weise weit in nördlicher, westlicher und östlicher Richtung über die Verläufe der Mauerabschnitte aus der Zeit der Qin- und der Ming-Dynastie hinaus. Heutige Schätzungen gehen von einer Gesamtlänge der zu dieser Zeit errichteten Mauern von über 10.000 km aus. Im Osten auf heute nordkoreanischem Gebiet beginnend, unweit der heutigen Hauptstadt Pyongyang, erstreckten sich die Mauern der Han-Zeit

Abb. 3: Abschnitt der Großen Mauer in der Höhe des Passes von Mutianyu im Süden des heutigen Kreises Huarou. Die in diesem Bereich verlaufende und mit einer stark ausgebauten Festung gleichen Namens versehene Mauer verbindet den Pass von Juyongguan im Westen mit dem Gubeikou-Pass im Osten. An gleicher Stelle wurden bereits im 6. Jh. n. Chr. Verteidigungswälle zur Abwehr feindlicher Angriffe errichtet. Zur Ming-Zeit war der Pass von Mutianyu ein strategisch wichtiger Stützpunkt zum Schutz der Hauptstadt und galt als uneinnehmbar. Heute zählt der um 1986 umfassend restaurierte Mauerabschnitt von Mutianyu neben Badaling zu den am häufigsten von Touristen besuchten Zielen entlang der Großen Mauer.

über ausgedehnte Gebiete Nordchinas und der Wüste Gobi mindestens bis in die Gegend des Jadetor-Passes (Yumenguan; der chinesische Begriff »guan« bedeutet Pass) unweit von Dunhuang im zentralasiatischen Teil der heutigen Provinz Gansu, einem in besonderer Weise zu schützenden, strategisch und militärisch wichtigen Punkt im Bereich der Handelsrouten der sogenannten Seidenstraße (Abb. 6 und 7). Wer aus westlicher Richtung kommend ins Chinesische Reich einreisen wollte, hatte das Jadetor zu passieren. Den aus östlicher Richtung Reisenden gestattete die Gegend um das strategisch wichtige Dunhuang den Zugang zum Hexi-Korridor, einer von zwei Gebirgszügen umschlossenen Wüstenebene, die das östliche Ende des Tarim-Beckens mit dem Landesinneren Nordchinas verband. Komplexe Verteidigungsanlagen, Befestigungen und militärische Kontingente sicherten zur Han-Zeit die Gegend von Dunhuang über viele Generationen hinweg vor feindlichen Angriffen und verhinderten die unerlaubte Einreise nach China. In westlicher Richtung schloss sich bis in das Gebiet der heutigen Lop-Nor-Wüste ein Mauerteilstück an, das mit Signal- und Wachttürmen versehen war. Dieses Bauwerk diente der weiteren Kontrolle sowie der Beobachtung der Verkehrswege und dem Schutz der Oasensiedlungen entlang der Seidenstraße. Bewegungen potenzieller Feinde im Grenzgebiet konnten rasch an weiter östlich und im Hinterland stationierte Kommandoeinheiten gemeldet werden. Den Mauern kam damit eine enorme militärische und machtpolitische Bedeutung zu.

DIE MAUERN DER MING-ZEIT

Ist von der Großen Mauer im engeren Sinne die Rede, verbindet man mit diesem Bauwerk in der Regel die zur Ming-Zeit errichteten Mauern und Mauerabschnitte. Unter dem ersten Ming-Kaiser Hongwu (1368–1398) erfolgte zum Schutz vor den nördlich des Reiches verbliebenen Mongolen und als sichtbares Symbol für das chinesische Selbstverständnis die völlige Instandsetzung früher entstandener Verteidigungswälle und der Ausbau bestehender Mauerteilstücke. Diese Bauten zeichnen sich durch ihre mächtige Stein- und Ziegelbauweise aus, die auch heute noch über viele Strecken hinweg sichtbar ist und den Charakter dieses Bauwerks ausmacht. Eindrucksvolle Mauern von gewaltiger Höhe und Breite, in teils regelmäßigen, teils unregelmäßigen Abständen errichtete Türme und mächtige Festungen bestimmen das äußere Erscheinungsbild der ming-zeitlichen Befestigungsanlagen. Die zu dieser Zeit entstandenen Mauern winden sich steilen Bergkämmen und Gebirgszügen folgend über viele hundert Kilometer hinweg. Gefährdete Pässe wurden wegen ihrer militärstrategischen Bedeutung zu gewaltigen Festungen ausgebaut. Trotz enormer Bautätigkeiten und gewaltiger Anstrengungen wurde die Idee einer sich über viele Tausende von Kilometern hinweg erstreckenden, durchgehenden Mauer aber auch in der jüngsten Phase ihrer mehr als 2000-jährigen Geschichte nicht in vollem Umfang verwirklicht.

Die ming-zeitlichen Mauern erstreckten sich vom Yalu-Fluss im Osten, heute in der Provinz Liaoning, unmittelbar an der chinesisch-koreanischen Grenze, bis zum Pass von Jiayuguan im Westen, heute in der Provinz Gansu. Das Baumaterial, die Bauweise, Struktur und Gestaltung der zur Ming-Zeit entstandenen Mauern konnte je nach Gegebenheiten variieren. Noch heute mit am eindrucksvollsten sind sicherlich die sich nördlich von Peking befindlichen Mauerzüge, in deren Erhaltung und partiellen Wiederaufbau seit den 50er Jahren des 20. Jahrhunderts enorme Energie floss. Zu nennen sind beispielsweise die seit vielen Jahren von Millionen in- und ausländischer Touristen besuchten Mauerabschnitte von Badaling, Jinshanling, Mutianyu (Abb. 3) und Simatai. Der Pass von Juyongguan (im Chinesischen auch als »Tian Xia Di Yi Guan«, bezeichnet, wörtlich übersetzt »erster Pass unter dem Himmel«) mit dem Mauerabschnitt bei Badaling, etwa 50 km nordwestlich von Peking im heutigen Kreis Yanqing, war von besonders wichtiger strategischer Bedeutung, konnte von hier aus doch einer der wichtigen Zugänge zur Hauptstadt kontrolliert werden (Abb. 4 und 5). Der etwa 70 km nordöstlich von Peking liegende, kaum weniger bedeutende Mauerabschnitt von Mutianyu (Kreis Huarou), er wurde erst 1986 instandgesetzt, fußt angeblich auf bereits zur Nördlichen Qi-Zeit (550–577 n. Chr.) errichteten Fundamenten und verfügt mit 22 Signal- beziehungsweise Wachttürmen auf einer Strecke von gerade einmal zwei Kilometern über außergewöhnlich viele Turmbauten. Dieses Mauerteilstück verbindet den Pass von Juyongguan im Westen mit dem Gubeikou-Pass im Osten, einem weiteren strategisch wichtigen Punkt an der Großen Mauer der Ming-Zeit. Der Pass von Gubeikou, gut 130 km nordöstlich von Peking gelegen, wurde unter dem ersten Kaiser der Ming-Dynastie zu einer kaum einnehmbaren Festungsstadt mit zahlreichen Wachttürmen und besonders massiven Mauern ausgebaut. Heute erheben sich an dieser Stelle, bedingt durch das zerstörerische Eingreifen des Menschen, nur noch Ruinen, die eine gewisse Vorstellung der einstigen Größe und Massivität vermitteln.

Am westlichen Ende der ming-zeitlichen Großen Mauer in der Provinz Gansu wurde bei Jiayuguan auf einer Terrasse zwischen dem Berg Heishan und dem Qilian-Gebirge eine mächtige Festung erbaut, die sich dank idealer Lage als wichtiger Kontroll-

punkt entlang der überregionalen Verkehrswege – der Seidenstraße – erweisen sollte. Heute ziehen an dieser Stelle rekonstruierte Bauten jeden Besucher in ihren Bann und gestatten eine ungefähre Vorstellung vom ausgeklügelten Verteidigungssystem der ming-zeitlichen Befestigungsanlage. Soweit überliefert, erstreckte sich die Errichtung des gewaltigen, mit Toren, Türmen und Zinnen sowie einer inneren und äußeren Ummauerung versehenen Festungsbaues zusammen mit mehreren Verteidigungsanlagen und Mauerabschnitten über einen Zeitraum von mehr als 150 Jahren. Mit dem Bau dieser Anlage war um das Jahr 1372 im Anschluss an die Eroberung des Gebiets westlich des Gelben Flusses durch General Feng Sheng begonnen worden.

Die Große Mauer der Ming-Zeit war in insgesamt neun, von Generälen befehligte Militärkommandanturen gegliedert, die jeweils direkt dem Kaiser oder dem Kriegsminister unterstellt waren und die Verteidigungsbereitschaft im Bereich dieses Bauwerkes sicherzustellen hatten. Aus Quellen geht hervor, dass damals zeitweilig nahezu eine Million Soldaten entlang der Großen Mauer stationiert waren. Ständige Patrouillen von Wachsoldaten sollten eine Rund-um-die-Uhr-Bewachung gewährleisteten.

DIE MUTMASSLICHE GESAMTLÄNGE

Über die mutmaßliche Gesamtlänge der unter dem Begriff Große Mauer zusammengefassten und zu verschiedenen Zeiten entstandenen Mauerteilstücke, Mauerabschnitte und Verteidigungswälle liegen bislang keine verlässlichen Angaben vor. Eine Gesamtvermessung mithilfe modernster, satellitengestützter Vermessungssysteme zur Erfassung aller nachweisbaren Strukturen dieses Bauwerks und zum Aufbau

Abb. 4: Ein erstes Teilstück der zur Ming-Zeit entstandenen Großen Mauer von Badaling im heutigen Kreis Yanqing wurde bereits in den Anfangsjahren der Volksrepublik China restauriert und der Öffentlichkeit übergeben. Heute drängen sich Tag für Tag Zehntausende in- und ausländischer Besucher entlang dieser einstmals strategisch wichtigen Mauerabschnitte mitsamt einer gleichnamigen Festung.

Abb. 5: Die Große Mauer bei Badaling (Yanqing). Der Name *Badaling*, wörtlich übersetzt »in acht Richtungen führende Berge«, spiegelt die topografische Situation eindrücklich wieder. Einem ruhenden Drachen gleich schlängelt sich die Große Mauer an dieser Stelle über scheinbar unzählige Bergketten hinweg.

eines Geoinformationssystems (GIS) zur Großen Mauer ist derzeit in Arbeit (so eine Meldung der staatlichen Nachrichtenagentur Xinhua vom 11. Februar 2007). Ergebnisse werden für 2011 erhofft.

Wie bereits weiter oben festgestellt, ist mit der chinesischen Bezeichnung »wanli changcheng« hinsichtlich der tatsächlichen Längsausdehnung des Bauwerks wenig gewonnen. Die verschiedenen in der Literatur zu findenden Angaben zur Mauerlänge weichen beträchtlich voneinander ab. Im Zusam-

menhang mit dem qin-zeitlichen Bauwerk ist immer wieder von einer über 5000 km langen, häufiger sogar von einer etwa 12.000 li, umgerechnet etwa 6350 km langen Mauer die Rede. Von der Großen Mauer der Han-Zeit ist mitunter zu lesen, dass sie exakt 6700 km lang gewesen sei. Würde man alle Mauerteilstücke und in die Tiefe gestaffelten Mauerabschnitte dieser Zeit hinzuzählen, addiere sich, so die in der einschlägigen Literatur gefundenen Rechenexempel, die Gesamtlänge der Großen Mauer sogar auf über 10.000 km, womit das han-zeitliche Bauwerk die mit Abstand längste Mauer in der chinesischen Geschichte wäre. Mitunter spricht man in diesem Zusammenhang inzwischen sogar von einer Länge der Großen Mauer der Han-Dynastie von bis zu 12.000 km.

Nähme man als Ausgangspunkt rein theoretischer Überlegungen die zu verschiedenen Zeiten entstandenen Mauerzüge und würde deren Länge addieren, käme sicherlich eine (fiktive) Zahl zustande, die ein Vielfaches der genannten Längenangaben wäre. A. Waldron hat mit Verweis auf verschiedene chinesische Quellen Maßangaben für die Gesamtlänge des Bauwerks angeführt, die in Zahlen von mehr als 30.000 Meilen gipfeln – eine schier unvorstellbare Länge, die weit über dem größten Erdumfang läge!

WER GAB DIE MAUERN IN AUFTRAG?

Über die Fragen, wer die verschiedenen Mauern in Auftrag gab, welchen Zwecken sie wirklich dienten und wer sie letztlich errichtete, ist viel geschrieben worden. Unwidersprochen ist, dass diese Bauwerke technische und organisatorische Meisterleistungen darstellen, die bis heute Ihresgleichen suchen. Auftraggeber der Mauern waren, soweit die Überlieferung Aussagen zulässt, amtierende Herrscher. Hinter ihrer Errichtung standen klare machtpolitische und ideologische Gesichtspunkte; pauschal ging es um den Schutz, die Einheit und Stabilität des chinesischen Kaiserreiches. Wenn diplomatische Bemühungen Chinas gegenüber den Reiternomaden der nördlichen Steppen scheiterten, Tributzahlungen und auch militärische Strafexpeditionen wirkungslos blieben, wurden Mauern errichtet – eine letztlich schon damals erfolglose Politik. Den jenseits der Gro-

ßen Mauer lebenden Bewohnern werden diese Bauwerke abweisend, schroff und unnahbar erschienen sein. Hier, also jenseits der Mauern, perfekt an ein Leben in der Steppe angepasste Nomaden, die eine klassische Weidewirtschaft, vor allem Viehzucht, betrieben, dort, auf chinesischem Territorium, sesshafte Bevölkerungsgruppen, die Ackerbau betrieben, in Siedlungen lebten und Hochkulturen hervorbrachten. Die Große Mauer war damit von Anbeginn eher eine monumentale Kulturgrenze als ein wirksamer Schutzwall vor feindlichen Angriffen.

Epochen besonders intensiver Bautätigkeit waren die Regierungszeiten des Ersten Kaisers von China und ersten Regenten der Qin-Dynastie, Qin Shihuangdi, des Kaisers Wudi der Westlichen Han-Dynastie sowie des ersten Herrschers der Ming-Dynastie, Kaiser Hongwu. Diese Aktivitäten standen jeweils in Zusammenhang mit innen- oder außenpolitischen Zielvorgaben. Die Großen Mauern des Qin-Kaisers dienten dem Schutz vor Übergriffen reiternomadischer Gruppen sowie der Abgrenzung des geeinten Chinas und seiner Bevölkerung gegenüber seinen nördlichen – nichtchinesischen, barbarischen – Nachbarn. Die han-zeitlichen Mauern grenzten das chinesische Siedlungsgebiet sowie das von China dank massiver militärischer Operationen eroberte Gebiet vom reiternomadisch geprägten Kulturraum im Norden ab. Den Mauern kam damit eine Funktion als Demarkationslinie zu, ferner sollten sie als Schutz- und Verteidigungswälle gegenüber feindlichen Angriffen reiternomadischer Xiongnu dienen. Ähnlich wird man bei rückblickender Betrachtung die zur Ming-Zeit auf Befehl des Kaisers Hongwu errichteten Mauern werten können, wenngleich auch sie keinen wirklich effektiven Schutz vor nördlichen reiternomadischen Mongolen darstellen konnten. Eher wurde die Große Mauer in dieser Epoche zum

Symbol einer letztlich erfolglosen Politik der Abschottung Chinas gegenüber seinen Nachbarn, zum Sinnbild der Angst und der Selbstgefälligkeit der chinesischen Hochkultur gegenüber der Außenwelt. Die Große Mauer grenzte chinesisches Herrschaftsgebiet von nichtchinesischem Territorium ab, trennte Chinesisches von Nichtchinesischem, Fremdem, Barbarischem und Unzivilisiertem. Das gewaltige Bauwerk war sichtbarer Ausdruck der Abgrenzung der chinesischen Hochkultur, des Reiches der Mitte, eines wirtschaftlich, gesellschaftlich, militärisch und politisch erfolgreichen Staatsgebildes von der vermeintlich kulturell und zivilisatorisch deutlich unterlegenen Außenwelt mit ihrer hirten- und reiternomadisch lebenden Bevölkerung. Im Laufe der Ming-Zeit verlor die Große Mauer zusehends ihre strategische Bedeutung als militärische Verteidigungslinie.

Die Vorstellung einer Isolation Chinas gegenüber äußeren Einflüssen, Mächten und Menschen blieb jedoch eine Wunschvorstellung. Immer wieder ist in den chinesischen Quellen von einem Austausch von Waren, Gütern und Ideen zwischen den beiderseits der Mauern ansässigen Bevölkerungsgruppen zu lesen. Chinesische Jade, Seide, Metallspiegel und Getreide wurden gegen Felle, Leder, Pferde und andere Produkte der Nomaden getauscht. Zeitweilig entstanden im Einzugsbereich der Großen Mauer regelrechte Märkte, die dem organisierten Warenaustausch dienten. Auch philosophisch-religiöse Vorstellungen, technologische und andere Innovationen fanden ihren Weg über die Mauern hinweg. Familiäre, politische und diplomatische Beziehungen zwischen den Chinesen und ihren vermeintlich barbarischen Nachbarn stellten einen ständigen Austausch sicher. Es war ein wirtschaftliches und diplomatisches Geben und Nehmen, von dem beide

Seiten profitierten. China war sich dabei stets seiner Rolle als zivilisatorisch überlegene Hochkultur bewusst und verstand sich als Reich der Mitte (Zhongguo) – als Nabel der Welt.

Von den unter Kaiser Qin Shihuangdi errichteten Verteidigungsanlagen heißt es, dass mehrere hunderttausend Soldaten, zwangsrekrutierte Bauern und Gefangene an ihrer Errichtung beteiligt gewesen seien und viele von ihnen dabei den Tod gefunden hätten. Verstorbene Arbeiter, so ist in verschiedenen Quellen zu lesen, wären direkt in den Mauern verbaut worden, weshalb man von der Großen Mauer zuweilen auch als größtem Friedhof spricht – einem Bauwerk, das damit auch zum Sinnbild von Ausbeutung, Unterdrückung und Willkür wird. In ähnlicher Weise soll man beim Mauerbau zur Zeit der Westlichen Han-Dynastie verfahren haben. Während der Ming-Dynastie wurde für die Errichtung, Instandsetzung und den Auf- und Ausbau der Großen Mauer vor allem das Militär herangezogen, nachdem Kaiser Hongwu verschiedenen Generälen entsprechende Aufträge erteilt hatte. Mit der Planung des Bauwerks und der Überwachung der laufenden Arbeiten waren zahlreiche Architekten, Ingenieure und viele andere Spezialisten beauftragt.

WORAUS WURDEN DIE MAUERN GEBAUT? WIE SAHEN SIE AUS?

Für die Errichtung der Großen Mauer bediente man sich verschiedenster Baumaterialien und Bautechniken. Vielfach nutzte man vor Ort oder im Einzugsbereich der Mauern vorhandene Materialien, etwa Erde, die man stampfen konnte, Sand, Geröll und Steine. Teilweise ließ man Holz oder anderes pflanzliches

Material (Weidenrutengeflecht, Binsengeflecht, Pflanzenfasern) aus geraumer Entfernung schaffen oder fertigte vor Ort nutzbare Materialien wie gebrannte Ziegelsteine oder Dachziegel. Bei dem am häufigsten verfügbaren und am meisten zur Errichtung der Mauern verwendeten Baumaterial handelt es sich jedoch um Erde, besonders lößhaltige Lehmerde, die sich hervorragend für die Errichtung von Mauern nutzen lässt und eine traditionelle, bis heute in weiten Gebieten Mittel- und Ostasiens gängige Bauweise vertritt. Zu diesem Zweck wurde, und wird noch heute, mithilfe hölzerner Stützen und Rahmen Erde, zum Teil auch vermischt mit anderem Material (Steine, Kiesel, Stroh), mit Stampfwerkzeugen gestampft, wodurch sich das Erdmaterialgemisch erheblich verdichtet und beim Trocknen sehr hart wird. Zwischen einzelne Stampferdeschichten legte man manchmal Lagen aus Holz, Geflecht, Pflanzenfasern oder Stroh, was die Stabilität erhöhte (Abb. 6). Viele Meter hohe Mauern, auch Türme und andere Bauwerke ließen und lassen sich in dieser Bauweise errichten. Getrocknete Lehmziegel, aber auch gebrannte Ziegel (Backsteine) konnten der Verkleidung dienen und trugen zur zusätzlichen Stabilität und besseren Wetterbeständigkeit bei (Abb. 7). In steinigem, gebirgigem Gelände verwendete man für den Mauerbau vornehmlich Stein. Holz, Ziegel und andere Materialien kamen je nach vorhandenen Gegebenheiten hinzu.

Die zur Ming-Zeit entstandenen Mauern wurden in stabiler Schalenbauweise errichtet und bestanden meist aus Schutt, Steinen und gebrannten Ziegeln. So entstanden ausgeklügelte Systeme von Mauerabschnitten mit teils regelmäßig, teils den topografischen Verhältnissen entsprechend angeordneten Signal- und Wachttürmen sowie größeren Festungen. Anders als unter früheren Dynastien bestanden die seitlichen Stützwände der sich nach oben leicht verjüngenden Mauern nunmehr durchgängig aus Steinen und mehreren Lagen gebrannter Ziegelsteine. Die Mauerkronen waren überdies gepflastert und mit einer Brustwehr sowie Zinnen versehen. Als Füllmaterial dienten Geröll, Steine und Sand.

Die Höhe und Breite der Mauern orientierte sich an den jeweiligen Verhältnissen, der topografischen Situation und den militärisch-strategischen Notwendigkeiten, die das Gelände erforderte. Im Bereich steiler Bergkämme beispielsweise konnten die Mauern meist wesentlich niedriger sein als in flachem Gelände. Die zur Ming-Zeit errichteten Mauern hatten eine durchschnittliche Höhe von 7–8 m, konnten aber bis zu rund 16 m hoch sein. Der Mauerquerschnitt war leicht trapezförmig; in Höhe des Mauerfußes konnte ihre Breite 6–7 m, in Höhe der Mauerkrone bis zu knapp 4 m betragen. Im Bereich der Mauerkrone verlief auf der Innenseite eine ca. 1 m hohe Brustwehr, während an der Außenseite bis zu etwa 2 m hohe Zinnen angebracht waren, die vor feindlichen Angriffen Schutz bieten sollten. Die Pflasterung der Mauerkronen gestattete es, diese als wegähnliche Verbindungen zu nutzen, um im Falle eines Angriffs rasch mit entsprechenden Militärkontingenten von einer Stelle zu einer anderen gelangen zu können; neben Truppentransporten fanden auf diesen Trassen auch Materialtransporte statt. Angesichts der Schnelligkeit, der großen Mobilität und der Flexibilität feindlicher Reiternomaden waren dies entscheidende Kriterien, um rasch und effektiv militärisch reagieren zu können. In regelmäßigen Abständen entlang des Mauerverlaufs errichtete Treppen stellten sicher, dass die Soldaten auf die Mauer gelangen konnten. Aussichts-, Wacht- und Signaltürme unterbrachen in unterschiedlichen, zuweilen regelmäßigeren Abständen den Verlauf der Mauern. Solche Türme wiesen in der Regel eine trapezoide Form

Abb. 6: Mauerabschnitt aus der Han-Zeit unweit westlich von Yumenguan (Jadetor-Pass) bei Dunhuang in der heutigen Provinz Gansu. Vom Bauwerk blieb infolge mehr als 2000-jähriger Erosion nur ein langgestreckter Stampferdewall erhalten. Deutlich sind zwischen den geschichteten Erdpaketen horizontale Schichten aus Stroh und Schilfrohr zu erkennen. Die ursprüngliche Höhe der Mauer dürfte bei etwa 3–5 m gelegen haben. Das Mauerteilstück zählt zu den am weitesten westlich verlaufenden Abschnitten der Großen Mauer und grenzte das von den Han-Kaisern eroberte chinesische Territorium entlang der Seidenstraße vom nördlich anschließenden Gebiet ab. Zudem diente es dem Schutz, der Kontrolle und der Beobachtung der dortigen Verkehrswege und Handelsrouten.

auf, waren meist zweigeschossig und durchschnittlich 12 m hoch. Während sich im Untergeschoss oft Lagerräume für Lebensmittel, Ausrüstungsgegenstände, Waffen und Munition sowie die Unterkünfte der Wachmannschaften befanden, waren die Obergeschosse zu massiven Aussichtsplattformen ausgebaut, von denen aus ein relativ großes Gebiet beobachtet und im Falle drohender Angriffe Signale, etwa Licht-, Rauch- oder Feuerzeichen, aber auch akustische Signale, an benachbarte Stationen weitergegeben werden konnten. Darüber hinaus gab es schließlich auch eigens der Kommunikation dienende Signaltürme, die in unmittelbarer Nähe entlang der Mauer und zueinander in Sichtweite errichtet worden waren. Zur Ming-Zeit bediente man sich des Abfeuerns von Kanonen, um wichtige Nachrichten zu

Abb. 7: Ruine des stark befestigten Jadetores am gleichnamigen Yumenguan (Jadetor-Pass) bei Dunhuang (Provinz Gansu). Die in der Han-Zeit errichtete Festung markierte über viele Jahrhunderte hinweg die Grenze Chinas nach Westen. Das massive Gebäude besteht aus getrockneten Lehmziegeln und zählt zu den bekanntesten Befestigungsanlagen seiner Zeit. Der sich leicht nach oben verjüngende Festungsbau verfügt über einen annähernd quadratischen Grundriss (24 m x 26 m) und erhebt sich noch heute knapp 10 m über die ihn umgebende Ebene. Bis zu 4 m dicke Lehmziegelwände umschließen einen quadratischen Innenhof, zu dem zwei Tordurchgänge führen.

übermitteln. Mithilfe ausgeklügelter Kommunikationscodes konnten so genaue Informationen zur Truppenstärke feindlicher Angreifer übermittelt werden. In einer Vorschrift aus dem Jahre 1468 heißt es beispielsweise, dass eine Gruppe von etwa 100 Angreifern durch einen Kanonenschuss und eine Rauchsäule, 500 Angreifer durch zwei Kanonenschüsse und zwei Rauchsäulen und 1000 Angreifer schließlich

durch drei Kanonenschüsse und drei Rauchsäulen zu melden seien.

Im Bereich strategisch besonders wichtiger Punkte entlang der Großen Mauer, zum Beispiel Gebirgspässen, Flussläufen und wichtigen Verkehrswegen, ergänzten spezielle Befestigungsanlagen und Bastionen die Möglichkeiten einer militärischen Verteidigung (Abb. 8). An diesen Stellen waren unter der

Leitung örtlicher Kommandanten Soldaten in größerer Zahl stationiert. Hier liefen ständig Informationen zusammen und im Bedarfsfall wurden militärische Operationen geplant. Mit dem Ende der Ming-Dynastie und der Etablierung der mandschurischen Qing-Dynastie im Jahre 1644 hatte sich die Situation grundlegend verändert. Die Große Mauer hatte ihre Bedeutung verloren. In den auf die Ming-Dynastie folgenden drei Jahrhunderten verfiel das Bauwerk zusehends. Die Mauern dienten den Bewohnern naher Siedlungen als Steinbrüche, die Natur tat ein Übriges. Erst zu Beginn der zweiten Hälfte des 20. Jahrhunderts sollte sich ein neues Kapitel für die Große Mauer öffnen: Ein Mythos wurde geboren. Seither geht, will man den Medien Glauben schenken, eine positive Symbolkraft von diesem Bauwerk aus.

DIE GROSSE MAUER IM 20. JAHRHUNDERT – EIN MYTHOS ENTSTEHT

Im Jahre 1952, nur drei Jahre nach der offiziellen Gründung der Volksrepublik China, wurde in der Höhe von Badaling, unweit nördlich von Peking, ein erstes Teilstück der Großen Mauer wiederaufgebaut und der Öffentlichkeit übergeben, letztlich eine Ausflugskulisse für hohe Staatsgäste der Ära Mao Zedongs. In den darauffolgenden Jahren wurden weitere Mauerabschnitte restauriert oder wiederaufgebaut. Während der Zeit der chinesischen Kulturrevolution (1966–1976) erlitten die Bemühungen zum Wiederaufbau oder zur Instandsetzung der Großen Mauer empfindliche Rückschläge. Die blinde Zerstörungswut der Roten Garden machte vor den Bauwerken der chinesischen Kaiserzeit nicht halt. Viele Mauerabschnitte wurden in diesen Jahren zerstört und ihr Material für den Bau von Straßen verwendet. Nach dem Tod von Mao Zedong im Jahre 1976 und mit den späteren Reformen Deng Xiaopings wandelte sich die Einstellung der chinesischen Politiker zur Geschichte Chinas und speziell zur Großen Mauer erneut. In den 80er Jahren des 20. Jahrhunderts wurde das Bauwerk wiederentdeckt und rasch zu einem nationalen Symbol ersten Ranges erhoben. Im September des Jahres 1984 hat Deng Xiaoping mit den Worten »lasst uns aus Liebe zu unserem Land die Große Mauer wieder errichten« zum Wiederaufbau der Großen Mauer aufgerufen und damit einen beispiellose, bis heute andauernde Entwicklung dieser Monumente eingeleitet. Bereits drei Jahre später, im Jahre 1987, wurde die Chinesische Mauer von der UNESCO in die Liste des Weltkulturerbes aufgenommen. Heute besuchen Jahr für Jahr viele Millionen chinesischer und ausländischer Touristen (2006 sollen es 10 Millionen gewesen sein) die Große Mauer, ein Bauwerk, das es so eigentlich nie gegeben hat.

Die Große Mauer ist seit vielen Jahren ein Mythos, sie steht für eine bis heute ungebrochene Vorstellung und ist ein wichtiges Motiv von nationaler Symbolkraft. Sie vertritt ein bauliches Monument der Superlative, das zunächst chinesische Politiker für ihre Anliegen zu nutzen wussten, inzwischen aber längst von der chinesischen Nation in Anspruch genommen wird. Die Chinesen sind stolz auf ihre Große Mauer als Symbol der Stärke und historischen Einheit Chinas. Die architektonischen und baulichen Leistungen die die Mauern darstellen, ihre Gesamtausdehnung, ihre größte Höhe oder Tiefe, die Kubikmeter an Baumaterialien und die genialen Ingenieursleistungen – sie alle werden als Beleg für die einzigartige Stärke und Leistungsfähigkeit Chinas und der Chinesen verstanden.

Darüber hinaus ist die Große Mauer ein Spiegelbild – besser Zerrbild – chinesischer Außenpolitik. In ihrer geografischen und zeitlichen Ausdehnung spiegelt sie die wechselvolle chinesische Geschichte und die Außenbeziehungen Chinas wie kein anderes Bauwerk neben ihr wider. Kein kaiserlicher Palast, keine Residenz, keine Hauptstadt, kein Tempel innerhalb der mehr als 2000-jährigen Geschichte chinesischer Herrscherdynastien kann dies für sich in Anspruch nehmen. Die Idee einer Großen Mauer als gigantisches zusammenhängendes Bauwerk entsprang allerdings Vorstellungen, die weit über das 20. Jahrhundert hinaus zurückreichten und untrennbar mit der westlichen Wahrnehmung Chinas zur Zeit der Qing-Dynastie verbunden waren.

In den chinesischen Geschichtsquellen kam der Mauer hingegen zu keiner Zeit die Bedeutung eines Symbols für die gesamte chinesische Nation zu. Vielmehr assoziierte man mit ihr die Herrschaft Qin Shihuangdis, des Ersten Kaisers von China, dessen Leistungen bis auf den heutigen Tag kontrovers diskutiert werden. Unter seiner Herrschaft wurde die Mauer zum Schutz vor den gewaltsamen Einfällen und Übergriffen der kulturell und zivilisatorisch unterlegenen Xiongnu errichtet, womit sie in ideologischer Hinsicht den Einigungsprozess des Qin-Herrschers, seinerseits charakterisiert durch Eroberungskriege, begleitet habe. Andere Vorstellungen sahen in der Mauer den unvergleichlichen Größenwahn des Qin Shihuangdi gespiegelt, der sich längst vom konfuzianischen Moralverständnis gelöst hatte und mit diversen Großbauprojekten, darunter seiner eigenen Grabstätte, heute selbst Weltkulturerbe der UNESCO, viele Hunderttausende in die Sklaverei und den Tod geschickt habe.

Arthur Waldron und nach ihm manch andere Wissenschaftler haben deutlich gemacht, dass die allgemein verbreitete Idee einer Großen Mauer nichts anderes als ein Mythos ist, der mit der tatsächlichen chinesischen Geschichte nicht allzu viel zu tun hat. Es waren erst die modernen Führer Chinas, welche die Große Mauer als zusammenhängendes gigantisches Bauwerk propagierten, das mindestens bis ins 3. Jh. v. Chr. zurückreiche und bis zur Gegenwart bestanden habe. Man wollte die Öffentlichkeit glauben lassen, bei der Chinesischen Mauer handele es sich um eine einzigartige Gesamtkonstruktion mit einer mehr als 2000-jährigen Geschichte. Waldron wies nach, dass das meiste dessen, was wir heute als Große Mauer begreifen, erst während der Ming-Dynastie errichtet wurde. Fragen nach der inneren Stabilität und nationalen Identität der in China lebenden Bevölkerungsgruppen waren ab der zweiten Hälfte des 20. Jahrhunderts entscheidende Faktoren, die den Wiederaufbau der Großen Mauer begünstigten. Nach Waldron könne in diesem Zusammenhang von einem modernen Kulturnationalismus gesprochen werden. Der Mythos Mauer fand in China seither gleichermaßen Eingang in gelehrte als auch populäre Vorstellungswelten, die von der kulturellen Einzigartigkeit und der Überlegenheit Chinas sprechen und historische Fakten überdecken. In einer 2007 veröffentlichten Umfrage zur Kürung der »sieben neuen Weltwunder«, an der weltweit 70 Millionen Menschen teilgenommen hatten, erklomm die Große Mauer das Siegertreppchen – wen mag dies wundern?

Unter verschiedenen Herrscherdynastien glaubte das kaiserliche China sich durch das Errichten gigantischer Mauern vor seinen Nachbarn schützen zu können. Man verfolgte eine Politik der Abgrenzung, ja der Abschottung und des Isolationismus gegenüber der Außenwelt. Andererseits hegte man die Hoff-

Abb. 8: Ruinen eines riesigen Getreide-speichers auf dem Gelände der ehemaligen Garnisonsstadt Hecang (Dafangpan) nahe des Yumenguan. Das aus Stampferde und Lehmziegeln errichtete Gebäude verfügt über einen rechteckigen Grundriss von 132 m auf 17 m und besitzt noch heute bis zu 8 m hohe Wände. Ursprünglich war der Getreidespeicher mit einer Wehrmauer und vier Wachttürmen geschützt. Das einst hier aufbewahrte Getreide diente der Versorgung der Truppen am Jadetor-Pass und benachbarten Abschnitten der Großen Mauer.

nung durch solche Maßnahmen die zwecks gesellschaftlicher und politischer Stabilität notwendigen Prozesse der Integration im Innern des chinesischen Reiches und Kulturraumes – in dynastischer Zeit wie heute und seit vielen Jahrtausenden Heimat vieler verschiedener Ethnien, Volksgruppen und Stämme – dadurch beschleunigen zu können. Bei historischer Betrachtung und mit Blick auf die wechselhafte Geschichte Chinas – mit wechselnden Fremdherrschaften, Rückeroberungen und vielschichtigen Akkulturationsprozessen – dürften diese Vorstellungen sicherlich als Trugschlüsse zu werten sein, mit Blick auf fast 60 sogenannte nationale Minderheiten in der heutigen Volksrepublik China und nicht enden wollenden gesellschaftspolitischen Diskussionen im Innern Chinas bleiben sie unrealistische Wunschvorstellungen.

DIE GROSSE MAUER IN DER LITERATUR

Um die Große Mauer ranken sich viele Geschichten und literarische Zeugnisse, darunter zahllose chinesische Gedichte, Erzählungen, Legenden, Halbwahrheiten und Anekdoten, aber recht wenige chinesische historische Quellen. Mit am bekanntesten dürfte sowohl in China als auch weit darüber hinaus eine Legende sein, die vom Qing-Kaiser Kangxi berichtet. Dieser Herrscher, ein Angehöriger der Mandschu, habe, so die Erzählung, in den heißen Sommern oftmals Inspektionsreisen in sein Heimatgebiet unternommen, um der Hitze in der Hauptstadt zu entgehen und seinen Ahnen Opfer darzubringen. Eines Tages als Kaiser Kangxi auf der Rückreise nach Peking gewesen sei, habe er die Große Mauer in Höhe von Shanhaiguan passieren wollen. Als der Herrscher aber das Tor der dortigen Passfestung mit seinem Be-

gleittross in den Abendstunden erreichte, fand er es verschlossen vor. Natürlich hielt ein Begleiter des Kaisers die hier stationierten Wachtposten an, das Tor sofort zu öffnen, doch diese weigerten sich und erklärten, dass das Tor auf Befehl des Kaisers in der Nacht verschlossen bleiben müsse und es ihre Pflicht sei, diesem Befehl unbedingte Folge zu leisten. Der Begleiter erwiderte daraufhin, dass es der Kaiser selbst sei, der Einlass verlange, worauf einer der Soldaten antwortete, dass könne bei der Dunkelheit ja jeder behaupten, dass er sei der Kaiser sei. Als bei Anbruch des darauffolgenden Tages das Tor dann endlich geöffnet wurde, staunten die Wachtposten nicht schlecht, als sie den Kaiser persönlich und seinen Tross erblickten und baten umgehend um Vergebung. Obwohl zunächst empört, habe der Kaiser dann aber alle Soldaten an diesem Pass befördert und ihnen eine Belohnung für ihr Verhalten gezahlt.

Abgesehen von literarischen Zeugnissen in China gibt es auch in den westlichen Literaturen manches zur Mauer zu entdecken. So hat sich beispielsweise der Schweizer Dramatiker Max Frisch (1911–1991) intensiv mit der Großen Mauer und der Geschichte Chinas beschäftigt. In seinem 1947 entstandenen Theaterstück »Die Chinesische Mauer. Eine Farce« lässt er einen Intellektuellen zusammen mit verschiedenen historischen Persönlichkeiten, etwa Napoleon, Kleopatra und Pontius Pilatus, in die Zeit des Kaisers Qin Shihuangdi zurückreisen und setzt sich kritisch mit den dortigen diktatorischen Verhältnissen auseinander.

MYTHOS UND MARKETING

Die Popularität der Großen Mauer ist heute ungebrochen. Kitsch und Souvenirs, populäre Veröffentlichungen und Bildbände sind diesem Bauwerk gewidmet. Bilder der Großen Mauer prangen auf T-Shirts, auf denen zu lesen ist, man habe sie bestiegen (»I climbed the Great Wall«), moderne chinesische Halbweisheiten verkünden in Anlehnung eines Ausspruchs von Mao Zedong aus dem Jahre 1935 auf dem »Langen Marsch«, man sei kein Mann, solange man nicht die Mauer bestiegen habe (»Wenn wir die Große Mauer nicht erreichen, sind wir keine richtigen Männer«). Auf das Herausbrechen von Steinen aus der Großen Mauer durch Souvenirjäger reagiert die chinesische Regierung inzwischen mit drakonischen Strafen. Befürchtungen über den unaufhaltsamen Verfall des Bauwerks werden immer lauter und äußern sich in programmatischen Aufrufen zum Erhalt und Schutz der Großen Mauer.

Seit den Jahren der Reformpolitik Deng Xiaopings ist die Mauer zu einem enormen Wirtschaftsfaktor für den Tourismus in China geworden. Heute finden auf der Großen Mauer immer wieder Feste statt, Illuminationen, Feuerwerke, spektakuläre Veranstaltungen und medienwirksame Events. Ein Ende dieser Entwicklung ist nicht abzusehen. Das moderne China mit seiner polyethnischen Bevölkerung wäre heute ohne die Mauer sicherlich um einiges ärmer. Die chinesische Geschichte hätte einen anderen Verlauf, eine andere Entwicklung genommen. Gäbe es heute dann überhaupt ein modernes China? Fragen, auf die es keine Antworten geben kann. Die Große Mauer ist heute kulturelles Aushängeschild, dabei werbewirksam, integrierend, völkerverständigend und einzigartig, ein wunderbares Instrument in den Händen findiger Herrscher, Politiker und Staatslenker. Die Mauer ist aber auch ein nur schwer zu ergründendes Phänomen geblieben. Vieles gilt es noch zu entdecken, zu dokumentieren, zu erforschen. Alle Geheimnisse wird die Große Mauer wohl nie preisgeben – so ist das eben mit einem Mythos.

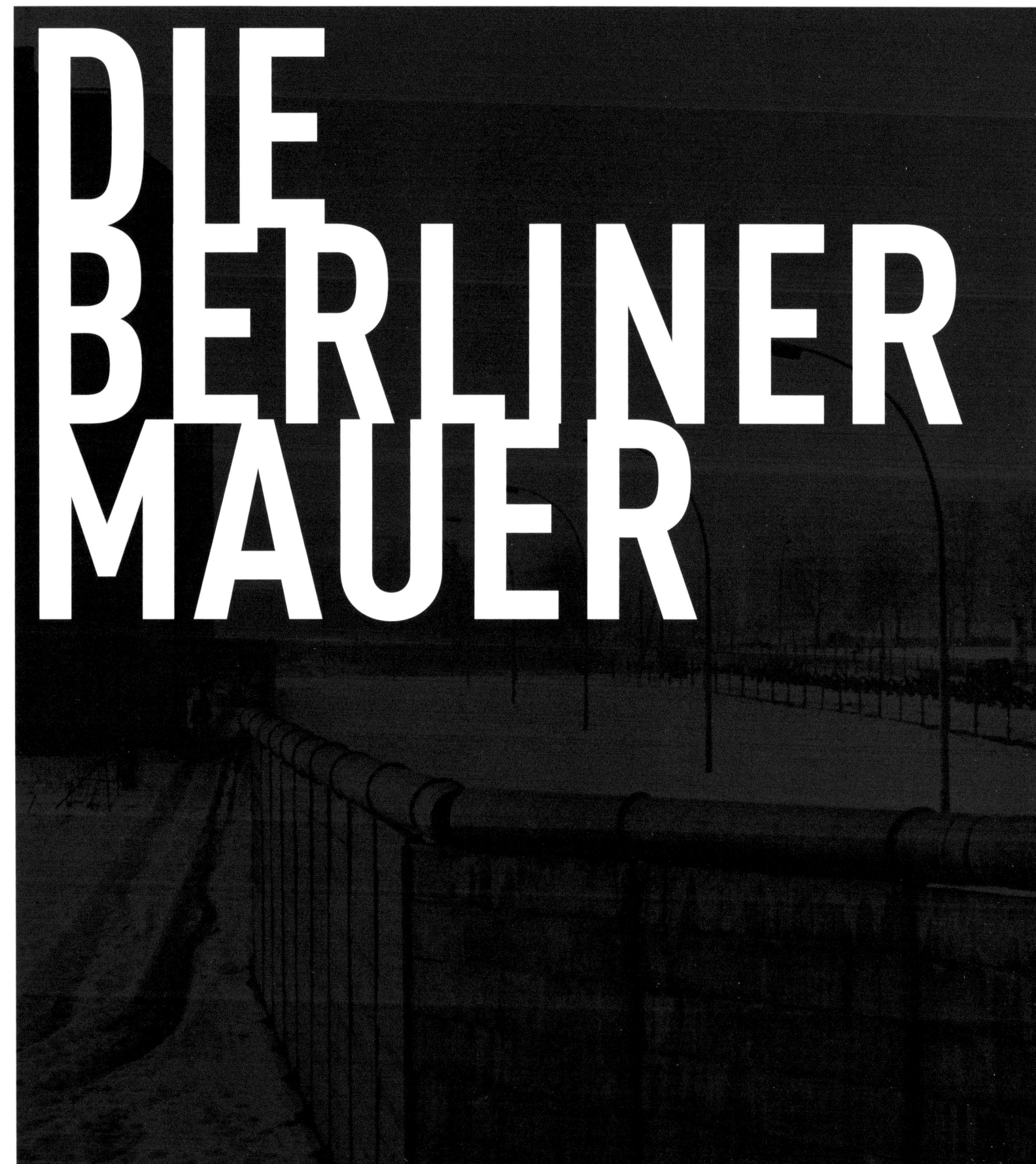

DIE BERLINER MAUER

DIE BERLINER MAUER

Cornelius Hartz

»Am Sonntag, dem 13. August 1961, waren die Augen Amerikas auf Washington gerichtet, wo ein Ereignis die ganze Nation in Atem hielt: das große Baseballspiel des Jahres, die Yankees gegen die Senators. Am selben Tag errichteten die Kommunisten durch einen Handstreich eine Mauer zwischen Ost- und West-Berlin. Ich erwähne das nur, um zu zeigen, mit welcher Art von Leuten wir es in der Pankower Kreml-Filiale zu tun haben.«

Mit diesen Worten beginnt Billy Wilders Filmkomödie »Eins, Zwei, Drei« (»One, Two, Three«). Die Dreharbeiten begannen im Juni 1961, und zunächst drehte Wilder an Originalschauplätzen in Berlin. Nach zwei Monaten jedoch musste die Filmcrew in die Münchener Bavaria-Filmstudios umziehen und das Brandenburger Tor unter großem Aufwand nachbauen. Wilder hierzu: »Der 13. August 1961 war ein schöner Sommertag. Wir hatten die Tage zuvor am Brandenburger Tor gedreht und dabei, entsprechend dem Drehbuch, Ballons mit der Aufschrift ›Russki go home‹ aufsteigen lassen. Was wir dort an jenem 13. August erlebten, hielten wir für einen bösen Scherz. (...) Der Mauerbau, der mitten in meine Dreharbeiten zu ›One, two, three‹ fiel – dieser frostigste Kälteeinbruch im Kalten Krieg –, machte meine Komödie für Jahre überflüssig. (...) Ein Mann, der die Straße langläuft, hinfällt und wieder aufsteht, ist komisch. Einer, der hinfällt und nicht mehr aufsteht, ist nicht mehr komisch. Sein Sturz wird ein tragischer Fall. Der Mauerbau war ein solcher tragischer Fall.«

Am Beispiel einer aufwendigen amerikanischen Filmproduktion, die sich durch die Entwicklung politischer Ereignisse gefährdet sah, mag man ermessen können, wie überraschend der Mauerbau für die Berliner dies- und jenseits der Mauer, die Deutschen dies- und jenseits der Zonengrenze kam. Kurz nach Beginn der Dreharbeiten zu Wilders Film hatte Walter Ulbricht, der Staatsratsvorsitzende der SED, auf einer internationalen Pressekonferenz in Ost-Berlin zu einer westdeutschen Journalistin gesagt: »Ich verstehe Ihre Frage so, dass es Menschen in Westdeutschland gibt, die wünschen, dass wir die Bauarbeiter der Hauptstadt der DDR dazu mobilisieren, eine Mauer aufzurichten. Mir ist nicht bekannt, dass eine solche Absicht besteht, da sich die Bauarbeiter in der Hauptstadt hauptsächlich mit Wohnungsbau beschäftigen und ihre Arbeitskraft voll eingesetzt wird. Niemand hat die Absicht, eine Mauer zu errichten.« Dieser eine, letzte Satz brannte sich ins Bewusstsein der Berliner ebenso ein wie Kennedys »Ich bin ein Berliner« oder Ernst Reuters »Schaut auf diese Stadt!«

Marshall-Plan und Kalter Krieg
BERLIN 1945–1961

Als die Mauer 1961 in Berlin errichtet wurde (Abb. 1), war Deutschland bereits seit sechzehn Jahren ein geteiltes Land. Nach der Kriegsniederlage und dem Ende der nationalsozialistischen Diktatur war Deutschland 1945 in vier Besatzungszonen aufgeteilt worden. Berlin wurde unter gemeinsame Verwaltung der Vier Mächte (USA, England, Frankreich, Sowjetunion) gestellt und das Staatsgebiet in vier Sektoren aufgeteilt.

Anders als die europäischen Staaten und die Sowjetunion waren die USA wirtschaftlich gestärkt aus dem Krieg hervorgegangen. Der von den USA ab 1948 in Westdeutschland eingesetzte Marshall-Plan zum wirtschaftlichen Wiederaufbau sollte sich zunächst auf das gesamte Gebiet des ehemaligen Deutschen Reiches erstrecken, doch schon bald erwies sich dies als undurchführbar: Die UdSSR wollte in ihrer Besatzungszone eine kommunistische Führung einsetzen, und die Bedingungen für die Durchführung des Marshallplans wurden von der UdSSR nicht akzeptiert. Man drängte auf Einführung einer eigenen Währung und einer eigenen Wirtschaftsstruktur in der Ostzone.

Die Reisefreiheit von der Ost- in eine der Westzonen war bereits im Juni 1946 von der Sowjetführung eingeschränkt worden – dies galt bis dato allerdings noch nicht für Berlin: Hier konnte man sich noch frei von einer in die andere Zone bewegen (Abb. 2); zahlreiche Bewohner des sowjetischen Sektors hatten z. B. ihren Arbeitsplatz in einem der Westsektoren und umgekehrt. Dennoch wuchsen die Spannungen zwischen Ost und West merklich – nicht zuletzt dadurch, dass Westdeutschland vor allem von den USA wirtschaftliche Hilfe bekam, der Osten stattdessen immer noch Reparationsleistungen gegenüber der Sowjetunion erbringen musste, die im Zweiten Weltkrieg wie kein anderes Land zerstört worden war.

Die internationalen Spannungen dieser ersten Phase des Kalten Krieges erreichten ihren Höhepunkt in der Blockade West-Berlins durch die UdSSR, die beinahe ein Jahr andauerte, vom 24. Juni 1948 bis 12. Mai 1949. West-Berlin wurde über eine Luftbrücke versorgt, und spätestens jetzt sah man die alliierten Mächte im Westen nicht mehr als Besatzungs-, sondern vielmehr als Schutzmächte gegenüber der Sowjetunion.

1949 wurden die Bundesrepublik Deutschland und die Deutsche Demokratische Republik gegründet. In der DDR wurden die KPD und die SPD zur »Sozialistischen Einheitspartei Deutschlands« zwangsvereinigt, die bürgerlichen Parteien und Gewerkschaften wurden gleichgeschaltet, immer mehr Betriebe wurden enteignet und kollektiviert, und man kürzte die Renten bei gleichzeitiger Erhöhung der Lebensmittelpreise. Obendrein beschloss die DDR-Führung am 26. Mai 1952 die Einrichtung eines 500-m-Schutzstreifens und eines 5-km-Sperrgebiets an der Zonengrenze. Der Unmut der Bevölkerung Ostdeutschlands über die weiterhin schwierigen wirtschaftlichen Zustände und die Unterdrückung politischer Opposition entlud sich schließlich im Volksaufstand vom 17. Juni 1953 in Ost-Berlin, der durch sowjetische Truppen und Panzer blutig niedergeschlagen wurde (und den 17. Juni in Westdeutschland sozusagen als Mahnung bis 1990 zum »Tag der Deutschen Einheit« werden ließ).

Ab diesem Tag stieg die Zahl der aus der DDR Flüchtenden dramatisch an. Und sie wuchs weiter, bei jedem Ereignis, das die Bürger der DDR als weitere Bedrohung ihrer persönlichen Freiheit ansahen: nach der Unterzeichnung des Warschauer Pakts (14. Mai 1955), nach der Gründung der Nationalen Volksarmee (1. März 1956), bei der Berlin-Krise, als Sowjet-Parteichef Chruschtschow den Westmächten ein – glücklicherweise dann tatenlos verstreichendes – Ultimatum stellte, aus Berlin abzuziehen (27. November 1958) und nach der Kampagne der SED zur endgültigen Zwangskollektivierung der Landwirtschaft (Frühjahr 1960).

Der einfachste Weg zur Flucht war dabei immer noch der über West-Berlin: Es gab zwar auch an der Sektorengrenze Kontrollen, doch war es hier nun

Abb. 1: Die Mauer schneidet mitten durch Berlin: Verstärkung der Sperr-mauer der »ersten Generation« an der Ecke Boyenstraße/Chausseestraße (Wedding); Aufnahme: 1962.

Abb. 2: Immer noch ein populäres Fotomotiv: Schild am Grenzübergang »Checkpoint Charlie«, wo man sich heute für 1 Euro mit einem US-Soldaten fotografieren lassen kann; Aufnahme 2008.

wesentlich einfacher die Grenze zu überwinden als an der Zonengrenze. Flüchtlinge aus der DDR meldeten sich im Übergangslager Berlin-Marienfelde und blieben dann entweder in West-Berlin oder wurden nach Westdeutschland ausgeflogen.

»Habt keine Panikstimmung!«
DAS JAHR 1961

Die ökonomische Lage in der DDR hatte bereits seit Anfang der 50er Jahre mit dem wirtschaftlichen Aufschwung in Westdeutschland nicht mithalten können. Doch im Frühjahr 1961 verschlechterte sie sich noch weiter. Mit den wachsenden Versorgungsproblemen stieg die Zahl der Flüchtlinge. Das Ende der DDR schien bereits greifbar.

SED-Chef Ulbricht forderte Moskau auf, zu reagieren, doch dort blieb man zögerlich. Erst nach einem

Gipfeltreffen zwischen Chruschtschow und US-Präsident John F. Kennedy am 3. und 4. Juni 1961 in Wien wurde gehandelt. Beim Treffen herrschte ein frostiger Ton, und Chruschtschow wiederholte sein Ultimatum von 1958. Er drohte sogar damit, der DDR staatliche Souveränität zuzubilligen und ihr somit die Hoheit über alle Verkehrswege nach West-Berlin zu geben. Kennedy wies das Ultimatum zurück und formulierte stattdessen drei Grundsätze der Berlinpolitik, die als »Three Essentials« in die Geschichte eingingen: das unantastbare Recht der Westmächte auf Anwesenheit in ihren jeweiligen Sektoren West-Berlins, das Zugangsrecht der Westmächte zur ehemaligen Reichshauptstadt Berlin sowie die Wahrung der Sicherheit und der Rechte der Bürger West-Berlins durch die westlichen Besatzungsmächte.

Im Jahr 1960 waren fast 200.000 Menschen aus der DDR nach Westdeutschland geflüchtet, davon mehr als drei Viertel von Ost-Berlin aus über die Sektorengrenze in den Westteil der Stadt. Und auch im Jahr 1961 riss der Strom der Flüchtlinge nicht ab. Im Juli erreichte ihre Zahl mit 30.415 den höchsten Stand

Zahl der im August 1961 im Flüchtlingslager Berlin-Marienfelde registrierten Flüchtlinge

2.	August:	1322
3.	August:	1100
4.	August:	1155
5.	August:	1283
6./7.	August:	3268
8.	August:	1741
9.	August:	1926
10.	August:	1709
11.	August:	1532
12.	August:	2400

seit dem 17. Juni 1953, und im August stiegen die Zahlen weiter an.

Am 7. August legte das Politbüro der SED in einer außerordentlichen Sitzung fest, dass am Wochenende des 12./13. August die Sektoren- und Zonengrenze geschlossen würden. Der entsprechende Beschluss im Wortlaut: »*Der Beginn der vorgesehenen Maßnahmen zur Kontrolle erfolgt in der Nacht vom Sonnabend zum Sonntag aufgrund eines Beschlusses des Ministerrates.*« Für Freitag, den 11. August 1961, sollte die Volkskammer einberufen werden, und für das Wochenende lud Walter Ulbricht den Ministerrat »zu einem Beisammensein« ein.

Unter strengster Geheimhaltung wurde die generalstabsmäßige Vorbereitung des Einsatzes von bewaffneten Kräften für den 13. August in Angriff genommen. Dazu wurden zwei sogenannte »operative Gruppen« gegründet. Die eine unterstand dem Verteidigungsministerium der DDR und bestand aus 13 Offizieren. Sie kam unter dem Vorwand einer großen Übung im Gästehaus der NVA bei Strausberg zusammen. Von hier aus wurden bis zum 12. August alle Befehle, Transport-, Verlegungs- und Versorgungspläne, Karten und Nachrichtenverbindungen vorbereitet, die für den Einsatz von zwei Divisionen erforderlich waren – all dies unter Ausschaltung aller Offiziere, die eigentlich per Rang und Verantwortungsbereich für diese Vorgänge zuständig gewesen wären.

Die zwei Divisionen aus Potsdam und Schwerin, die zusammen 7350 Soldaten, 200 Panzer und 320 Schützenpanzerwagen stark waren, sollten etwa 1000 m hinter der Mauer als »zweite Sicherungsstaffel« in Position gehen und Durchbrüche verhindern – eine an der Sektorengrenze, die andere am West-Berliner »Außenring«. Beide Divisionen wurden am Nachmittag des 10. August in Alarmbereitschaft

versetzt, der Abmarsch aus den jeweiligen Kasernen nach außen hin als Übung getarnt.

Die zweite »operative Gruppe« unterstand dem Innenministerium der DDR, bestand aus sieben Offizieren und traf in einer Schule der Volkspolizei im kleinen Ort Biesenthal zusammen, zwischen Berlin und Eberswalde. Sie regelte das Eingreifen direkt an der Sektorengrenze. Hier bildeten »Sicherungskommandos« aus Mitgliedern von Bereitschafts-, Transport- und Volkspolizei sowie der »Kampfgruppen der Arbeiterklasse« die erste Sicherungsstaffel. Zudem wurden in Biesenthal die Regelungen zur Sperrung der Grenzübergänge und von S- und U-Bahn-Verbindungen zwischen Ost und West ausgearbeitet. Im Westen herrschte noch immer Unkenntnis über die Pläne der SED-Führung. Noch am Vortag des Mauerbaus, am Nachmittag des 12. August 1961, gab sich Bundeskanzler Konrad Adenauer auf einer CDU-Wahlkampfveranstaltung in Lübeck betont optimistisch, was das Verhältnis Ost-West und die Wiedervereinigung betraf:

»*Ich möchte hier gegenüber den Machthabern in der Zone vor aller Öffentlichkeit nochmals betonen, dass wir nicht irgendwelche Schritte tun, um die Flucht aus der Zone zu fördern. Aber es ist klar – und jeder Deutsche wird so empfinden –, dass wir denen, die von dort zu uns in die Freiheit geflohen sind, helfen, wo wir ihnen helfen können. Aber ich glaube, es ist auch unsere Aufgabe, unseren deutschen Mitbrüdern und unseren deutschen Schwestern jenseits der Zonengrenze zu sagen: Habt keine Panikstimmung! Wir haben diese schwere Trennung, diese schwere Last jetzt schon alle die Jahre getragen. Sie wird eines Tages von uns genommen werden, und eines Tages werden wir wieder ein Land sein, und das deutsche Volk wird wieder auch mit den 16 Millionen jenseits der Grenze, der Zonengrenze, wieder ein Volk werden.*«

Am folgenden Tag sah alles ganz anders aus.

»Unser Staat ist auf Draht«
DER BAU DER MAUER

In der Nacht vom 12. auf den 13. August 1961 wurde die Sektorengrenze geschlossen. Zusammen mit rund 5000 Angehörigen der Deutschen Grenzpolizei, 5000 Volkspolizisten und 4500 Angehörigen der »Betriebskampfgruppen« begann die NVA, Straßen und Bahngleise nach West-Berlin abzuriegeln. Sie wurde zusätzlich durch sowjetische Truppen unterstützt, die an allen alliierten Grenzübergängen in Gefechtsbereitschaft standen. Politisch verantwortlich für die Planung und Umsetzung dieser Aktionen war als Sekretär für Sicherheitsfragen des Zentralkomitees der SED der 48-jährige Erich Honecker.

Am Vormittag des 14. August kam das Politbüro zu einer außerordentlichen Sitzung zusammen. Fast nebenbei erscheinen im Protokoll die entscheidenden Punkte, die die Schließung der Zonengrenze festschrieben und schließlich zum Bau der Berliner Mauer selbst führten – als Unterpunkte 6 und 10 der Anlage 1. Hier ein Auszug aus dem Protokoll Nr. 42/61 (SAPMO–BA, DY 30/J IV 2/2/784):

Bis September 1961 desertierten 85 Mann der Sicherungskräfte nach West-Berlin, und es gab 216 gelungene Fluchten, die insgesamt etwa 400 Menschen den Weg nach West-Berlin schafften. Das Foto des jungen Grenzpolizisten Conrad Schumann, der an der Bernauer Straße über den Stacheldraht springt, ging um die Welt. Doch bereits am 24. August 1961 forderte die Mauer ihren ersten Toten: Der 24-jährige Günter Litfin wurde bei einem Fluchtversuch von DDR-Grenzern erschossen.

Die Reaktion von Bevölkerung und Medien im Westen auf den Mauerbau pendelte zwischen Fassungslosigkeit, Bestürzung und Aggression. Transparente wurden aufgehängt und Lastwagen mit aufmontierten Lautsprecheranlagen fuhren den Zaun auf und ab und appellierten an die Ost-Grenzer, nicht auf Flüchtende zu schießen (Abb. 3). Der Rundfunk berichtete tagelang direkt von der Sektorengrenze, und über mehrere Wochen erschien die Titelseite der *Bild*-Zeitung mit einer Umrahmung aus Stacheldraht. Das Zentralorgan der SED, das *Neue Deutschland*, erschien am 14. August hingegen mit einer Schlagzeile, die einen überraschenden Sinn für Ironie offenbarte: »*Unser Staat ist auf Draht*«.

Tagesordnung: Stellung zur gegenwärtigen Lage und dem Stand der durchgeführten Maßnahmen auf Grund des Beschlusses der Volkskammer und des Ministerrates
Berichterstatter: Genosse Honecker (...)

Anlage Nr. 1 (...)
1. Auf Grund der Tatsache, daß die bisherige Freizügigkeit zur feindlichen Tätigkeit gegen die Deutsche Demokratische Republik ausgenutzt wurde, wird der Minister des Innern beauftragt, Maßnahmen zur Einführung einer zeitweiligen Genehmigungspflicht für westberliner Pkw, die in die Hauptstadt der Deutschen Demokratischen Republik (das demokratische Berlin) wollen, zu veranlassen.
2. Es wird zur Kenntnis genommen, daß Telefongespräche von der Deutschen Demokratischen Republik nach Westdeutschland und Westberlin von den betreffenden Stellen bis auf weiteres mit dem Hinweis nicht weiter vermittelt werden, daß die Telefonverbindung nach Westdeutschland und Westberlin gestört ist. (...)
6. Der Minister des Innern hat Maßnahmen festzulegen, daß die provisorisch angelegten Sperren an den gesperrten Übergängen nach Westberlin fest ausgebaut werden. (...)
9. Die Anweisungen zur Einschränkung von Reisen nach Berlin werden zur Kenntnis genommen.
10. Es wird zur Kenntnis genommen, daß der Minister des Innern eine Anweisung erläßt, daß bis auf weiteres keine PM 12a für Reisen nach Westdeutschland mehr ausgestellt werden.

Abb. 3: »Einigkeit und Recht und Freiheit«: Propagandatransparent des West-Berliner Senats in Neukölln an der Ecke Elsenstraße/ Heidelberger Straße; Aufnahme: 1. Oktober 1962.

Eine deutliche Reaktion westdeutscher oder alliierter Politik blieb indes aus. Im Protokoll der 142. ordentlichen Sitzung des Senats in West-Berlin vom 14. August 1961 heißt es z. B.: »*Der Senat erwartet von allen Bürgern der Bundesrepublik und Westberlins, daß sie nicht mehr an Sport- und kulturellen Veranstaltungen im Bereich des sowjetischen Besatzungsgebietes teilnehmen und die Leipziger Messe besuchen. Er wird für diese Veranstaltungen keine irgendwie geartete Unterstützung gewähren.*« Neben mehreren oberflächlichen Unmutsbekundungen ist dies auch schon eine der deutlicheren Stellen – man wusste ganz einfach nicht, wie man mit der Situation umgehen sollte. Dies gilt auch für die Alliierten. Der britische Premierminister Harold Macmillan brachte es auf seine Weise auf den Punkt: »*Die Ostdeutschen halten den Strom der Flüchtlinge auf und verschanzen sich hinter einem noch dichteren Eisernen Vorhang. Daran ist an sich nichts Gesetzwidriges.*« Und John F. Kennedy lässt sich zitieren mit den Worten: »*Keine sehr schöne Lösung, aber tausendmal besser als Krieg.*« Dem ist zumindest im Nachhinein – auch angesichts der Kubakrise wenig mehr als ein Jahr später und der Bedrohung durch einen Nuklearkrieg – nichts hinzuzufügen.

»Stützwandelement UL 12.11«
FLUCHTVERSUCHE,
MAUERTOTE UND GRENZMAUER 75

Die West-Berlin umgebende Grenze hatte eine Länge von 156,4 km. Davon entfielen knapp 44 km auf die direkte Grenze zu Ost-Berlin. Sie verlief auf 64 km Länge durch bebautes Gebiet, 32 km durch Waldgebiete, 38 km durch Wasserlinien und 22 km durch offenes Gelände (Abb. 4). Es fiel der Bevölkerung Berlins nicht leicht, sich an die neue Situation einer nun auch physisch so sichtbar geteilten Stadt zu gewöhnen. Und

manch einer der in der direkten Folgezeit Flüchtenden wird nicht geglaubt haben, dass die Grenzpolizisten, die eigenen Landsleute, tatsächlich auf ihn schießen würden. Es dauerte noch fast eine Woche, bis die Grenzpolizei sich soweit eingerichtet hatte, dass die letzten Schlupflöcher in der Mauer abgeriegelt waren. Bis dahin gelang es noch zahlreichen DDR-Bürgern, den Ostsektor zu verlassen – sie seilten sich an Bettlaken aus Häusern ab, die direkt an der Grenze standen, schwammen unbemerkt durch Spree und Kanäle, oder es gelang ihnen, den Zaun an unbewachter Stelle zu überwinden.

Die ersten Toten der Mauer

Nach dem 17. August 1961 war die Grenze vollkommen abgeschottet. Und so geschahen die ersten Fluchtversuche hiernach auch nicht an der Mauer selbst. Von den 12 Mauertoten 1961 starben vier beim Sprung von oder aus mauernahen Häusern; drei wurden bei der Flucht im Wasser erschossen, vier ertranken. Direkt am Grenzzaun erschossen wurde 1961 nur ein West-Berliner Student: ein 20-Jähriger, der als Fluchthelfer verraten worden war.

Zu dieser Zeit, Anfang Dezember 1961, wurden bereits an mehreren Stellen an der Grenze Fluchttunnel gegraben, die die Kellersysteme mauernaher Häuser miteinander verbanden. Und so begann das Jahr 1962 mit einer spektakulären Flucht: Am 24. Januar flüchteten 28 DDR-Bürger durch einen Tunnel nach West-Berlin, im Juni gelang durch einen anderen Tunnel 34 Menschen die Flucht.

Am 23. Mai wurde ein 15-jähriger Schüler aus Erfurt bei einem Fluchtversuch im Spandauer Schifffahrtskanal angeschossen und schwer verletzt – im Feuergefecht zwischen DDR-Grenzpolizei und West-Berliner Polizisten fand ein DDR-Grenzer den Tod. Am 8. Juni kaperte fast ein Dutzend Ost-Berliner Bürger einen Ausflugsdampfer und überquerte im Kugelhagel die Spree. Alle erreichten unverletzt das West-Ufer.

Andere hatten weniger Glück: Ebenfalls im Juni 1962 flog ein weiterer Fluchtversuch durch einen Tunnel auf, nur vier Personen erreichten die Westseite, und ein Grenzpolizist wurde durch einen Fluchthelfer erschossen. Lutz Haberlandt (24), Axel Hannemann (17) und Wolfgang Glöde (13 Jahre alt) starben allein im Mai und Juni 1962 bei Fluchtversuchen am Grenzzaun durch Schüsse der Grenzpolizei. Das meiste Medieninteresse erhielt jedoch der Fluchtversuch des 18-jährigen Peter Fechter. Am 17. August 1962 wurde er am Grenzzaun angeschossen und verblutete fast eine Stunde lang im Grenzstreifen vor den Augen der schockierten (westlichen) Öffentlichkeit – das Pressefoto des sterbenden Peter Fechter (Abb. 5) ging um die Welt. Heftige Krawalle und Protestkundgebungen gegen die untätige Polizei und die amerikanische Schutzmacht waren die Folge. Am 21. August stationierten die Alliierten am Checkpoint Charlie einen Krankenwagen.

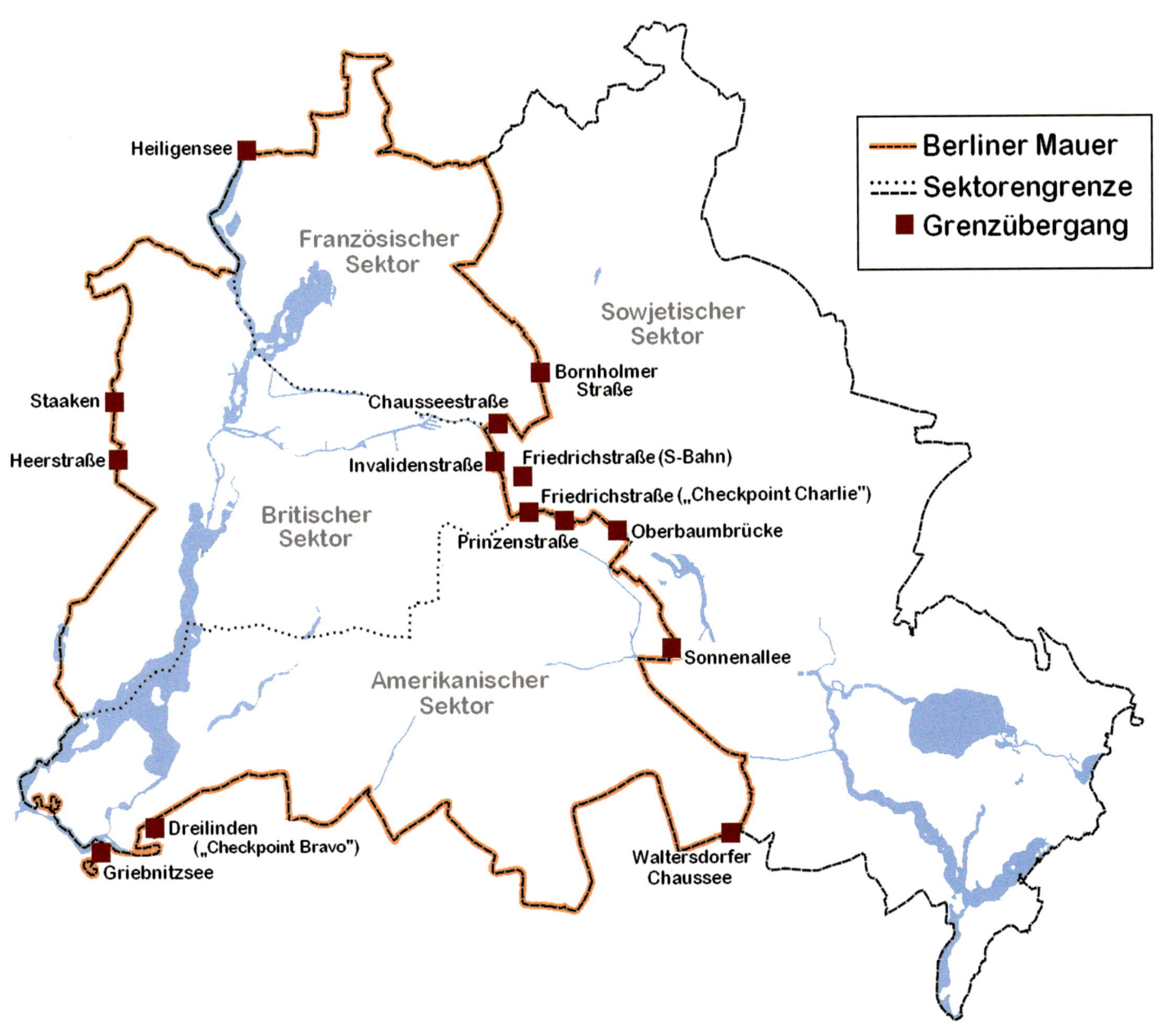

Abb. 4: Karte Berlins mit eingezeichneten Sektoren, Grenzübergängen und dem Verlauf der Mauer.

Vom 17. August 1961 bis 5. Februar 1989 starben wahrscheinlich an die 200 Menschen beim Versuch, von Ost- nach West-Berlin zu flüchten. Vertrauenswürdige offizielle Zahlen gibt es nicht. Die Angaben unterscheiden sich je nach Zählweise und reichen von 86 (Staatsanwaltschaft Berlin) über 122 (Zentrale Ermittlungsstelle für Regierungs- und Vereinigungskriminalität) bis »weit mehr als 200« (Arbeitsgemeinschaft 13. August). Das Medieninteresse an den Mauertoten wurde nicht weniger, und auch von geglückten Fluchtversuchen konnte immer wieder berichtet werden. So wurde der im August 1961 errichtete gemauerte Grenzzaun im Jahr 1962 zunächst erst mit einem verbesserten Stacheldrahtzaun versehen; erst 1965 wurde diese Grenzbefestigung durch eine Mauer aus Beton ersetzt (vgl. Abb. 6). Und es dauerte weitere zehn Jahre, bis die Mauer ihre endgültige Form erhalten sollte: die Mauer der vierten Generation, 1975/76 errichtet (»Grenzmauer 75«), bestand aus den bekannten 3,60 m hohen und 1,20 m breiten »Stützwandelementen UL 12.11« mit dem runden Mauerabschluss, der das Überwinden zusätzlich erschweren sollte (vgl. Abb. 7).

Hinter der Mauer befand sich ein Kfz-Sperrgraben, und dann kam der beleuchtete Grenzstreifen (»Todesstreifen«); auf jeden, der diesen Streifen betrat, wurde ohne Vorwarnung geschossen. Dahinter waren bis zu 190 Wachtürme aufgestellt, weitere Flächen- und Höckersperren, ein Signalzaun und schließlich Hinterlandzaun bzw. -mauer. Dahinter begann das eigentliche Territorium der DDR. Natürlich war aber die gesamte Maueranlage auf 91 m Breite in DDR-Gebiet gebaut. Somit war das Mauer-Sperrgebiet dem Zonen-Sperrgebiet zur Westdeutschen Grenze ganz ähnlich, nur Minen und Selbstschussanlagen gab es an der Mauer nicht (was jedoch in der Bevölkerung nicht allgemein bekannt war).

Ende der achtziger Jahre gab es schließlich noch Planungen für eine Mauer der 5. Generation, eine High-Tech-Variante, die nicht mehr zur Ausführung kam.

»Aus religiösen, kulturellen und touristischen Gründen« LEBEN MIT DER MAUER

Allein der Bau der »Grenzmauer 75« kostete die DDR über 16 Millionen Mark. Dennoch erbrachte die Mauer als solche von Anfang an ihren – vor allem ökonomischen – Nutzen: Die fortschreitende Abwertung der Ost-Mark gegenüber der stärkeren Westwährung (die bis dahin ungehindert ins Land kam) und das Flüchten gut ausgebildeter Arbeitskräfte in großer Zahl wurden unterbunden, und so kam es ab 1962 nun auch in der DDR endlich zu einem deutlichen wirtschaftlichen Aufschwung. Der Preis, den die DDR-Führung (und mit ihr der ganze Warschauer Pakt) auf der anderen Seite dafür zahlte, war ein immenser Imageverlust in der westlichen Welt. 28 Jahre lang war die Berliner Mauer das deutlichste Symbol für die Abschottung der Ostblockstaaten gegenüber dem Westen.

Und doch richtete man sich auch auf diese Situation ein, gewöhnte sich an das bis dato Unvorstellbare. Zwischen dem 26. August 1961 und dem 17. Dezember 1963 waren alle Grenzübergänge nach Ost-Berlin geschlossen worden; dann wurde endlich die erste »Passierscheinregelung« getroffen, gemäß derer zu Weihnachten 1963 West-Berliner ihre Verwandten im Osten besuchen durften. Eine dauerhafte Regelung wurde allerdings erst acht Jahre später eingerichtet, nachdem auf Grundlage von Kennedys »Three Essentials« (vom Juli 1961) am 3. September 1971 das »Vier-Mächte-Abkommen« geschlossen wurde und die vier Besatzungsmächte beschlossen, »bestrebt [zu] *sein, die Beseitigung von Spannungen und die Verhütung von Komplikationen in dem betreffenden Gebiet zu fördern«*. Der Transitverkehr wurde deutlich erleichtert, und Bürger West-Berlins konnten nun endlich reguläre Besuchsvisa für Reisen nach Ost-Berlin beantragen – die freilich in jedem Fall abgelehnt werden konnten.

Spektakuläre Fluchten aus der DDR

1962 Ein Mann lässt sich aus Westdeutschland eine Sowjetuniform schicken, prägt sich die Grußformel der Sowjetarmee ein und spaziert mit Gruß über einen Grenzübergang in den Westen.

1964 Neun Flüchtlinge verstecken sich in einer »Isetta«, bei der mehrere Bauteile entfernt worden sind; Isettas wurden kaum kontrolliert, da man es für unmöglich hielt, in einem so kleinen Fahrzeug Menschen zu verstecken.

1968 Ein 28-jähriger Mann baut sich aus einem Fahrradhilfsmotor einen Apparat, der ihn innerhalb von fünf Stunden durch die Ostsee bis nach Dänemark zieht.

1977 Der holländische Sänger Theodorus Kerk, auf DDR-Tournee, versteckt eine Freundin in einer Lautsprecherbox.

1987 Eine Frau mit Kurzvisum in den Westen versteckt ihren vierjährigen Sohn in einem Einkaufsroller, den Kopf des Sohns nur mit einem Handtuch bedeckt.

1987 Eine 25-jährige Frau versteckt sich im Inneren zweier aufeinandergelegter und ausgehöhlter Surfbretter, die auf das Dach des Autos ihres Freundes geschnallt sind.

Die Volkskammer der DDR setzte die Regelungen des Vier-Mächte-Abkommens am 20. Dezember 1971 durch die »Vereinbarung zwischen dem Senat und der Regierung der DDR über Erleichterungen und Verbesserungen des Reise- und Besucherverkehrs« um. West-Berliner durften nun bis zu 30 Tage im Jahr »*aus humanitären, familiären, religiösen, kulturellen und touristischen Gründen*« die DDR besuchen. Es war dies auch die Zeit der Regierung Willy Brandts und seiner Bemühungen um Entspannung in der politischen Haltung gegenüber der DDR – dies führte nicht zuletzt zur Anerkennung von Souveränität und Grenzen der DDR durch die Bundesrepublik im sogenannten »Grundlagenvertrag« Ende 1972, der im Mai 1973 ratifiziert wurde.

Auch für Ostdeutsche gab es endlich Reiseerleichterungen, wenn auch in denkbar beschränktem Umfang. Rentner durften bereits seit einem Beschluss des Ministerrats vom 9. September 1964 wieder in den Westen reisen, und ab 1973 wurde es auch für Normalbürger leichter, eine Ausreisegenehmigung zu erhalten, z. B. im Falle von wichtigen Familienangelegenheiten, aber auch für berufliche Belange. Auch Künstler und Musiker durften immer öfter im Westen auftreten.

Dennoch war die Mauer weiterhin das Symbol der immer unüberwindbarer scheinenden Teilung Deutschlands, und gerade in Berlin war dies mehr als augenfällig. Die Presse im Westen konnte immer wieder über teils spektakuläre Fluchtversuche berichten, und einer der bekanntesten Fälle fand sogar Einzug ins Hollywood-Kino: Der Disney-Film »Mit dem Wind nach Westen« (»Midnight Crossing«) mit John Hurt aus dem Jahre 1981 erzählt die wahre Geschichte einer Flucht aus der DDR. In der Nacht zum 16. September 1979 flüchteten Peter Strelzyk und Günter Wetzel mit ihren Familien in einem selbstgebauten Heißluftballon in den Westen. Das Medienecho war gewaltig, doch in der Folge wurden die in der DDR verbliebenen Verwandten von Strelzyk und Wetzel von der Staatssicherheit bespitzelt und z. T.

inhaftiert – ein Schicksal, das viele Angehörige und Freunde von Flüchtlingen erlitten.

Vom Westen aus benutzte man die Mauer mit Vorliebe als Grundfläche für Graffiti (Abb. 7) – was natürlich strengstens verboten war, da die Mauer auch auf der Westseite Teil der DDR-Grenzanlange war. Dennoch wurde Berlin zum Mekka von Graffitikünstlern. Die große Bedeutung West-Berlins für die europäische Subkultur, die Kunst- und Musikszene Mitte der siebziger bis Mitte der achtziger Jahre korrespondierte mit der Etablierung der Sprayer-Szene; besonders bekannt wurden die Mauerbilder prominenter Graffiti-Künstler wie Keith Haring oder Thierry Noir, doch es waren vor allem die unzähligen politischen Parolen und Bilder unbekannt Gebliebener, die (in durchaus wechselhafter Qualität) der Mauer Farbe gaben und mit der Spraydose immer wieder die Illusion von Durchbrüchen, Türen, Toren oder Lücken in der Mauer schufen.

Kein Glasnost in Ostdeutschland
DIE DDR IN DEN ACHTZIGERN

Die positiven Auswirkungen des Mauerbaus auf die Wirtschaft der DDR schwanden bereits Anfang der achtziger Jahre wieder. Wenn auch die DDR im Vergleich mit den anderen Ostblockstaaten (zumal durch die Subventionen und Milliardenkredite der Bundesrepublik) noch einen relativ hohen Lebensstandard hatte, so sorgte doch die besondere Situation des geteilten Deutschlands dafür, dass für die Bürger der Vergleich mit der wirtschaftlichen Situation im Westen immer augenfälliger wurde.

Mit den wachsenden wirtschaftlichen Problemen stieg auch die Zahl derer, die das Land um jeden Preis verlassen wollten. Die Aufnahmelager in Westdeutschland registrierten im Jahre 1987 fast 19.000 Übersiedler aus der DDR, und 1988 waren es schon mehr als doppelt so viele. 1988 setzten große Teile der Bevölkerung der DDR noch auf die Reformen, die KPdSU-Chef Michail Gorbatschow in der Sowjetunion eingeleitet hatte: Anfang Juni 1988 vereinbarte Gorbatschow mit US-Präsident Reagan den vollständigen Abbau der atomaren Mittelstreckenraketen. Am 9. Juni 1988 brachte die WELT einen Artikel über den sowjetischen Außenpolitik-Experten Wjatscheslaw Daschitschew, in dem es hieß: »Die sowjetische Außenpolitik werde jetzt ›humanisiert‹ und ›enger mit der Moral verbunden‹.« Daschitschew hatte »in Bonn vor deutschen Journalisten Mauern und Stacheldraht an den Grenzen der ›DDR‹ als ›Überreste und Überlieferungen des Kalten Krieges‹ bezeichnet, die ›mit der Zeit verschwinden werden müssen‹.« Und im Dezember 1988 kündigte Gorbatschow vor der UN-Vollversammlung eine einseitige atomare Abrüstung der UdSSR an. Der bei Weitem wichtigste Schritt, den Gorbatschow traf, war jedoch die Aufhebung der 1968 verkündeten sog. »Breschnew-Doktrin«. Diese hatte den Staaten des Warschauer Paktes de facto nur eine eingeschränkte Souveränität zugebilligt, sie auf die kommunistische Staatsform verpflichtet und der UdSSR erlaubt, bei einer – auch inneren – Bedrohung der sozialistischen Ordnung militärisch einzugreifen. Das im Januar 1989 in Wien unterzeichnete KSZE-Abkommen, in dem die Staaten des Warschauer Paktes, auch die DDR, ihren Bürgern eine allgemeine Reisefreiheit zugestanden, war der letzte offizielle Schritt zur faktischen Abschaffung der Doktrin.

Doch bereits 1988 hatten sich die Anzeichen gemehrt, dass die DDR-Führung die von Gorbatschow eingeleitete und Schritt für Schritt weitergeführte Entspannungspolitik nicht mittrug. Auf einer

Abb. 6: Die Mauer der »dritten Generation« zwischen Bethaniendamm und Engeldamm (damals: Fritz-Heckert-Straße): Sperrmauer, Todesstreifen, Signalzaun, Panzersperren und Beobachtungsbunker. Am rechten Bildrand sieht man das damalige FDBG- (und heutige ÖTV-) Haus; Aufnahme: 1. Februar 1969.

Tagung der wirtschaftlichen Vereinigung der Ostblockstaaten, des »Rates für gegenseitige Wirtschaftshilfe«, in Prag am 7. Juli 1988 waren die DDR und Rumänien die einzigen Staaten, die Gorbatschows Vorschlag, die Beziehungen zur Europäischen Gemeinschaft zu intensivieren, nicht begrüßt hatten. Im November 1988 wurden fünf sowjetische Kinofilme sowie die sowjetische Zeitschrift *Sputnik* in der DDR verboten. Das *Neue Deutschland* schrieb hierzu am 20. November: *»Sie bringt keinen Beitrag, der der Festigung der deutsch-sowjetischen Freundschaft dient, stattdessen verzerrende Beiträge zur Geschichte.«* *Sputnik* war be-

Abb. 7: Alltag und Graffiti: die Mauer der »vierten Generation« an der Ecke Sebastianstraße/Luckauer Straße (Kreuzberg). Der Bürgersteig und der Rest der Fahrbahn gehörten zum Ostsektor, die Häuserfront zum Westteil der Stadt; Aufnahme: 6. Juni 1985.

reits im Oktober aus dem »Postzeitungsvertrieb« genommen worden, als die Zeitschrift einen Artikel über den Hitler-Stalin-Pakt gebracht hatte. Und auch Gorbatschow selbst blieb von der Zensur nicht verschont: So wurden in seinen Buch »Perestroika« (dt.: »Umgestaltung und neues Denken für unser Land

und für die ganze Welt«, Ost-Berlin 1988) mehrere Passagen geweißt, die die DDR-Führung ihren Bürgern wohl nicht »zumuten« wollte.

Fast zeitgleich mit der KSZE-Konferenz in Wien versprach SED-Generalsekretär Erich Honecker am 18. Januar 1989 auf der Tagung des Thomas-Müntzer-

Komitees, die Mauer werde *in fünfzig und auch in hundert Jahren noch bestehen, wenn die dazu vorhandenen Gründe nicht beseitigt sind. Das ist schon erforderlich, um unsere Republik vor Räubern zu schützen, ganz zu schweigen vor denen, die gern bereit sind, Stabilität und Frieden in Europa zu stören. Die Sicherung der Grenze ist das souveräne Recht eines jeden Staates, und so auch unserer DDR*. Dabei schien es fast, als wandte sich diese Aussage nicht nur an die Adresse des Westens, sondern auch an die Michail Gorbatschows.

»Kämpfe unserer Zeit«
DAS JAHR 1989

Dennoch, den Lauf der historischen Ereignisse, die sich um die DDR herum ereigneten, konnte die SED-Führung nicht aufhalten. Anfang August 1989 besetzten Hunderte ausreisewillige DDR-Bürger die westdeutschen Botschaften in Prag und Budapest sowie die Ständige Vertretung der Bundesrepublik in Ost-Berlin. Viele wurden in den Westen ausgeflogen, wiederum mehr als hundert Personen gelang die Flucht von Ungarn nach Österreich. Es waren Schulferien, und schon bald campierten Tausende DDR-Bürger in der Nähe der österreichischen Grenze, um ihre Chance zu ergreifen, sollte sich eine Möglichkeit zur Flucht bieten. Bei der Aktion »Páneurópai Piknik«, die mehrere ungarische Oppositionsgruppen am 19. August 1989 an der Grenze organisierten, wurde ein Grenztor für mehrere Stunden geöffnet; etwa 600 DDR-Bürgern gelang während dieser Zeit die Flucht. Dem Innenministerium und dem reformerischen Staatsminister Imre Pozsgay, die die Aktion mittrugen, ging es vor allem darum, wie Moskau reagieren würde – Moskau reagierte gar nicht. Auch wenn drei Tage später wieder ein DDR-Bürger beim Fluchtversuch nach Österreich von ungarischen Grenztruppen erschossen wurde: Ungarn wurde der erste Ostblockstaat, der seine Grenzen nach Westen öffnete.

Auch hier gab es wieder starke wirtschaftliche Motive: Bei einem geheimen bundesdeutsch-ungarischen Gipfeltreffen am 25. August wurde Ungarn ein Kredit über 500 Millionen DM gewährt, und man versprach, Ungarn beim angestrebten Beitritt in die EG zu unterstützen, wenn man weitere DDR-Bürger ausreisen lasse. Zudem versprach Bonn, eventuelle Vergeltungsmaßnahmen der DDR gegen Ungarn finanziell auszugleichen. Sechs Tage später traf sich der ungarische Außenminister Gyula Horn mit DDR-Außenminister Oskar Fischer und dem Stellvertreter des kranken Erich Honecker, Günter Mittag. Horn kündigte an, man werde weitere DDR-Flüchtlinge ab dem 11. September ausreisen lassen, wenn Ost-Berlin sie nicht durch Zusicherung einer Ausreisegenehmigung zur Rückkehr in die DDR bewegen könnte. Dass die DDR-Führung hierauf nicht einging, wird heute in erster Linie auf das Betreiben des Hardliners Mittag zurückgeführt. Doch in der Konsequenz und angesichts der geheimen Absprachen mit der Bundesrepublik ließ dies Ungarn kaum mehr eine Wahl: In der Nacht vom 10. auf den 11. September 1989 wurde die Grenze nach Österreich geöffnet – knapp eine Woche nach der ersten Montagsdemonstration in Leipzig, bei der 1200 Menschen auf die Straße gingen und skandierten: *Wir wollen raus!*

Derweil verbreitete sich die Nachricht von der offenen Grenze wie ein Lauffeuer. Allein binnen des folgenden Tages kamen über 16.000 DDR-Bürger aus der Tschechoslowakei nach Ungarn, und auch aus Bulgarien und Rumänien strömten die Ausreisewilligen zur ungarisch-österreichischen Grenze; die meisten von ihnen kamen direkt aus dem Sommerurlaub.

Im Nachhinein erscheint es beinahe erstaunlich, dass von diesem Zeitpunkt bis zum »Fall der Mauer« noch fast zwei Monate vergingen. Dies ist dem eisernen Dagegenhalten der DDR-Führung zu schulden, die, nachdem sie einsehen musste, dass sie keinen Einfluss auf Ungarn ausüben konnte und auch Moskau tatenlos zusah, den wachsenden Protesten im eigenen Land um jeden Preis Einhalt gebieten wollte.

Am 21. September wurde die oppositionelle Gruppierung »Neues Forum« vom Innenministerium als *staatsfeindliche Plattform* bezeichnet und ihr Antrag auf Zulassung als Bürgervereinigung abgelehnt. Am Tag darauf wies Honecker die SED-Bezirksleitungssekretäre an, »*dass diese feindlichen Aktionen im Keime erstickt werden müssen, dass keine Massenbasis dafür zugelassen wird*«; man solle dafür sorgen, »*dass die Organisatoren der konterrevolutionären Tätigkeit isoliert werden.*«

Am 2. Oktober brachte das *Neue Deutschland* zum 40. Jahrestag der Gründung der VR China die Schlagzeile: »*In den Kämpfen unserer Zeit stehen DDR und China Seite an Seite*«; dies schürte die Angst, auch die Leipziger Montagsdemonstrationen könnten bald gewaltsam niedergeschlagen werden – das Massaker auf dem »Platz des himmlischen Friedens« war keine drei Monate her. Am Abend demonstrierten in Leipzig jedoch bereits über 20.000; beim Einschreiten der Volkspolizei wurden mehrere Demonstranten verletzt. Vier Tage darauf brachte die *Leipziger Volkszeitung* ein Zitat des Kampfgruppenkommandeurs Günter Lutz, der ankündigte, man werde bei der nächsten Montagsdemonstration »*diese konterrevolutionären Aktionen endgültig und wirksam (...) unterbinden. Wenn es sein muss, mit der Waffe in der Hand*«. Am 3. Oktober wurde die pass- und visafreie Ausreise in die Tschechoslowakei »ausgesetzt«.

Am 9. Oktober schien sich das Blatt jedoch zum ersten Mal auch in der DDR zu wenden. In Leipzig zählte man über 70.000 Demonstranten, und angesichts dieser großen Zahl waren die generalstabsmäßig geplanten Aktionen der Sicherheitsorgane zur Zerschlagung der Demonstration hinfällig. Zeitgleich demonstrierten die Menschen nun auch in Magdeburg und Halle. In den folgenden Wochen wuchs die Zahl der Demonstrierenden weiter an. Ende Oktober gingen in der ganzen DDR Hunderttausende Menschen auf die Straße: in Leipzig, Dresden, Zwickau, Halle, Magdeburg, Schwerin, Plauen, Rostock, Stralsund, Erfurt, Gera, Chemnitz, Neubrandenburg – und in Berlin. Dort waren es am Samstag, dem 4. November 1989, schließlich eine halbe Million.

Inzwischen hatte der DDR-Staatsrat eine Amnestie für Republikflüchtlinge und Demonstranten verkündet und die Einschränkungen zur Ausreise in die Tschechoslowakei zum 1. November wieder aufgehoben, und am Berliner Demonstrationswochenende reisten 23.200 DDR-Bürger über die Tschechoslowakei in den Westen aus.

Dieser Sinneswandel des Politbüros ist direkt auf eine wirtschaftliche Analyse zurückzuführen, die am 31. Oktober vorgelegt worden war. Der DDR drohte die endgültige Zahlungsunfähigkeit, man rechnete mit einem Absinken des Lebensstandards um 25–30 %. Es war unausweichlich, der Bundesrepublik weitere Zugeständnisse zu machen, um neue Kredite aus dem Westen zu erhalten und die ökonomische Zusammenarbeit auszubauen. Der Vorschlag der fünf Wirtschaftsexperten: man solle dem Westen im Gegenzug die Mauer anbieten.

Abb. 9: Die »East Side Gallery« an der Mühlenstraße (Friedrichshain): Mittlerweile sind sämtliche Kunstwerke von Graffiti und Tags überzogen – auch eine Art Ausdruck von Freiheit ... Aufnahme 2008.

»Sofort, unverzüglich«
DER FALL DER MAUER

Am Morgen des 8. November trat das SED-Politbüro geschlossen zurück. Mittlerweile wurde auch der Druck auf die DDR seitens der Tschechoslowakei größer, über die nun täglich über 10.000 DDR-Bürger in den Westen ausreisten – eine logistische Großaufgabe. Der DDR-Botschafter in Prag wurde ins Außenministerium zitiert, und anschließend telegrafierte er nach Ost-Berlin: *»Ausgehend von diesem Druck (...) bat Genosse Sadovsky im Auftrag der Regierung der CSSR (...) das Ersuchen zu übermitteln, die Ausreise von DDR-Bürgern in die BRD direkt und nicht über das Territorium der CSSR abzuwickeln.«*

Am Morgen des 9. Novembers trafen sich Offiziere von Innenministerium und Stasi, um eine neue Ausreiseregelung zu erarbeiten, die sich nun nicht mehr umgehen ließ und letztlich die Verhältnisse in der DDR den Gegebenheiten in Ungarn und der Tschechoslowakei anpasste. Die Pressekonferenz am Abend, bei der Politbüro-Mitglied Günter Schabowski um 18.53 Uhr die neue Regelung verkündete, ist legendär – insbesondere seine Antwort auf die Nachfrage eines der staunenden Journalisten, ab wann diese Regelung denn gelte: *»Das tritt nach meiner Kenntnis ... ist das sofort, unverzüglich.«* Es war sein erster öffentlicher Auftritt in seiner neuen Funktion als »Sekretär des ZK der SED für Informationswesen«.

Ähnlich wie schon beim Bau der Mauer wurden die westdeutsche und auch die westeuropäische und amerikanische Politik und Öffentlichkeit vom »Fall der Mauer« überrumpelt. US-Präsident Bush und Premierministerin Margaret Thatcher erfuhren durch Agenturberichte von der Entwicklung der Ereignisse in Berlin. Auch wenn tausende DDR-Bürger am Grenzübergang Bornholmer Straße bis Mitternacht warten mussten, bis das Tor endlich geöffnet wurde: Seit 18.53 Uhr hatte die Berliner Mauer ihre Funktion endgültig eingebüßt.

»Ab 1 Euro«
DAS ENDE DER MAUER

Bereits in der Nacht vom 9. zum 10. November 1989 hatten sich zahlreiche Schaulustige mit Hammer und Meißel bewaffnet, um Stücke aus der Mauer zu schlagen, die auch heute noch auf *eBay* mit aufwendigen »Echtheitszertifikaten« angeboten werden – die Nachfrage ist inzwischen jedoch gleich null. Und die Berliner Mauer selbst ist weitgehend aus dem Stadtbild verschwunden. Von den ehemals 190 Grenzwachtürmen stehen heute noch fünf; auch von der Mauer finden sich nur noch wenige Teilstücke: an der Bernauer Straße, an der Niederkirchnerstraße und an der Liesenstraße – alle im Bezirk Mitte. Das Teilstück in der Niederkirchnerstraße ist 1990 unter Denkmalschutz gestellt worden; das in der Bernauer Straße ist als Teil der dortigen Mauer-Gedenkstätte nachträglich in den »Urzustand« zurückversetzt worden: Man entfernte die Graffiti und die durch die sogenannten »Mauerspechte« entstandenen Löcher.

Das Interesse an der Geschichte der Mauer ist indes ungebrochen. Immer noch ist die häufigste Frage von Berlin-Touristen: »Wo verlief die Mauer denn eigentlich?« Um dies 20 Jahre danach überhaupt noch nachvollziehbar zu machen, wurde der Mauerverlauf in der Berliner Innenstadt an vereinzelten Stellen mit einer Doppelreihe Pflastersteine markiert – auf dabei eingelassenen Bronzestreifen steht: »Berliner Mauer 1961–1989«.

Ein weiteres Überbleibsel der Mauer ist der Kunst gewidmet: Die subversive Graffitikunst der achtziger

Jahre fand ihren künstlerischen Höhepunkt und gleichzeitig ihre Ankunft im Mainstream im Frühjahr 1990 in der sogenannten »East Side Gallery«, einem Reststück Mauer nahe dem Ostbahnhof an der Spree, das von 118 (weitgehend unbekannten) Künstlern aus 21 Ländern bemalt wurde, die in ihren Bildern die Ereignisse der Wende 1989/90 kommentierten. Die »East Side Gallery« gilt als größte Open-Air-Galerie der Welt (Abb. 9). Sie ist 1316 m lang; und doch ist sie gar kein Stück der »eigentlichen« Mauer, sondern der letzte Rest der Hinterlandmauer hinter dem ehemaligen Todesstreifen, von der noch weitaus mehr erhalten ist als von der Mauer, die die Grenze bildete – die Grenze selbst an dieser Stelle war die Spree.

Die Berliner Mauer ist das zentrale Symbol der deutschen Geschichte nach dem Zweiten Weltkrieg. Dass sie fast vollständig verschwunden ist, erschwert das Gedenken an die Zeit der deutsch-deutschen Trennung um Einiges. Doch wäre eine weitergehende oder gar vollständige Erhaltung der Mauer nach der »Wende« im November 1989 und der Wiedervereinigung 1990 kaum vertretbar gewesen. Zu groß war die Symbolträchtigkeit dieses Grenzbaus nicht nur für Deutschland, sondern auch für den endlich überwundenen Kalten Krieg, der die ganze Welt gespalten hatte. Schließlich ist der fundamentale Unterschied zwischen der Berliner Mauer und all den anderen Mauern, die in diesem Band vorgestellt werden, ihr Zweck: Der Hadrianswall, die Chinesische Mauer, auch der Grenzzaun der USA nach Mexiko und die Mauer in Israel dienten und dienen dazu, das Fremde, das als feindlich Empfundene fernzuhalten. Zwar sprach auch die DDR-Führung offiziell vom »antifaschistischen Schutzwall«, doch dienten Sektoren- und Zonengrenze in erster Linie dazu, die Bürger der DDR im Land zu halten und »Republikfluchten« zu verhindern. Zeitpunkt und Vorgehensweise beim Bau der Mauer sprechen die deutlichste Sprache.

MAUERN HEUTE

MAUERN UND ZÄUNE – HEUTE UND WELTWEIT

Daniel Vernet

Vor alten französischen Bahnübergängen war früher ein Schild angebracht: »Achtung! Ein Zug kann einen anderen verdecken.« Der auf diese Weise vorgewarnte Reisende sollte nicht glauben, dass die Vorbeifahrt eines Zuges jegliche Gefahr beseitigte.

Mit den Mauern geht es wie mit den Zügen. Der Berliner Mauerfall ist zu Recht mit Begeisterung aufgenommen worden. Dennoch lässt er gelegentlich all die Mauern vergessen, die noch immer auf den meisten Kontinenten, Europa eingeschlossen, verlaufen. Er hat die anderen Spaltungen zwischen Menschen, Völkern, Ethnien, Religionen, Gemeinschaften und Familien überlagert. Vielleicht haben ihn auch die Daueroptimisten als das Symbol, den Vorboten des Niederreißens aller anderen Mauern betrachtet. Doch die Tatsachen haben sie widerlegt. Nicht nur, dass die 1989 vorhandenen Mauern oft noch stehen, nein, andere tauchen da auf, wo man sie nicht erwartet hätte, sogar errichtet von jenen, die die »Unmenschlichkeit« der Berliner Mauer selbst anprangerten. Sie hatten Recht, dies zu tun, ebenso wie der amerikanische Präsident Ronald Reagan, der dem sowjetischen Staatsoberhaupt am 12. Juni 1987 vor dem Brandenburger Tor zurief: »Generalsekretär Gorbatschow, wenn Sie nach Frieden streben (...) Herr Gorbatschow reißen Sie diese Mauer nieder!« Und dennoch: Ist die Mauer, die Texas von Mexiko trennen wird, oder diejenige, die Zyperns Hauptstadt Nikosia zweiteilt, oder gar diejenige, die palästinensische Gebiete von Israel trennt, etwa menschenfreundlicher? Gibt es gute oder schlechte Mauern, je nach den Absichten, die ihre Planer hegen? Oder nach der Art des Regimes, demokratisch oder diktatorisch, das sie baut?

Durch die gesamte Geschichte hat es solche Mauern gegeben, so beispielsweise die »Große Mauer« in China, deren früheste Abschnitte im 3. Jh. v. Chr. von Kaiser Qin Shihuangdi errichtet wurden, oder den römische Limes, der das Imperium gegen die Barbaren schützen sollte. Sie haben verschiedene und sich ergänzende Aufgaben erfüllt: Fremde sollten daran gehindert werden herein- oder Einheimische daran herauszukommen, es galt Verbindungen zwischen den auf der einen oder anderen Seite lebenden Menschengruppen zu untersagen, es zu ermöglichen die Gebiete zu überwachen, Steuern zu erheben.

Die modernen Mauern, seien sie konkret oder virtuell, betoniert oder elektronisch, erfüllen keine anderen Zwecke. Vor einigen Jahrzehnten begrenzten Mautstellen den Autoverkehr in der norwegischen Hauptstadt Oslo. Die moderne Technologie hat die physische Materialisation einer solchen Mauer überflüssig gemacht, zumindest in gewissen Fällen: Im Jahre 2005 hat die Londoner Stadtverwaltung eine städtische Maut eingeführt, aber sie verwendete ein Mischsystem aus Vignetten und Kameraüberwachung.

DER »TORTILLA-VORHANG«

Die USA, die verhindern wollen, dass zugewanderte Arbeitskräfte den Kreis der schon elf Millionen illegaler Arbeiter weiter vergrößern, haben ebenso zu primitiven Mitteln wie ausgereiften Techniken gegriffen. Ihr oberstes Ziel ist es, die Grenze zu Mexiko dicht zu machen. Um dieses herausfordernde Unterfangen zu realisieren, haben sie mehrere Programme entwickelt. Die Operation Gatekeeper sieht seit dem 1. Oktober 1994 entlang der Grenze zwischen Kalifornien und Mexiko in der Gegend von San Diego die Verstärkung einer 65 km langen Mauer vor, die als Material überzähliges Heeresgut aus dem Golfkrieg von 1991 verwendet. Die Arbeiten haben Ende der 1980er Jahre begonnen, genau in dem Augenblick, als die Berliner Mauer fiel. Das erste Stück ist ein verrostetes, vier Meter hohes Monstrum aus zusammengeflickten Blechresten und Kuhzäunen.

Das am 4. Oktober 2006 beschlossene SBInet (Secure Border Initiative) zielt darauf ab, eine »virtuelle Absperrung« entlang der 3200 km einzurichten, die die USA von ihren Nachbarn im Süden ... und im Norden trennt. Kanada ist ebenfalls betroffen, nicht als solches, sondern als mögliches Transitland von Terroristen oder illegalen Arbeitern. Vor den Attentaten des 11. Septembers 2001 war die Grenze zwischen Kanada und den USA die am wenigsten verteidigte der Welt. Danach haben die »Vereinigten Staatler«, wie Kanadas Frankophone sagen, sie normalisieren wollen. Drei Möglichkeiten kamen in Betracht. Erstens eine Verschärfung der Kontrollen, die aber von der Geschäftswelt angesichts der Verflechtung der beiden obendrein durch die NAFTA verstärkten Wirtschaftsräume zurückgewiesen wurde. Zweitens ein Verfahren, wie es in Europa zwischen den Ländern des Schengen-Raums Anwendung findet, dem sich aber Kanada widersetzte, da es in der Schaffung einer nordamerikanischen Sicherheitszone eine Beeinträchtigung seiner Souveränität sah. Schließlich einigte man sich auf die dritte Variante: eine abgestimmte Kontrolle beiderseits der Grenzen.

Im Süden ist die Situation völlig verschieden. Diese Mauer (Abb. 1 und 2) hat zum Ziel, die USA vor illegalen Arbeitskräften aus Mexiko zu »schützen«, selbst wenn es nicht ausschließlich mexikanische sind. Es handelt sich vor allem um die zweite Verteidigungslinie, die sich im Landesinneren etwa 20 km von der Grenze entlangzieht. Mit 1800 Wachttürmen, ausgestattet mit Bewegungsmeldern, Überwachungskameras und Satellitenverbindungen, sollen sie die Migranten orten, die den ersten Kontrollen entkommen sind, indem sie die »physische« Mauer umgangen haben. Einmal beendet, aber dies wird nicht vor morgen sein, wird sie sich über 1200 km erstrecken. Man hat sie den »Tortilla-Vorhang« getauft. Nur die Hälfte ist tatsächlich geplant und noch weniger finanziert. Die Arbeiten sind in Verzug geraten und das Budget ist überschritten. Gelegentlich teilt die Mauer ein Städtchen in zwei. So etwa in Naco (Arizona), wo 800 Amerikaner im Norden leben und zehnmal mehr Mexikaner im Süden. Hier gab man der Mauer den Beinamen »Normandie-Wall«, weil sie aus alten, x-förmig gelegten Eisenbahnschienen besteht wie die an den französischen Küsten während der Landung der Alliierten 1944. Die Kaufleute auf beiden Seiten der Grenze beklagen sich. Die Mauer bremst nicht nur den Übertritt der Migranten, sondern auch die Kunden, die pedantischen Kontrollen unterworfen sind und mehr Zeit an der Grenze als in den Geschäften verbringen. Wenn sie nicht mehr mit dem Pkw die Grenzen überqueren dürfen, kaufen sie nur kleinste Mengen.

Das Wesensmerkmal der Mauern ist aber, dass sie umgangen werden können. Die Franzosen können davon ein Lied singen. 1939 glaubten sie sich hinter ihrer Maginot-Linie, die aus als uneinnehmbar geltenden Forts bestand, sicher vor einem Angriff Nazi-Deutschlands. Die deutsche Armee zog nordwärts vorbei, durch Belgien. Die Armee der Mexikaner und anderer Latinos, die heimlich in die USA zu gelangen versuchen, benutzen die gleiche Taktik. Sie umgehen die Mauer oder passieren sie da, wo sie am durchlässigsten ist. Das SBInet soll sie weiter entfernt schnappen. Denn wie sagte doch der Chef einer Grenzwächterpatrouille der Sonderberichterstatterin der Tageszeitung »Le Monde«: »Die Mauer ist nicht dazu da, die Leute am Hereinkommen zu hindern. Sie ist dazu da, um sie aufzuhalten. Dies erlaubt uns Zeit zu gewinnen, um sie festzunehmen.« In zehn Jahren wurde die Zahl der Grenzwächter verdreifacht.

Die Verstärkung der Kontrollen und der Repressionsmittel zeigt perverse Folgen. Die Illegalen durchqueren die Wüste und trotzen der Hitze und den Schlangen – nicht immer erfolgreich: In den 1990er Jahren sind 125 Personen beim Versuch, die Wüste zu durchqueren, gestorben. Seit 2000 haben 1000 Personen den Tod gefunden. Die Gewalt nimmt zu und mit ihr der Preis, den die Flüchtlinge den Berufsschleppern entrichten müssen. Die Kosten erreichen 1500 Dollar, etwas über 1000 Euro.

SPANISCHE ENKLAVEN IN AFRIKA

1000 Euro. Das ist kurioserweise die gleiche Summe, die den Schleppern für das Überqueren der Straße von Gibraltar auf Behelfsbooten, von den Spaniern *pateras* genannt, zu entrichten ist. Als ob es eine Internationale der Schlepper gäbe, die die Tarife festsetzt. Hier, inmitten des Meeres, keine Mauer, aber ein von der spanischen Polizei eingerichtetes Überwachungssystem: der SIVE (Sistema Integrado de Vigilancia Exterior: Integriertes Außenüberwachungssystem). Die Madrider Regierung hat in diese Anlagen, die nach ihrer Darstellung einzigartig auf der Welt sind, über 200 Millionen Euro investiert. Die Boote werden mehr als 10 km vor den Küsten dank dem Meer entlang verteilter fester oder beweglicher Überwachungstürme aufgespürt. Die Zivilgarde kann also den Weg der Boote verfolgen und die Insassen, wenn sie landen, festnehmen.

Das Problem hat sich durch die Tatsache zugespitzt, dass Spanien einen Fuß in Afrika hat. Seine zwei Enklaven Ceuta und Melilla im Norden der marokkanischen Küste ziehen potenzielle Einwanderer an. Die zwei nicht mehr als 30 km² und 150.000 Einwohner zählenden Städte sind durch meterhohe, von Stacheldraht gekrönte Zäune und durch Türme »geschützt«, die böse Erinnerungen wecken. Im September 2005 haben sich aus Schwarzafrika kommende Flüchtlinge buchstäblich gegen diese Zäune geworfen und versucht sie zu übersteigen, um das »Gelobte Land« zu erreichen. Einmal auf spanischem Territorium angelangt, hofften sie, dass es ihnen leichter sein würde, nach Europa zu gelangen, ihrem endgültigen Ziel. Sie wurden gleichzeitig durch die spanische Zivilgarde und die marokkanischen Ordnungskräfte zurückgestoßen. Immerhin gelang es 700 von ihnen in die Enklaven zu kommen. Die Zusammenstöße mit der marokkanischen Polizei hatten wenigstens sechs Tote zur Folge. Tausende anderer wurden in Behelfslagern untergebracht und warten dort darauf, in ihre Ursprungsländer zurückgeschickt zu werden.

Nach diesen regelrechten Tumulten haben die spanischen Behörden den »Schutz« der Enklaven ver-

Abb.1: Der Grenzzaun zwischen den USA und Mexiko, hier in der Nähe von Tijuana. Aufnahme 2006.

Abb. 2: Neu errichteter Metallzaun an der mexikanisch-US-amerikanischen Grenze in der Nähe von San Diego, Kalifornien; Aufnahme Mai 2007.

stärkt. Ein dritter Zaun wurde den beiden vorhandenen hinzugefügt, die parallel um die zwei Städte verlaufen. Sechs Meter hoch, von Stacheldraht gekrönt, ist diese dritte Umfassung von der zweiten weit genug entfernt, damit Polizeiwagen Patrouille fahren können. Sowohl in Ceuta als auch in Melilla wurden die Arbeiten von der Europäischen Union

mit 60 Millionen Euro finanziert. Fachleute bemerken, dass diese Grenze zwischen Marokko und den zwei spanischen Besitzungen die »ungleichste« Europas, wenn nicht der Welt ist (die Demarkationsline zwischen den beiden Koreas wohl ausgenommen). Der Unterschied des mittleren Lebensstandards zwischen Marokko einerseits und Ceuta

und Melilla andererseits ist 1:15. Zwischen Mexiko und den USA »nur« 1:6. Der spanische Wirtschaftswissenschaftler, Inigo Moré, verallgemeinert diesen Sachverhalt und spricht von einem »Ungleichheitsgürtel« rund um die Europäische Union, der ihre Mitgliedstaaten von denen trennt, die draußen geblieben sind. Die unsichtbare Mauer erklärt die Fluchtbewegungen, die man unmöglich mit dem Schließen der Grenzen beantworten kann. Das wirkliche Heilmittel, also die Förderung der Randgebiete, verlangt sehr viel höhere Investitionen als die Errichtung von irgendwelchen Hindernissen. Wer aber ist bereit, sie zu bezahlen?

Abb. 3: Mauerbild auf der israelischen »West Bank Barrier«, Aufnahme 2004

VON BAGDAD NACH ... PADUA

Es gibt nicht nur Städte, die manchmal, wie im Mittelalter, ummauert sind. Es kann auch Stadtviertel im Inneren der Städte geben. Man denke an Belfast in Nordirland, wo trotz des zwischen Katholiken und Protestanten wiedergefundenen Friedens die Mauern fortdauern (vgl. Abb. 5). Oder an Bagdad seit dem amerikanischen Krieg. Aber es ist nicht nötig, Europa zu verlassen. In Padua (Italien) hat im August 2006 der Mitte-Links-Bürgermeister in wenigen Stunden eine 84 Meter lange und drei Meter hohe Mauer mit

Stahlplatten und einem einzigen Zugang rund um einen Teil der via Anelli errichten lassen: Sechs hauptsächlich von nigerianischen und tunesischen Einwanderern bewohnte Gebäude waren bekannt für ihren ausgedehnten Drogenhandel, der offensichtlich die Ruhe der betuchten Einwohner der umliegenden Villen störte.

Dennoch ist nichts vergleichbar mit der irakischen Hauptstadt seit der amerikanischen Intervention und dem Sturz Saddam Husseins. Um sie vor den Angriffen verschiedener Milizen zu schützen, sind Ausländer, Verwaltungen, Botschaften, das amerikanische Hauptquartier, die Vereinten Nationen und die irakische Regierung in der grünen Zone im Schutz von Mauern und gesicherten Betondurchgängen zusammengelegt worden. Nach dem Attentat im August 2003 des mit einem Sprengsatz versehenen Wagens, der das Leben einiger UNO-Bediensteter, unter ihnen Sergio Melho de Vieira, Sonderbeauftragter des Generalsekretärs, kostete, wurden die Sicherheitsmaßnahmen verstärkt.

ARABER VON ANDEREN ARABERN TRENNEN

Iraks Lage weckt Befürchtungen bei seinen Nachbarn. Um das Eindringen extremistischer Islamisten und den Waffenhandel zu verhindern, hat 2006 Saudi-Arabien beschlossen, die 900 km seiner gemeinsamen Grenze mit dem Irak mit einem elektronischen Zaun zu versehen. Die Anlage mit Überwachungsradar und Bewegungsmeldern dürfte 2011 voll einsatzfähig sein. Die Kosten dürften sich auf 12 Milliarden Dollar (etwas über 8 Milliarden Euro) belaufen. Inzwischen hat Saudi-Arabien eine Straße trassiert, um motorisierte Patrouillenbewegungen zu erlauben und eine Sandmauer errichtet.

DIE SANDMAUER IM RIO DE ORO

Diese Sandmauer ist eine anspruchslosere, weniger kostspielige Technik. Sie wird seit 1975 von Marokko für 2500 km in der Sahara-Wüste angewendet, um die Saharaouis-Kämpfer der Polisario-Front daran zu hindern, in die Westsahara einzudringen, eine ehemalige Kolonie, die die Spanier Rio de Oro nannten. Die Saharaouis fordern Unabhängigkeit, während Rabat sie als integrierten Teil des Scherifischen Königreichs betrachtet. In Wirklichkeit handelt es sich um sechs aufeinanderfolgende Mauern, wobei die erste das »nützliche Dreieck« mit El Aaiun, Smara und den Phosphatminen von Boukraa schützen soll. Die letzte und zugleich östlichste verläuft nahe der algerischen Grenze. Die aus Sand gebauten Anlagen werden durch Radaranlagen, elektronische Überwachungseinrichtungen, Minen und eine Armee von 130.000 marokkanischen Soldaten verstärkt. Die UNO beschäftigt sich andauernd mit diesem Konflikt, der Zeiten der Beruhigung kennt, gefolgt von jähen Spannungen. Die neueste Idee des Sondergesandten des Generalsekretärs der Vereinten Nationen, Peter van Walsum, sieht vor, weder den Saharaouis das Referendum über die Unabhängigkeit, die sie fordern, zuzugestehen noch Marokko die Souveränität über die Westsahara, die es verlangt.

AUF DEM 38. BREITENGRAD, DIE DMZ

Im Hinblick auf die Sahara ist es schwierig von einem »eingefrorenen Konflikt« zu sprechen, wie dies bei international unentwirrbaren und seit Jahrzehnten unlösbaren Situationen üblich geworden ist. Die Beziehungen zwischen Nord- und Südkorea sind dieser Art. Der Koreakrieg, die erste Konfrontation zwischen den zwei Blöcken zu Beginn des Kalten Krieges, dauerte drei Jahre: von Juni 1950 bis Juli 1953. Seit dem Waffenstillstand von Panmunjeom sind die beiden Länder durch die DMZ (Demilitarized Zone) getrennt, ein 250 km langes und 4 km breites Niemandsland beiderseits des 38. Breitengrads. Die Feinde von gestern treffen sich gelegentlich in der JSA (Joint Security Area), um Probleme gemeinsamen Interesses zu regeln. Ansonsten ist es gefährlich, sich in diesen Bereich, selbst unabsichtlich, zu weit vorzuwagen. Eine Touristin hat dies 2008 mit ihrem Leben bezahlen müssen: Als sie ihren Irrtum bemerkte, fing sie an zu rennen. Das war ihr Verhängnis. Nordkoreanische Soldaten schossen auf sie.

Von Süden her ist es möglich, die unmittelbare Umgebung der DMZ zu besichtigen, Aussichtsplattformen zu besteigen, von wo der Blick auf die Volksrepublik Korea hinüberschweift, oder die unter der Pufferzone gegrabenen Tunnel zu besichtigen. Diese werden von den Nordkoreanern, die zu fliehen versuchen oder die offiziell beauftragt sind, sich bei den feindlichen Brüdern zu infiltrieren, angelegt. Die Südkoreaner haben an der Grenze zur DMZ einen ultramodernen Bahnhof gebaut. Die Gleise führen im Augenblick nirgendwohin, aber alles ist für den Tag bereit, an dem die Grenze für den Bahnverkehr wiedereröffnet wird. Quer durch Korea, China und Russland wird der Zug Südkoreas Hauptstadt Seoul mit Berlin, ja sogar mit London durch den Ärmelkanaltunnel verbinden. Dies wird die Rache des freien Personen- und Warenverkehrs über die Mauern sein.

DIE TEILUNGEN DES INDISCHEN SUBKONTINENTS

Die Teilung des Kaiserreichs Indien im Jahr 1947, die grob gesagt die Hindus von den Muslimen trennte, dann 1971 die Unabhängigkeit Bangladeschs haben die Regierung von Neu-Dehli veranlasst, die Grenzen zu befestigen. Zuerst in Kaschmir, einer zweigeteilten Provinz, um die sich Inder und Pakistaner streiten. Eine doppelte Stacheldrahtreihe verläuft parallel zu der 1972 festgelegten sogenannten Kontrolllinie. Über mehr als 500 km ist sie teilweise elektrifiziert, mit Radar und mit Wärmesensoren versehen, eine umfassende moderne Technik, die die indische Armee von den Israelis erworben hat. Es handelt sich darum, die Übergriffe der Kaschmirkämpfer in die Sektoren unter pakistanischer Kontrolle zu unterbinden.

Darüber hinaus haben die indischen Behörden im Jahre 2000 ein Programm beschlossen, das sich über mehrere Jahre erstreckt, um die 2000 km lange Grenze mit Pakistan zu kontrollieren. So wurden Schranken, Beleuchtungssysteme und Umgehungsstraßen angelegt, die eine Investition von 1,7 Milliarden Euro ausmachen. Werden diese Maßnahmen physischer Trennung bewaffnete Auseinandersetzungen der zwei Länder, beide im Besitz von Atomwaffen, verhindern?

Auch im Nordosten sucht Indien seine über 4000 km lange Grenze zu Bangladesch mit einem Metallgitter, nächtlicher Beleuchtung und Polizeipatrouillen zu schützen, um die Einwanderung und jüngst das Eindringen radikaler, militanter Islamisten zu verhindern.

ISRAEL – AUSSCHLUSS, EINSCHLUSS, TRENNUNG

Die Mauer, die die Israelis gerade zwischen sich und den Palästinensern vollenden (Abb. 3 und 4), hat vielschichtigere Aufgaben. Die Proteste, die sie heute auslöst, lassen beinahe vergessen, dass es sich anfangs um eine Idee der Linken handelte. »Eine bedauerliche, aber erforderliche Notlösung«, wie es der Historiker Elie Barnavi ausdrückte. Die Absicht war Leben zu retten, indem man Selbstmordattentäter hinderte nach Israel einzudringen, aber auch gleichzeitig die Grenzen zwischen dem jüdischen Staat und dem zukünftigen palästinensischen, den die Linke herbeisehnte, festzulegen. Israels Rechte war vor allem deswegen dagegen, weil der Zaun drohte, Israels Expansion Einhalt zu gebieten. Dann aber, im Jahre 2001, ließ sich Ariel Sharon, damals Premierminister, unter dem Druck der öffentlichen Meinung, die sich um die Sicherheit sorgte, überzeugen. Er benutzte das ursprüngliche Vorhaben nicht nur dazu, jüdische Siedlungen in den besetzten Gebieten nach dem Sechstagekrieg 1967 einzuverleiben, sondern vielmehr noch nach palästinensischen zu langen.

Es handelt sich in diesem Fall also nicht darum, eine bestehende Grenze zu sichern, sondern eine neue zu schaffen. Doch mit der Festlegung der Ostgrenzen Israels erkennen die israelischen Regierenden stillschweigend an, dass ihr Staat abgerundet und das Expansionsstreben beendet ist, selbst wenn sie beim Mauerverlauf palästinensisches Land einverleiben, das nach 1967 zu den besetzten Gebieten gehörte. Es handelt sich um eine lange, betonierte »Schlange«, die sich auf etwa 750 km dahinzieht – mit Ausweitungen bei den Palästinensern, um die Siedlungen zu umschließen. Sie ist 60 m breit, umfasst Gräben, zwei parallel verlaufende Straßen für Armee und Polizei, Stacheldrahtreihen, eine Detektorschranke sowie Beobachtungsposten. 21 Übergangsstellen wurden in der Mauer eingerichtet, die in den städtischen Abschnitten bis zu acht Meter hoch sein kann. Die Kosten werden auf 1,7 Millionen Euro je Meter geschätzt. Sie trennt palästinensische Dörfer vom umliegenden Land und umschließt etwa 40 Enklaven, die insgesamt von etwa 400.000 Palästinensern, davon 180.000 in Ost-Jerusalem, bewohnt werden. Hunderte von Anträgen wurden beim Obersten israelischen Gerichtshof hinterlegt, um die Behörden zu verpflichten, den Grenzverlauf zu überprüfen, aber lediglich eine Handvoll wurde als zulässig erachtet, wenn der Grenzverlauf offenkundig und oft unnütze Behinderungen für den Alltag der betroffenen Bevölkerungsgruppen zur Folge hatte.

In Gaza, wo die Hamas nach den Wahlen vom Jahre 2006 die Macht übernommen hat, schafft der Zaun nicht nur eine undurchlässige Trennwand zu Israel. Dieses Gebiet mit 1,5 Millionen Einwohnern ist auch im Süden von Ägypten durch eine Mauer getrennt, die ein Kommen und Gehen verhindern soll. Man schätzt, dass unter der Grenze 300 bis 400 geheime Tunnel gegraben wurden, um das Passieren von Menschen und Schmuggelgut zu ermöglichen. Am 28. Januar 2008 hallte durch Gaza ein Schrei: »Die Mauer ist gefallen! Die Mauer ist gefallen!« Etwa 10 Sprengladungen hatten in der Befestigungsanlage aus Beton und Stahl Breschen verursacht, unter anderem in der seit 1967 zweigeteilten Stadt Rafah. Zwischen Ägypten und dem Gaza-Streifen zieht sich ein 14 km langes, Philadelphia-Route genanntes Niemandsland. Als der Durchlass geschaffen wurde, haben sich Hunderte von Palästinensern auf Ägypten gestürzt, obwohl der Grenzkontrollposten geschlossen blieb. Elf Tage lang, bis zum 3. Februar, konnten sie sich auf der anderen Seite eindecken, ohne dass die ägyptische Polizei eingriff. Aber die Atempause war von kurzer Dauer. Das Leben, also das Eingesperrtsein, nahm wieder seinen »normalen« Lauf.

DIE GRÜNE LINIE IN ZYPERN

Man muss Europa nicht verlassen, um sich die Nase an einer Mauer zu brechen. Seit Zyperns Unabhängigkeit im Jahr 1960 und noch mehr seit der türkischen Invasion 1974 ist die Insel zweigeteilt: Eine grüne, von den UNO-Blauhelmen überwachte Linie mit einer Pufferzone, die je nach Lage zwischen 20 Meter und 7 Kilometern misst. In dieser wurden einige Übergangsstellen eingerichtet, die den griechischen Zyprioten erlaubten, sich tagsüber in den Norden zu begeben und den türkischen Zyprioten zur Arbeit in den Süden. Bis zum Beginn des Jahres 2008 war die Ledra-Straße, einst die belebteste Hauptverkehrsader in der Hauptstadt Nikosia, durch eine Mauer geschlossen. Um sich zu Fuß in den türkischen Teil Nikosias zu begeben, bedurfte es eines mehrere 100 Meter weiten Umwegs zu einem Kontrollposten neben dem alten, aufgelassenen Hotel, dem Ledra Palace, der heute von UNO-Soldaten besetzt ist. Nach der Wahl des kommunistischen Kandidaten Dimitri Christofias zum Präsidenten in der Republik Zypern haben sich die Beziehungen zwischen den beiden Teilen der Insel etwas entspannt. In der Ledra-Straße wurde eine Übergangsstelle eröffnet und im Hinblick auf eine Wiedervereinigung der Insel, deren Südteil seit 2004 Mitglied der Europäischen Union ist, während im Norden allein Ankara die Türkische Republik Nordzypern anerkennt, haben Verhandlungen begonnen.

18.000 KM MAUERN

Die zyprische Mauer ist ein kleines Stück dieser Mauern, die, quer durch die Welt, aneinandergereiht 18.000 km betrügen. An sich ist eine Grenze kein Synonym für Einsperrung oder Konfrontation. Sie kann auch ein Ort des Austausches zwischen verschiedenen Bevölkerungsgruppen sein. Sie kann einem Volk das Gefühl vermitteln, sich einer gewissen Freiheit und Sicherheit zu erfreuen, das es ihm erlaubt, sich gegenüber anderen zu öffnen. Dies ist allerdings selten der Fall, wenn sie in Form einer Mauer Gestalt annimmt. Die Mauer ist allgemein eine doppelte politische Botschaft, nach innen und nach außen. Nach innen will sie ein Zeichen der Macht der Obrigkeit gegenüber den Untertanen sein, obwohl sie ein Beweis der Schwäche ist. Nach außen ist sie eine Herausforderung gegenüber den Nachbarn, den anderen, den Barbaren.

Dies war der Sinn des römischen Limes genau wie der der »Großen Mauer« in China, auf jeden Fall ein staatstragender, um nicht zu sagen mythischer. Der amerikanischer Historiker Arthur Waldron hat in seinem Buch »The Great Wall of China, from History to Myth« behauptet, dass die Große Mauer nie existiert habe, zumindest nicht so, wie es die heutigen Chinesen darzustellen versuchen. Es habe nie, so seine Behauptung, Bauten über Tausende von Kilometern ohne Unterbrechung gegeben, allenfalls einige befestigte Abschnitte, die nicht untereinander verbunden waren, also eher »der Ansatz einer mythischen Verteidigung«. Im Übrigen bedurfte es keiner kontinuierlichen Mauer, denn vielfach ist das Gelände für bewaffnete Einfälle ungünstig. Obendrein wurde die Große Mauer nie angegriffen. Als feindliche Kräfte nach China eindrangen, sind sie, nachdem sie die chinesischen Soldaten bestochen hatten, durch die Tore einmarschiert.

Ismaïl Kadaré, ein Schriftsteller albanischer Herkunft, hat eine andere Deutung versucht. Er stuft die Große Mauer als »simples Schreckgespenst« oder »lächerlichen Zaun« ein. Er hat sich ausgedacht, dass sie

Abb. 5: Mauerabschnitte durchziehen das Stadtbild von Belfast und trennen die Wohngebiete von Katholiken und Protestanten.

von den Chinesen im Einverständnis mit den Barbaren gebaut wurde, um letztere vor dem »beruhigenden Einfluss Chinas« zu bewahren. Es würde sich also nicht mehr darum handeln, die Menschen im Inneren gegen die Bedrohungen von außen zu schützen, sondern die Menschen von außen gegen die von innen kommenden Gefahren. Die Deutung ist verlockend, stellt sie doch die althergebrachten Ideen auf

den Kopf. Wenn sie sich bewahrheitet, so sicherlich ohne Wissen derer, die Mauern bauen. Und sie ist ein Trost, wenn nicht gar eine Hoffnung für die, die sie ertragen müssen.

ANHANG

ANMERKUNGEN

Nunn: Einleitung

[1] B. GANDULLA, The Concept of Frontier in the Historical Process of Ancient Mesopotamia, in: L. MILANO u. a. (Hrsg.), Territories, Frontiers and Horizons in the Ancient Near East Band II, 44. RAI (2000) 39–43. Allgemeines mit Schwerpunkt auf Ägypten und Mesopotamien in M. LIVERANI, Prestige and Interest (1990) 33–112.

[2] B. LAFONT, Le Proche-Orient à l'époque des rois de Mari: un monde sans frontières?, in: L. MILANO u. a. (Hrsg.), Territories (s. Anm. 1) 52.

[3] M. KLEE, Grenzen des Imperiums. Leben am römischen Limes (2006). Grenze des römischen Imperiums, Zaberns Bildbände zur Archäologie (2006). Fotos von G. Gerster in: C. TRÜMPLER (Hrsg.), Georg Gerster. Flug in die Vergangenheit – Archäologische Stätten der Menschheit in Flugbildern, Ausstellungskatalog, Essen 2003–2004 (2003) Nr. 120 (Chinesische Mauer), 121 und 237 (»Alexanderwall«), 122 (Hadrianswall).

[4] M. KONRAD, Der spätrömische Limes in Syrien. Archäologische Untersuchungen an den Grenzkastellen von Sura, Tetrapyrgium, Cholle und in Resafa, Resafa 5 (2001).

[5] W. BALL, Rome in the East. The transformation of an empire (2000) 315.

[6] Auch Darbant, Derbend, Derbent oder Darbent geschrieben, nicht zu verwechseln mit einem ebenfalls unterschiedlich geschriebenen Darband im südlichen Usbekistan (s. Anm. 9). E. KETTENHOFEN, Darband, in: Y. YARSHATER (Hrsg.), Encyclopaedia Iranica Bd. VII (1996) 13–19.

[7] W. BALL, Archaeological Gazetteer of Afghanistan. Catalogue des sites archéologiques d'Afghanistan Bd. 1 (1982) 145 Nr. 520.

[8] S. A. RAKHMANOV, The wall between Bactria and Sogdia: The study on the Iron Gates, Uzbekistan, in: V. M. MASSON e. a., New Archaeological Discoveries in Asiatic Russia and Central Asia, Archaeological Studies 16 (St. Petersburg 1994) 75–78. E.V. RTVELADZE, On the Historical Geography of Bactria-Tokharistan, Silk Road Art and Archaeology, Kamakura/Japan 1 (1990) 10–11.

[9] A. N. BADER / V. GAIBOV / G. A. KOŠELENKO, Walls of Margiana, in: A. INVERNIZZI (Hrsg.), In the Land of the Gryphons. Papers on the Central Asian archaeology in antiquity (Florenz 1995) 39–50.

[10] J. READE, El-Mutabbaq and Umm Rus, Sumer 20 (1964) 83–89.

[11] W. KRAMER / M. HARDT, Das Danewerk – das größte frühgeschichtliche Bauwerk Nordeuropas, in: C. VON CARNAP-BORNHEIM / M. SEGSCHNEIDER (Hrsg.), Die Schleiregion. Land – Wasser – Geschichte (2007) 86–95.

[12] M. HARDT, Limes Saxoniae, Reallexikon der Germanischen Altertumskunde, Band 18 (2001) 442–446 und Limes Sorabicus, 446–448. H. BRACHMANN, Der Limes Sorabicus – Geschichte und Wirkung, Zeitschrift für Archäologie 25 (1991) 177–207.

[13] K. LAMBERS, Große Mauer von Santa, in: C. TRÜMPLER (Hrsg.), Georg Gerster (Anm. 3), 216 und Foto Nr. 118.

[14] K. GRASSER / J. STAHLMANN, Westwall, Maginot-Linie, Atlantikwall. Bunker- und Festungsbau 1930–1945 (Starnberg 1983). D. R. BETTINGER / H.-J. HANSEN / D. LOIS, Der Westwall von Kleve bis Basel. Auf den Spuren deutscher Geschichte (Eggolsheim 2006).

[15] D. LARCENA u. a., La muraille de la Peste (1993).

[16] F. RÜCKERT, Die Weisheit des Brahmanen. Ein Lehrgedicht in Bruchstücken, XII. Buch, 7. Gedicht (1836).

Gasche: Die »medische Mauer«

[1] s. auch C. EHRHARDT, Two Notes on Xenophon, Anabasis, The Ancient History Bulletin 8/1 (1994) 1–4.

[2] J. M. BIGWOOD, The Ancient Accounts of the Battle of Cunaxa, American Journal of Philology 104 (1989) 340–347. G. WYLIE, Cunaxa and Xenophon, L'Antiquité Classique 61 (1992) 119–131.

[3] O. LENDLE, Xenophon in Babylonien. Die Märsche der Kyreer von Pylai bis Opis, Rheinisches Museum für Philologie 129 (1986) 198, Anm. 10 und Karte S. 200–201.

[4] J. B. BEWSHER, On Part of Mesopotamia Contained between Sheriat-el-Beytha, on the Tigris, and Tell Ibrahim, Journal of the Royal Geographic Society 37 (1867) 166, 171.

[5] BEWSHER, Anm. 4, 171 gibt eine Länge von ungefähr einer Meile an, aber legt den Ort 17 Meilen von Falluja fest (S. 166), was sicher ein Irrtum ist.

[6] Anm. 8, 23.

[7] BEWSHER, Anm. 4, 169. H. GASCHE, Autour des Dix Mille: vestiges archéologiques dans les environs du »Mur de Médie«, Pallas 43 (1995) 201–216.

[8] J. A. BLACK / H. GASCHE / A. GAUTIER / R. G. KILLICK / R. NIJS / G. STOOPS, Habl as-Sahr 1983–1985: Nebuchadnezzaar II's Cross-Country Wall North of Sippar, Northern Akkad Project Reports 1 (1987) 3–46.

[9] H. GASCHE (Hrsg.), Habl as-Sahr 1986, nouvelles fouilles. L'ouvrage défensif de Nabuchodonosor II au nord de Sippar, Northern Akkad Project Reports 2 (1989) 23–70.

[10] Von West nach Ost folgen die Ruinen auf 9,5 km einer geraden Linie (Abb. 5b). Am Tell HB 5 biegen sie im rechten Winkel gegen Nordosten (2,7 km) ab, aber ein späterer Bewässerungskanal nutzt hier das leichte Relief, die die Überreste verursachen. Darüber hinaus ziehen sie sich gegen Osten noch auf eine Entfernung von 2,1 km hin. Nach diesem Abschnitt erwähnt Bewsher (Anm. 4, 169–170) noch ein letztes gegen Südosten gerichtetes Segment von 1,5 Meilen, von dem wir aber nicht die geringste Spur im Gelände wiedergefunden haben. Dennoch wurden von vier gestempelten Ziegeln in der Nähe eines Weilers Notiz genommen, aber sie könnten auch von den Bewohnern genommen worden sein. Alle unternommenen Anstrengungen, um andere Spuren der Mauer zu finden, blieben ergebnislos.

[11] Für die Bildung dieser Reliefs und eine Schätzung des Zuwachses ihrer Erhöhung, s. H. GASCHE, Remarques concernant le choix et l'emplacement d'un site à urbaniser dans une plaine de type alluvial, in: La ville dans le Proche-Orient ancien. Actes du Colloque de Cartigny 1979 (= Les Cahiers du CEPOA 1) (Leuven 1983) 77–79 und H. GASCHE, Le système paléo-fluviatile au sud-ouest de Baghdad, Bulletin on Sumerian Agriculture 4 (Cambridge 1988) 41–48. Für die Rekonstruktion der antiken Flussnetze, s. S. W. COLE / H. GASCHE, Second- and First-Millennium BC Rivers in Northern Babylonia, in: H. GASCHE / M. TANRET (Hrsg.), Changing Watercourses in Babylonia. Towards a Reconstruction of the Ancient Environment in Lower Mesopotamia (= Mesopotamian History and Environment, Memoirs 5/1) (Ghent-Chicago 1998) 1–64 und H. GASCHE / M. TANRET / S. W. COLE / K. VERHOEVEN, Fleuves du temps et de la vie. Permanence et instabilité du réseau fluviatile babylonien entre 2500 et 1500 avant notre ère, Annales. Histoire, Sciences sociales 57/3 (2002) 531–544.

[12] s. GASCHE, Anm. 11 (1988) 43 und COLE / GASCHE, Anm. 11 (1998) 32–33.

[13] s. G. STOOPS, Anm. 8, 6–9.

[14] F. JOANNÈS, Les relations entre Babylone et les Mèdes, NABU 21 (1995) führt die Stelle eines Denunzierungsbriefes an, der zur Zeit Nebukadnezar II. eine Abkühlung zwischen Medern und Babyloniern bezeugen könnte. Der Verfasser indessen stellt fest, dass es anderer Zeugnisse bedürfte, um eine Verschlechterung der Beziehungen zwischen den beiden Großmächten dieser Zeit zu bestätigen. s. auch Anm. 8, 28 für einen fraglichen Feldzug gegen Elam.

[15] F. VALLAT, A propos du »Mur de Médie«, Northern Akkad Project Reports 4 (1989) 71.

[16] Anm. 8, 15–21 mit Textgeschichte. S. J. LEVY, Two Cylinders of Nebuchadnezzar II, Sumer 3 (1947) 4–18 und W. BAUMGARTNER, Corrections to Levy, 1947, Sumer 4 (1948) 141. Die genaue Herkunft der Zylinder ist unbekannt. Weil sie keine anderen Bauten erwähnen, könnten sie aus einem Gründungsdepot eines Baus von Nebukadnezar stammen, der nur etwa 2 km im Nordwesten von Tell ed-Der liegt. Ein dritter, unvollständiger Zylinder könnte aus dem Schutt des Tempels »Z« in Babylon stammen (R. KOLDEWEY, Die Tempel von Babylon und Borsippa nach den Ausgrabungen durch die Deutsche Orient-Gesellschaft, WVDOG 15 [1911] 24, 68). Dieses von Nebukadnezar II. restaurierte Heiligtum war wahrscheinlich Gula gewidmet.

[17] S. LANGDON, Die neubabylonischen Königsinschriften, Vorderasiatische Bibliothek 4 (Leipzig 1912) 8.

[18] Anm. 8, 26.

[19] Anm. 8, 21.

[20] Für den Verlauf s. R. McC. ADAMS, Land Behind Baghdad. A History of Settlement on the Diyala Plains (Chicago– London 1965) Abb. 3, wiederaufgenommen in Anm. 8, Anm. 16.

[21] P. STEINKELLER, New Light on the Hydrology and Topography of Southern Babylonia in the Third Millennium, Zeitschrift für Assyriologie und vorderasiatische Archäologie 91 (2001) 22–84 und GASCHE u. a., Anm. 10 (2002).

[22] Die Länge dieser Mauer beträgt $4^2/_3$ *beru*, also 50,4 km. Die Entfernung zwischen Babylon und Kisch beläuft sich auf etwa 15 km; also bleiben etwa 35 km zwischen Kisch und Kar-Nergal.

[23] R. McC. ADAMS, Settlement and Irrigation Patterns in Ancient Akkad = Appendix V, in: McG. GIBSON, The City and Area of Kish (Coconut Grove 1972) 204.

[24] McG. GIBSON, Anm. 23, 141.

[25] s. Zusammenfassung Anm. 8, 18–19.

WEITERFÜHRENDE LITERATUR

Die Amurriter-Mauer

Für die Korrespondenz der Könige von Ur (RCU: Royal Correspondence of Ur) bereitet P. Michalowski eine Edition vor. Für diesen Beitrag stellte er dankenswerter Weise seine aktuelle Bearbeitung wichtiger Briefe zur Verfügung. Seine Übersetzungen finden sich in:

P. MICHALOWSKI, Royal letters of the Ur III kings, in: M. W. CHA-VALAS (Hrsg.), The Ancient Near East. Historical Sources in Translation (Malden, MA 2006) 75–81.

Zu den Amurritern in Mesopotamien und zur Geschichte der Dritten Dynastie von Ur:

C. WILCKE, Zur Geschichte der Amurriter in der Ur III-Zeit, Welt des Orients 5 (1969) 1–33.

W. SALLABERGER, Ur III-Zeit, in: P. ATTINGER / M. WÄFLER (Hrsg.), Mesopotamien: Akkade-Zeit und Ur III-Zeit. Annäherungen 3, Orbis Biblicus et Orientalis 160/3 (1999) 119–390.

W. SALLABERGER, From Urban Culture to Nomadism. A History of Upper Mesopotamia in the Late Third Millennium, in: C. KUZUCUOGLU / C. MARRO (Hrsg.), Sociétés humaines et changement climatique à la fin du troisième Millénaire: une crise a-t-elle eu lieu en Haute Mésopotamie? (2007) 417–456.

Die syrische Mauer

Die Entdeckung, die Geländebegehung und die Beschreibung der Mauer wurde in Zusammenarbeit mit N. Awad (Direktion der Antiken und Museen Syriens) und M. al-Dhiyat (Institut Français du Proche-Orient) durchgeführt. Die Datierungen wurden von Y. Calvet (CNRS) und M.-O. Rousset erstellt.

B. GEYER / M. ALDBIYAT / N. AWAD / O. BARGE / J. BESANÇON / Y. CALVET / R. JAUBERT, The Arid Margins of Northern Syria: Occupation of the Land and Modes of Exploitation in the Bronze Age, in: D. MORANDI BONACOSSI (Hrsg.), Urban and Natural Landscapes of an Ancient Syrian Capital. Settlement and Environment at Tell Mishrifeh/Qatna and in Central-Western Syria, Proceedings of the International Conference held in Udine, 9.–11. Dezember 2004, Studi Archeologici su Qatna 1 (2007) 269–281.

B. GEYER / J. BESANÇON / M.-O. ROUSSET, Les peuplements anciens, in: R. JAUBERT / B. GEYER (Hrsg.), Les marges arides du Croissant fertile Pemplements, exploitation et contrôle des ressources en Syrie du Nord, TMO 43 (Lyon 2006) 55–69.

B. GEYER / Y. CALVET, Les steppes arides de la Syrie du Nord au Bronze ancien ou »la première conquête de l'est«, in, B. GEYER (Hrsg.), Conquête de la steppe et appropriation des terres sur les marges arides du Croissant fertile, TMO 36, (Lyon, 2001) 55–67.

F. MÉTRAL, Transformations de l'élevage nomade et économie bédouine dans la première moitié du vingtième siècle, in: R. Jaubert / B. Geyer (Hrsg.), Les marges arides du Croissant fertile. Peuplements, exploitation et contrôle des ressources en Syrie du Nord, TMO 43 (Lyon 2006) 81–101.

Die kappadokische Mauer

A. FUCHS, Die Inschriften Sargons II. aus Khorsabad (Göttingen 1994).

A. MÜLLER-KARPE, Untersuchungen in Kuşaklı 1997, Mitteilungen der Deutschen Orient-Gesellschaft 130 (1998) 109-112.

A. SCHACHNER, »An der Quelle des Tigris schrieb ich meinen Namen«. Die assyrischen Könige wählten für ihre Reliefs einen symbolträchtigen Ort, Antike Welt 37/2 (2006) 77-83.

Die griechischen Mauern

J. COBET, Milet 1994–1995. Die Mauern sind die Stadt. Zur Stadtbefestigung des antiken Milet, Archäologischer Anzeiger 1997, 249–284.

K. FREITAG, Überlegungen zur Konstruktion von Grenzen im antiken Griechenland, in: R. ALBERTZ / A. BLÖBAUM / P. FUNKE (Hrsg.), Räume und Grenzen. Topologische Konzepte in den antiken Kulturen des östlichen Mittelmeeres, Quellen und Forschungen zur Antiken Welt (München 2007) 49–70.

P. FUNKE, Alte Grenzen – neue Grenzen. Formen polisübergreifender Machtbildung in klassischer und hellenistischer Zeit, in: R. ALBERTZ / A. BLÖBAUM / P. FUNKE (Hrsg.), Räume und Grenzen. Topologische Konzepte in den antiken Kulturen des östlichen Mittelmeeres, Quellen und Forschungen zur Antiken Welt (München 2007) 188–204.

H. LAUTER / H. LAUTER-BUFE / H. LOHMANN (Hrsg.), Attische Festungen. Beiträge zum Festungswesen und zur Siedlungsstruktur vom 5. bis zum 3. Jh. v. Chr., Attische Forschungen 3, MWPr 1989 (Marburg 1989).

D. MERTENS, Städte und Bauten der Westgriechen. Von der Kolonisationszeit bis zur Krise um 400 vor Christus (München 2006).

M. H. MUNN, The Defense of Attica. The Dema Wall and the Boiotian War of 378–375 B.C. (Berkeley 1993)

J. OBER, Fortress Attica: Defense of the Athenian Land Frontier 404–322 B. C., 84. Suppl. Mnemosyne (Leiden 1985). Dazu auch die Rezension von M. H. MUNN, AJA 90 (1986) 363–365.

A. SOKOLICEK, Diateichisma: Zum Phänomen innerer Stadtmauern im griechischen Städtebau. Im Druck befindliche Diss. (Wien 2003).

A. WINTERLING, Polisbegriff und Stasistheorie bei Aeneas Tacticus. Zur Frage der Grenzen der griechischen Polisgesellschaften im 4. Jahrhundert v. Chr., Historia 40/2 (1991) 193–229.

Der Limes

D. BAATZ, Der römische Limes. Archäologische Ausflüge zwischen Rhein und Donau (Berlin 2000).

M. KEMKES / J. SCHEUERBRANDT / N. WILLBURGER, Der Limes. Grenze Roms zu den Barbaren (Stuttgart 2006).

M. KLEE, Grenzen des Imperiums. Leben am römischen Limes (Stuttgart 2006).

E. SCHALLMAYER, Der Limes. Geschichte einer Grenze (München 2006).

P. S. WELLS, Die Barbaren sprechen. Kelten, Germanen und das römische Europa (Stuttgart 2007).

Weblinks:

www.deutsche-limeskommission.de
www.limes-in-deutschland.de/projekt.html

Der Hadrianswall

P. BIDWELL (Hrsg.), Understanding the Wall (South Shields 2008).

A. R. BIRLEY, Hadrian the Restless Emperor (London/New York 1997). Deutsch: Hadrian. Der rastlose Kaiser (Mainz 2006).

E. BIRLEY, Research on Hadrian's Wall (Kendal 1961).

D. J. BREEZE, J. Collingwood Bruce's Handbook to the Roman Wall (Newcastle upon Tyne [14]2006).

D. J. BREEZE / Brian DOBSON, Hadrian's Wall (London [4]2000).

J. C. BRUCE, The Roman Wall (Newcastle upon Tyne 1850).

J. C. BRUCE, Wallet-book of the Roman Wall, a guide to pilgrims journeying along the barrier of the lower isthmus (Newcastle upon Tyne 1863; seit der 2. Ausgabe 1884 Handbook statt Wallet-book genannt).

G. DE LA BÉDOYÈRE, Hadrian's Wall (Stroud 1998).

A. MOFFAT, The Wall: Rome's Greatest Frontier (Edinburgh 2000).

W. D. SHANNON, *Murus ille famosus* (that famous wall). Depictions and Descriptions of Hadrian's Wall before Camden (Kendal 2007).

Weblinks:

www.hadrians-wall.org
www.vindolanda.com

Die sasanidischen Mauern

Danksagung: *Für ihre freundliche Unterstützung unserer Forschungen danken wir Herrn Dr. Seyed Taha Hashemi, Herrn Dr. Seyed Mehdi Mousavi, dem Vizedirektor der Forschungsabteilung des »Iranian Cultural Heritage, Handicraft and Tourism Organisation«, Herrn Dr. Hassan Fazeli, dem Direktor des »Iranian Center for Archaeological Research«, sowie, Herrn Fereidoun Faali, Frau Leyla Safa'ie und Herrn Fereidoun Unagh.*

Für die großzügige Finanzierung unserer Forschungen sind wir dem »Arts and Humanities Research Council«, der »Iranian Cultural Heritage, Handicraft and Tourism Organisation«, dem »British Institute of Persian Studies«, dem »Carnegie Trust for the Universities of Scotland«, der »Iran Heritage Foundation«, dem »Stein Arnold Exploration Fund« und der »School of History, Classics and Archaeology« der Universität Edinburgh zum Dank verpflichtet.

Mitgewirkt an dem Projekt haben Herr Ghorban Ali Abbasi, Herr Roger Ainslie, Herr Mohammad Ershadi, Herr Dr. Morteza Fattahi, Herr Dr. Nikolaus Galiatsatos, Frau Maryam Hussein-Zadeh, Herr Julian Jansen Van Rensburg, Frau Dr. Eve MacDonald, Herr Majid Mahmoudi, Frau Mohaddeseh Mansouri Razi, Frau Dr Marjan Mashkour, Herr Amin Nazifi, Herr Chris Oatley, Herr David Parker, Herr Seth Priestman, Herr James Ratcliffe, Herr Kourosh Roustai, Herr Esmail Safari Tamak , Herr Dr. Jean-Luc Schwenninger, Herr Bardia Shabani, Herr Steve Usher-Wilson und viele andere, die wir aus Platzgründen nicht nennen können. Wir danken Familie Sauer für die Durchsicht des Manuskripttextes.

A. D. H. BIVAR / G. FEHÉRVÁRI, The Walls of Tammīsha, Iran 4 (1966) 35–50.

A. D. H. BIVAR / M. Y. KIANI, Gorgan IV. Archaeology – V. Pre-Islamic History, Encyclopaedia Iranica 11 (2003) 148–53.

M. CHARLESWORTH, Preliminary Report on a newly-discovered extension of »Alexander's Wall«, Iran 25 (1987) 160–5.

J. HARMATTA, The Wall of Alexander the Great and the *Limes Sasanicus*, Bulletin of the Asia Institute, New Series 10 (1996) 79–84.

E. KETTENHOFEN, Darband, Encyclopaedia Iranica 7 (1996) 13–19.

M. Y. KIANI, Excavations on the Defensive Wall of the Gurgan Plain, Iran 20 (1982) 73–9.

M. Y. KIANI, Parthian Sites in Hyrcania. The Gurgan Plain, Archäologische Mitteilungen aus Iran, Ergänzungsband 9 (1982).

J. NOKANDEH / E. SAUER / H. OMRANI REKAVANDI / T. WILKINSON / G. A. ABBASI / J.-L. SCHWENNINGER / M. MAHMOUDI / D. PARKER / M. FATTAHI / L. S. USHER-WILSON / M. ERSHADI / J. RATCLIFFE / R. GALE, Linear Barriers of Northern Iran: The Great Wall of Gorgan and the Wall of Tammishe, Iran 44 (2006) 121–73.

H. OMRANI REKAVANDI / E. SAUER / T. WILKINSON / J. NOKANDEH, The enigma of the »Red Snake«: Revealing one of the World's Greatest Frontier Walls, Current World Archaeology 27 (2008) 12–22.

H. OMRANI REKAVANDI / E. SAUER / T. WILKINSON / E. SAFARI TAMAK / R. AINSLIE / M. MAHMOUDI / S. GRIFFITHS / M. ERSHADI / J. JANSEN VAN RENSBURG / M. FATTAHI / J. RATCLIFFE / J. NOKANDEH / A. NAZIFI / R. THOMAS / R. GALE / B. HOFFMANN, An Imperial Frontier of the Sasanian Empire: further fieldwork at the Great Wall of Gorgan, Iran 45 (2007) 95–136.

Die Große Mauer in China

M. JAN (Text), R. und S. MICHAUD (Fotos), Die Chinesische Mauer (München 2000).

J. LOVELL, Die Große Mauer. China gegen den Rest der Welt. 1000 v. Chr.–2000 n. Chr. (Stuttgart 2007).

X. LU, Die Große Mauer. Erzählungen, Essays, Gedichte (Nördlingen 1987).

J. MAN, Great Wall (London 2008).

C. ROBERTS / G. R. BARNE (Hrsg.), The Great Wall of China. Dynasties, Dragons and Warriors (London 2006).

H. W. SCHÜTTE, Chinas Große Mauer. Die Wiederentdeckung eines Weltwunders (München 2002).

N. SPAKOWSKI, Helden, Monumente, Traditionen: Nationale Identität und historisches Bewusstsein in der VR China (Berlin-Hamburg-Münster 1999).

A. WALDRON, The Great Wall of China. From History to Myth (Cambridge 1990).

M. YAMASHITA (Fotografie) und W. LINDESAY (Text), Die Chinesische Mauer. Geschichte und Gegenwart eines Weltwunders (München 2008).

L. ZEWEN u. a., Die Große Mauer. Geschichte, Kultur- und Sozialgeschichte (Frankfurt am Main1982).

Weblinks:

german.cri.cn/other/grossemauer/homepage.htm
www.chinaweb.de/china_kultur
www.ostasien.net/news/chang_cheng.htm

Die Berliner Mauer

BUNDESMINISTERIUM FÜR GESAMTDEUTSCHE FRAGEN (Hrsg.), Zur Situation in der Sowjetzone nach dem 13. August 1961. Bericht und Dokumente (Bonn/Berlin 1962).

G. DALE, The East German Revolution of 1989 (Manchester 2006).

P. FEIST, Die Berliner Mauer (Der historische Ort 38) (Berlin [4]2004).

T. FLEMMING / H. KOCH, Die Berliner Mauer. Geschichte eines politischen Bauwerks (Berlin 2001).

P. GALANTE / J. MILLER, The Berlin Wall (Garden City, N.Y., 1965).

H.-H. HERTLE u. a. (Hrsg.), Mauerbau und Mauerfall. Ursachen, Verlauf, Auswirkungen (Berlin 2002).

A. HILDEBRANDT, Die Mauer. Zahlen. Daten (Berlin 2005).

A. KLAUSMEIER / L. SCHMIDT, Mauerreste – Mauerspuren. Der umfassende Führer zur Berliner Mauer (Bad Münstereifel 2004).

P. MÖBIUS, Mauern sind nicht für ewig gebaut. Zur Geschichte der Berliner Mauer (Frankfurt am Main 1990).

W. PAUL, Mauer der Schande (München 1961).

J. RÜHLE, G. HOLZWEISSIG, 13. August 1961. Die Mauer von Berlin (Köln [3]1988).

T. SCHOLZE / F. BLASK, Halt! Grenzgebiet! Leben im Schatten der Mauer (Berlin [2]1997).

R. M. SLUSSER, The Berlin crisis of 1961. Soviet-American relations and the struggle for power in the Kremlin June–November 1961 (Baltimore 1973).

G. WETTIG, Chruschtschows Berlin-Krise 1958 bis 1963. Drohpolitik und Mauerbau (München 2006).

Weblinks:

www.landesarchiv-berlin.de
www.mauer-museum.com
www.berliner-mauer-dokumentationszen trum.de

Mauern heute

M. FOUCHER, L'obsession des frontières (Paris 2007).

Weblinks:

www.palaestina.org/images/bilder/mauer/mauer.php#
www.btselem.org/English/Separation_Barrier/Index.asp

ABBILDUNGSNACHWEIS

Frontispiz

Creative Commons Attribution License 2.0/Hao Wei

Einleitung

1: Dinu Mendrea 2: E. Thiem, Lotos Film, Kaufbeuren 3: Creative Commons Attribution License 2.5/Nicolas von Kospoth 4: Alexander Koch 5: GNU License 1.2/Psychochicken

Die Amurriter-Mauer

1, 4: Walther Sallaberger 2: Michael Roaf 3: akg-images/Erich Lessing 5, 6: Astrid Nunn

Die syrische Mauer

1: Infografie Gautier Devilder 2, 4, 5: Bernard Geyer 3: Nazir Awad 6: Konzeption und Infografie Olivier Barge

Die kappadokische Mauer

1, 2, 3: Andreas Müller-Karpe 4, 5: Orhan Durgut

Die »medische Mauer«

1–6: Hermann Gasche

Die griechischen Mauern

1: GNU 1.2 license/Fkerasar 2: akg-images/Nimatallah 3: Georg Gerster, Zumikon 4: akg-images/Hervé Champollion 5: Oliver Hülden, Neuzeichnung nach Hans R. Goette, Athen. Attika. Megaris (Köln 1993), S. 221 6: Deutsches Archäologisches Institut, Rom

Der Limes

1: Dietrich Rothacher, Archaeoskop 2, 3, 6 und 7: Römermuseum Osterburken 4: Otto Braasch, Landesamt für Denkmalpflege Baden-Württemberg 5: Landesamt für Denkmalpflege Baden-Württemberg 8: nach E. Fabricius, Der Obergermanisch-raetische Limes des Römerreiches Abt. A Strecke 10, Der Odenwaldlimes von Wörth am Main bis Wimpfen am Neckar (1926) Taf. 8d

Der Hadrianswall

1: Trustees of the British Museum 2: Sara Currie, Vindolanda Trust 3, 4, 5: Vindolanda Trust (nach Entwürfen von Robin Birley) 6: Public Domain/Adam Cuerden 7, 8: Andrew Birley, Vindolanda Trust

Die sasanidischen Mauern

1: Panos Pictures/Georg Gerster 2: Peter Palm, Neuzeichnung nach Richard J. A. Talbert (Hrsg.): The Barrington Atlas of the Greek and Roman World (Princeton 2000), Karte 96 3,4,5,7,8: Eberhard Sauer, Hamid Omrani Rekavandi, Jebrael Nokandeh, Tony Wilkinson 6: US Geological Survey

Die Große Mauer in China

1, 3–5: Alexander Koch 2: Creative Commons Attribution License 2.5/Maximilian Dörrbecker 6–8: C. Baumer

Die Berliner Mauer

1: Landesarchiv Berlin, F Rep. 290, Not. 1 G Wedding, Nr. 84103/Foto: H. Bier 2, 8, 9: Cornelius Hartz 3: Landesarchiv Berlin, F Rep. 290, Not. 1 G Westpropaganda, Nr. 85520/Foto: Gert Schütz 4: Cornelius Hartz, Neuzeichnung nach Incnis Mrsi, GNU License 1.2 5: bpk 6: Landesarchiv Berlin, F Rep. 290, Not. 1 G Kreuzberg, Nr. 134141/Foto: D. Lohse 7: Landesarchiv Berlin, F Rep. 290, Not. 1 G Kreuzberg, Nr. 259849/Foto: W. Albrecht

Mauern heute

1: GNU License 1.2/Tomas Castelazo 2, 5: Kai Wiedenhöfer, Berlin. 3: Creative Commons Attribution License 2.0/Justin Macintosh 4: Aurore Reinicke

ADRESSEN DER AUTOREN

Prof. em. Anthony Birley

Vorsitzender des Vindolanda-Stiftung
Vindolanda Museum, Bardon Mill
Hexham NE47 7JN
Vereinigtes Königreich

Dr. Hermann Gasche

Universiteit Gent
6 St. Pietersplein
B-9000 Gent
Belgien

Dr. Bernard Geyer

Directeur de recherche au CNRS, UMR 5133
– Archéorient Maison de l'Orient et de la
Méditerranée Université de Lyon – CNRS
Rue Raulin
F-69365 Lyon cedex 07
Frankreich

Dr. Cornelius Hartz

Hintere Bleiche 65
55116 Mainz

Dr. Oliver Hülden

Beyerstraße 10
89077 Ulm

Priv.-Doz. Dr. Alexander Koch

Direktor des Historischen Museums der Pfalz
Domplatz 4
67346 Speyer

Prof. Dr. Andreas Müller-Karpe

Philipps-Universität Marburg
Seminar für Vor- und Frühgeschichte
Biegenstraße 11
35032 Marburg

Prof. Dr. Astrid Nunn

Julius-Maximilians-Universität Würzburg
Institut für Altertumswissenschaften
Lehrstuhl für Altorientalistik
Residenzplatz 2, Tor A
97070 Würzburg

Prof. Dr. Walther Sallaberger

Ludwig-Maximilians-Universität München
Institut für Assyriologie und Hethitologie
Geschwister-Scholl-Platz 1
80539 München

Prof. Eberhard Sauer, M. St., D. Phil.

FSA, FSA Scot Professor of Roman Archaeology Classics
School of History, Classics & Archaeology
University of Edinburgh
David Hume Tower George Square
Edinburgh EH8 9JX
Vereinigtes Königreich

Dr. Jörg Scheuerbrandt

Leiter des Römermuseums Osterburken
Museumsbeauftragter des Neckar-Odenwald-Kreises
Römerplatz 2/Römerstraße 4
74706 Osterburken

Daniel Vernet

Ehemaliger Chefredakteur und Deutschlandkorres-
pondent sowie langjähriger Direktor für internationale Beziehungen von *Le Monde*.

IMPRESSUM

216 Seiten mit 70 Farb- und 13 Schwarzweißabbildungen

Umschlagabbildungen:
vorne: Hadrianswall in der Nähe von Crag Lough/Northumberland.
Foto: Adam Woolfitt/Getty Images
hinten: Grenzzaun zwischen USA und Mexiko in der Nähe von San Diego.
Foto: Kai Wiedenhöfer (vgl. S. 198)

Frontispiz:
Die Große Mauer in China. Foto: Hao Wei

Bibliografische Information der Deutschen Nationalbibliothek

Die Deutsche Nationalbibliothek verzeichnet diese Publikation
in der Deutschen Nationalbibliografie; detaillierte bibliografische Daten
sind im Internet über <*http://dnb.d-nb.de*> abrufbar.

Weitere Publikationen aus unserem Programm
finden Sie unter: www.zabern.de

© 2009 by Verlag Philipp von Zabern, Mainz am Rhein
ISBN: 978-3-8053-3934-6
Gestaltung: Claas Möller, b3K text und gestalt GbR, Frankfurt am Main und Hamburg
Lektorat: Sarah Höxter, Hamburg
Printed in Germany by Philipp von Zabern
Printed on fade resistant and archival quality paper (PH 7 neutral) · tcf